经典建筑BIM建模实战

周晓冬 李双欣 主编

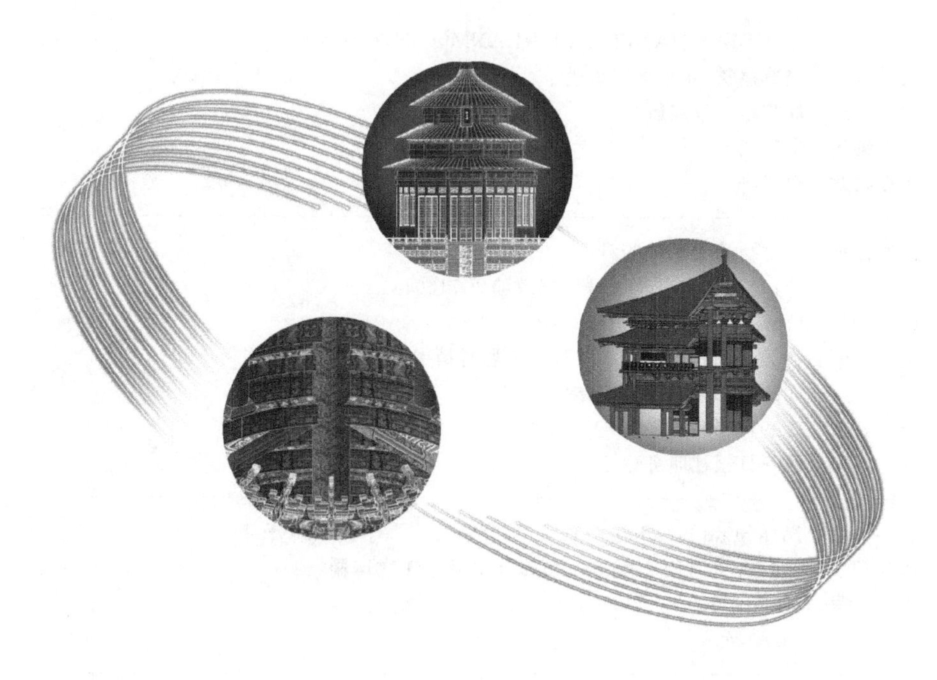

西安交通大学出版社
XI'AN JIAOTONG UNIVERSITY PRESS
国家一级出版社
全国百佳图书出版单位

内容简介

本书基于英国伦敦塔桥 BIM 建模项目的资料进行编写。伦敦塔桥是一座经典建筑，既包含房屋建筑的基本组成构件，又包含桥梁项目的桁架和悬索等构件。本书对该项目从标高、轴网的创建，以及桥墩基础和外墙、屋顶与造型、门洞、桥上悬索结构和桥底桁架结构、多种栏杆等各个部分进行建模过程描述，详细分析了复杂构件的建模过程尤其是复杂节点的建模步骤，突破了难点，包括圆柱与八边形的结合和过渡构件、特殊的屋顶造型、欧式门窗、复制多样的栏杆嵌板等构件。

本书采用 Revit2022 英文界面编写，中文讲解，步骤详细。即使是零基础的读者，按照本书的操作步骤，也能掌握该案例的建模过程，并且能够快速提高软件操作能力。

本书另附视频资源网站，可供各类读者参考和学习。本书适合高等院校 BIM 课程教学。

图书在版编目(CIP)数据

经典建筑 BIM 建模实战/周晓冬，李双欣主编. —西安：西安交通大学出版社，2022.8

ISBN 978-7-5693-2761-8

Ⅰ.①经… Ⅱ.①周… ②李… Ⅲ.①建筑设计-计算机辅助设计-应用软件 Ⅳ.①TU201.4

中国版本图书馆 CIP 数据核字(2022)第 159037 号

JINGDIAN JIANZHU BIM JIANMO SHIZHAN

书　　名　经典建筑 BIM 建模实战
主　　编　周晓冬　李双欣
责任编辑　韦鸽鸽
责任校对　祝翠华

出版发行　西安交通大学出版社
　　　　　(西安市兴庆南路 1 号　邮政编码 710048)
网　　址　http://www.xjtupress.com
电　　话　(029)82668357　82667874(市场营销中心)
　　　　　(029)82668315(总编办)
传　　真　(029)82668280
印　　刷　西安日报社印务中心

开　　本　787mm×1092mm　1/16　　印张 12　　字数 299 千字
版次印次　2022 年 8 月第 1 版　　2022 年 8 月第 1 次印刷
书　　号　ISBN 978-7-5693-2761-8
定　　价　39.80 元

如发现印装质量问题，请与本社市场营销中心联系。
订购热线：(029)82665248　(029)82667874
投稿热线：(029)82665249
读者信箱：xjdcbs_zhsyb@163.com

前言

伦敦塔桥位于英国伦敦泰晤士河上，是伦敦的地标建筑。塔桥始建于1886年，1894年6月30日对公众开放，其设计在世界桥梁建筑业中占有重要的地位。塔桥至今仍在使用，其外形优美布局对称，具备航运和路面交通功能，是联系泰晤士河南北两岸的重要通道。

书中模型是以伦敦塔桥的原型创建的。2019年，作者从英国访学归来，开始了该塔桥Revit模型的创建。第一版模型是在指导毕业生的毕业设计中创建的。在此之后，该模型作为中英合作办学本科教学的BIM系列课程的案例。经过多轮的教学实践，该模型的细节和创建方法不断被改进，展现出了多姿多彩的材质与细节。

该案例的构件创建可以有多种方法，本书选择了一些简单快捷的方法来实现。根据本科学生的特点，本书不过多地叙述软件某个功能，而是将其融入案例操作过程中。书稿的撰写难于视频的录制，为了追求一些造型或建模细节，要付出大量的精力，需要反复截图，更换视角，调整图面文字大小，以便给读者清晰的体验。本书试图在多种方法中寻求最简约的方法，使效果更接近真实。书中的数据均为根据图片进行估计的数据，仅为练习和掌握软件应用，或多或少存在偏差。本教材适合本科院校的BIM教学实践。

感谢英国友人Bruce Edward Royle为本项目建模搜集的珍贵图片资料，感谢东北林业大学张鑫玥同学在建模之初的付出，感谢洪坚同学搜集图片细节以及尺寸的对比。感谢李双欣博士一直的支持与协作，感谢山东城市建筑职业学院的刘广文教授在一些关键构件创建中给予的指导。

书稿撰写虽艰辛，但随着资料不断完善，笔耕不辍，最终完稿。感谢出版社编辑的理解和热情支持。虽尽力而为，但仍有不足和缺点，期冀读者不吝赐教。书中如有操作叙述不详之处，请读者登录该项目的视频操作网址，或与我们联系，愿为读者做详细解释。

视频网址：https://mooc1.chaoxing.com/course/217428576.html

作者

2022年4月

目 录

第 1 章　Revit 界面简介

1.1　建模准备

装好 Revit 软件即可建模，中英文界面的切换可以在桌面 Revit 图标点击鼠标右键中的“属性”中设置，将 CHS(中文)删去，改为 ENG，点击确定进入英文界面(图 1 - 1)。

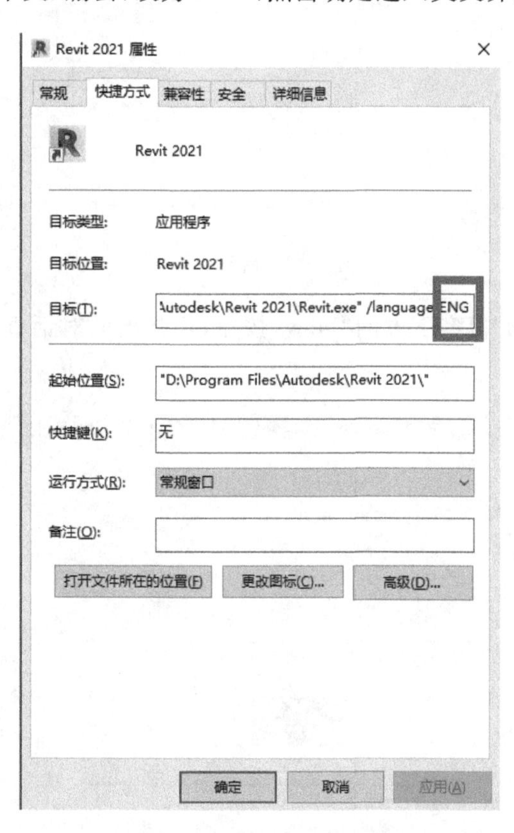

图 1 - 1　切换中英文界面

1.2　新建项目

双击 Revit 图标将会默认进入启动界面(图 1 - 2)，该界面可帮助用户快速进行工程项目模型(Model)和族(Family)的新建和打开。

左上侧“项目”栏下，“Open”和“New”分别表示打开和新建工程项目文件。可从各类样板中选择合适的样板进行模型创建，“构造样板”“建筑样板”“结构样板”“机械样板”分别表示新建项目采用的相应默认样板文件(图 1 - 3)。

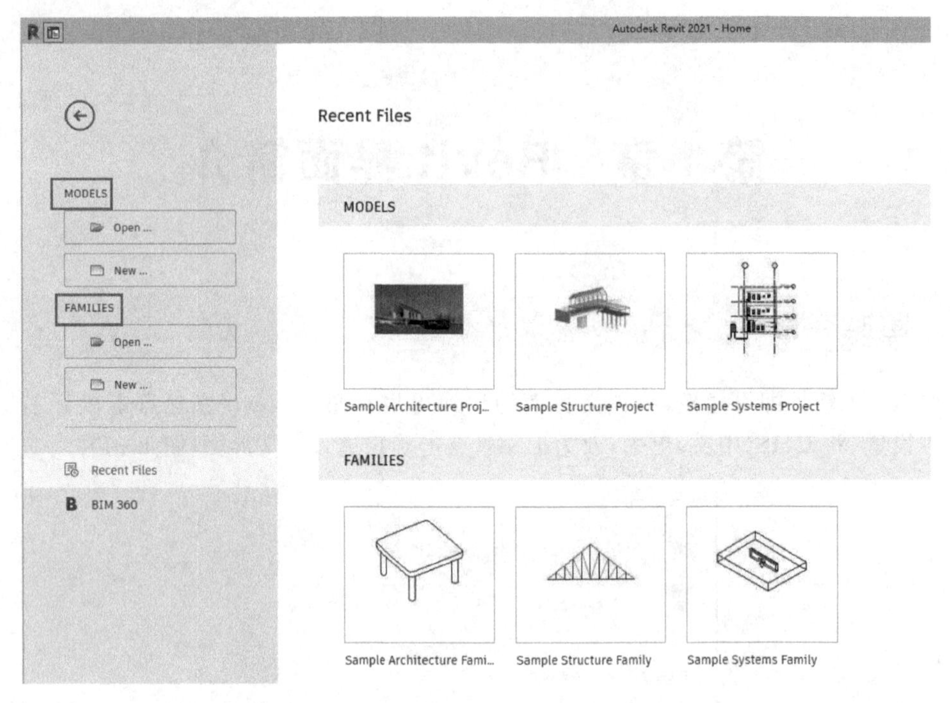

图 1－2　启动界面

在此页面点击“Model”模型下方的“New”按钮，在弹出的对话框内选择“建筑样板”新建项目，如图1－3所示。

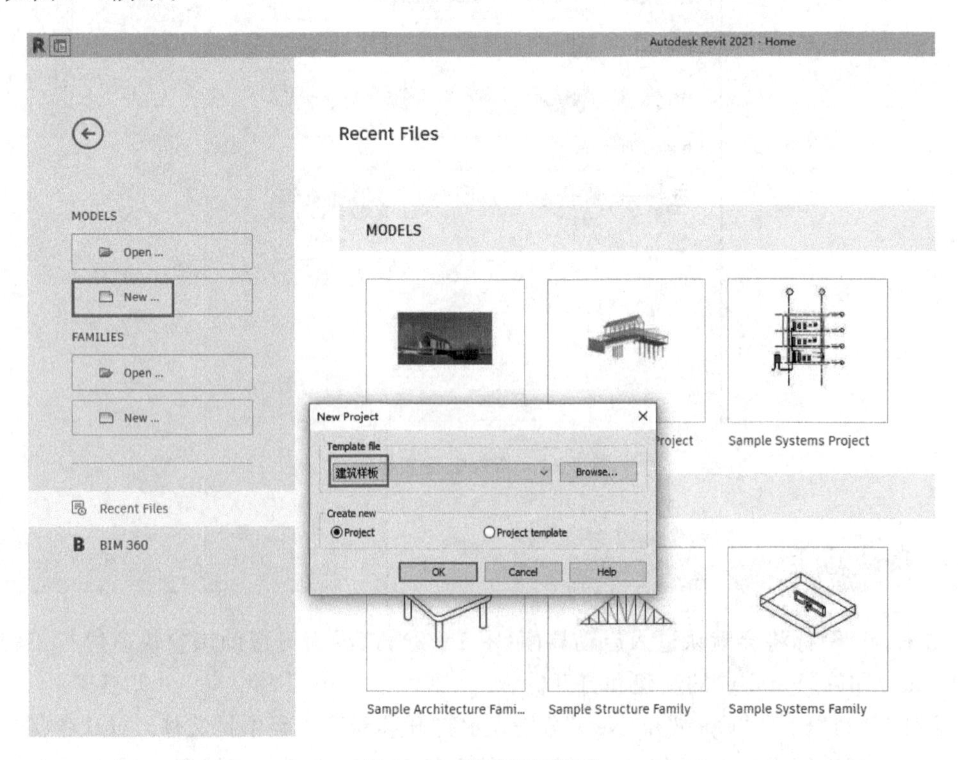

图 1－3　新建项目界面

1.3 界面构成

Revit2022 界面主要由“快速访问工具栏”“选项卡栏”和“常用面板按钮”“属性面板”和“项目浏览器中心绘图区域”构成(图 1-4)。

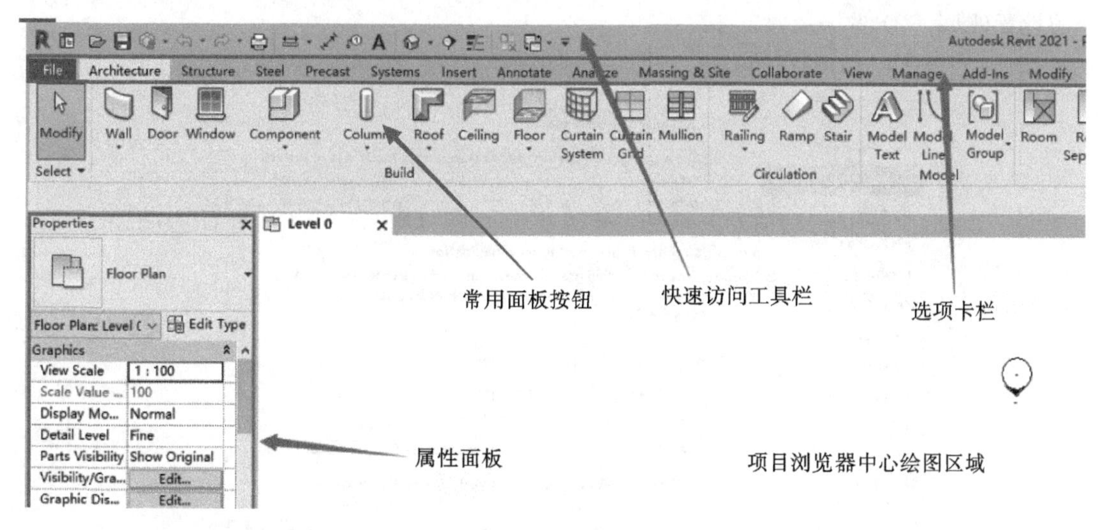

图 1-4 界面构成

1.4 选项功能

点击应用程序菜单左上角“File”(文件)中的“Options”选项可以进入更多设置(图 1-5)。

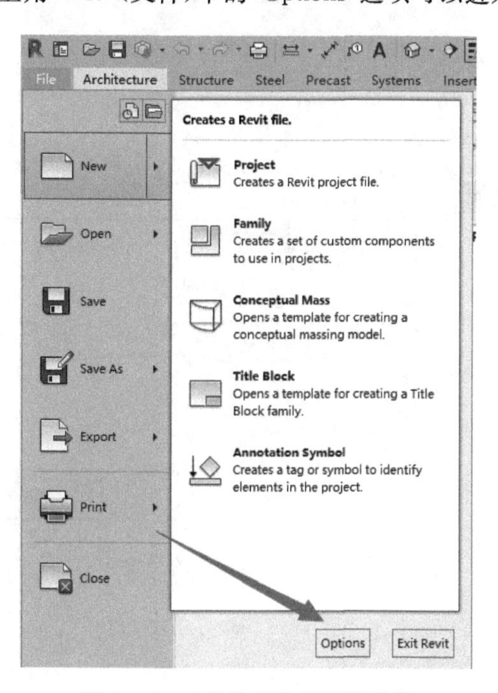

图 1-5 文件选项和项目浏览器

1.5 背景切换和快捷键设置

通过点击应用程序菜单左上角的“File”中的“Options”(图 1－5)，可以在“Graphic”图形页面进行背景颜色切换，通常选白色或黑色背景(图 1－6)。还可在“User Interface”进行快捷命令的设置(图 1－7)。

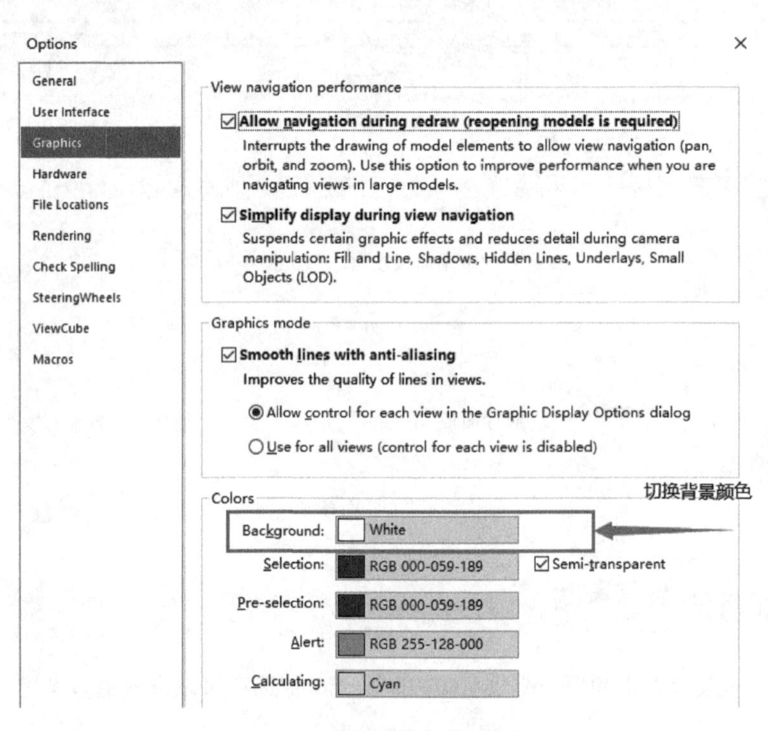

图 1－6　绘图区背景颜色设置

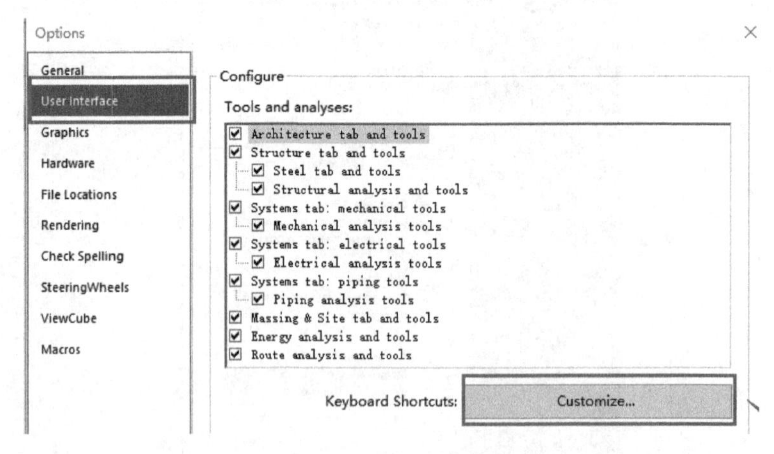

图 1－7　快捷命令的设置

1.6 样板文件

通过点击应用程序菜单左上角“File”中“Options”(图 1－5)的“File Location”,可对样板文件位置进行修改(图 1－8),还可以通过“＋”和“－”载入或删除用户的样板文件。

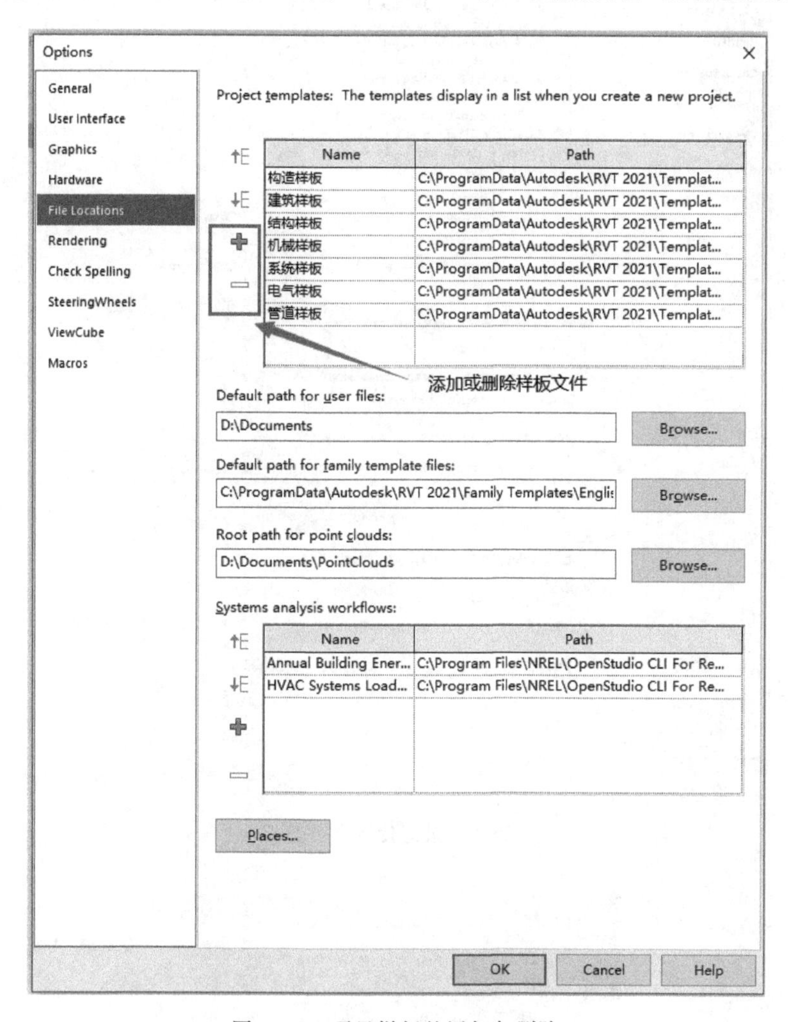

图 1－8　项目样板的添加与删除

1.7 最近使用的文件页面

为方便用户快速打开最近正在工作的文件,点击“File”中“Options”下的“User Interface”即“用户界面”,勾选“Enable Recent Files List at Home”(启动时启用最近使用的文件列表),如图 1－9 所示。如果取消勾选将在下次启动时生效。如果勾选,则在启动时显示,并且按照一定顺序进行排列(图 1－10)。

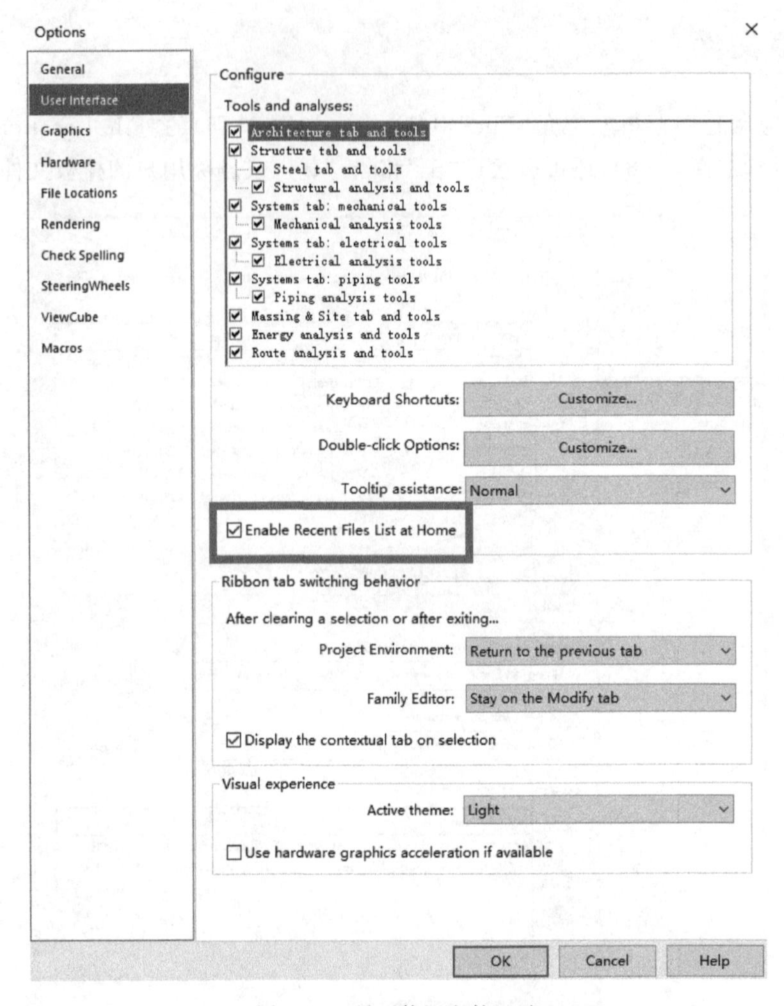

图 1－9　最近使用文件显示

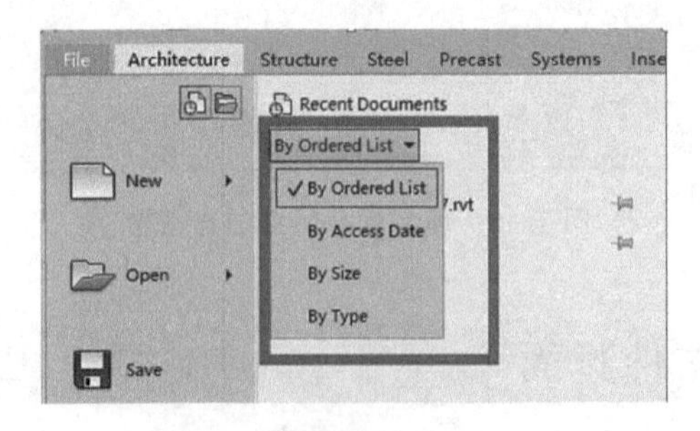

图 1－10　最近文件排序方式

1.8　功能区面板样式切换

新手常见的问题之一是功能区面板最小化的问题。解决方法如下：

Revit 提供了多种不同的功能区面板显示状态(图 1－11)。单击选项卡右侧的功能区状态切换符号,可以将功能区视图在显示完整的功能区、最小化为面板标题、最小化为面板按钮和最小化为选项卡状态间循环切换。

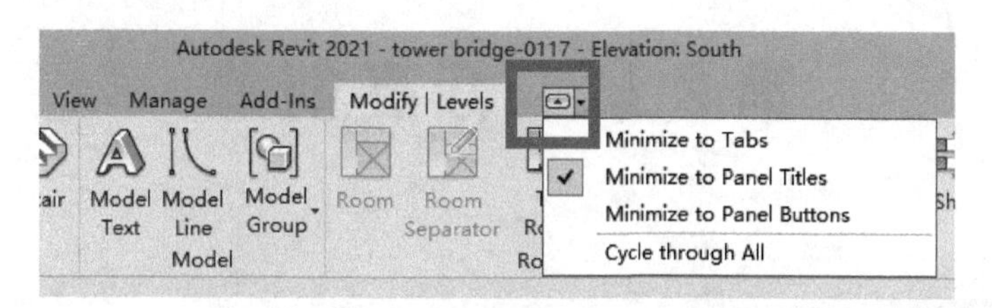

图 1-11　循环切换面板样式

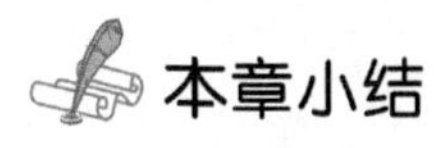

本章小结

初步认识 Revit 界面，做好建模准备。

第 2 章　标高创建

2.1　标高创建步骤

本节将介绍标高和轴网的创建流程，进行塔桥项目的建筑建模。

Step1

在启动界面点击“建筑样板”新建一个项目，并保存，选择副本的个数。

可以选择快速访问工具栏的“保存”按钮，也可以用文件菜单下的“保存”按钮。如图 2-1 所示，注意“options”按钮一定要打开，修改最大备份数，通常选 1 个备份，如果文件重要可以增加备份数量。可以修改文件名，将文件保存在一个固定位置。

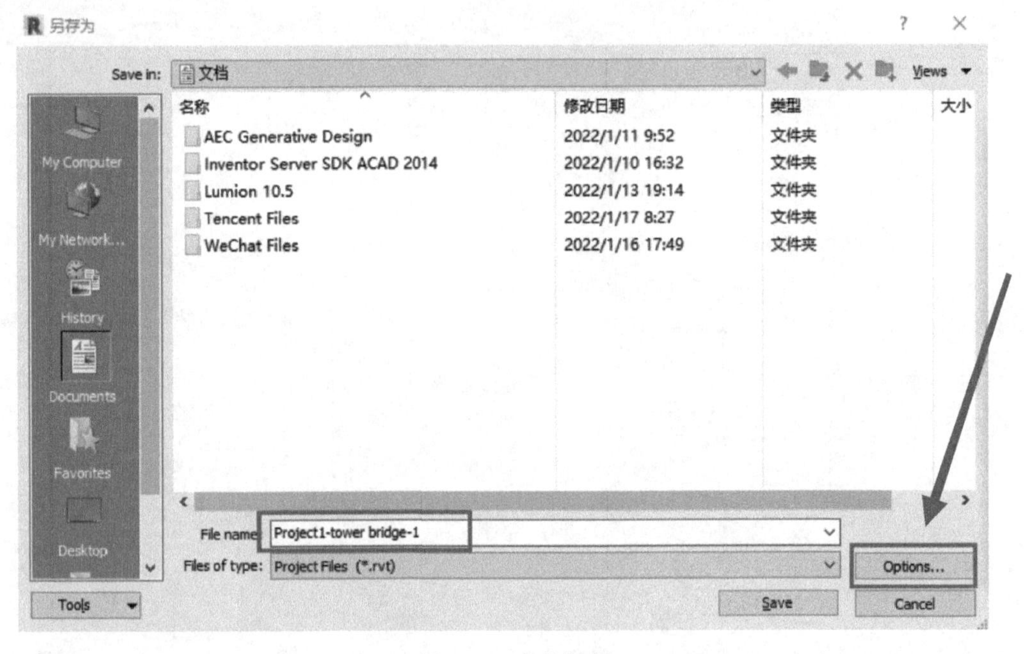

图 2-1　文件保存

Step 2

点击“+”号展开项目浏览器中的“立面”。双击“South”(南立面)(也可双击其他立面)，如图 2-2 所示；可以选择修改标头样式，如图 2-3 所示。

按住鼠标中键(滚轮)移动标高线，前后滚动中键，进行图面放大或缩小。

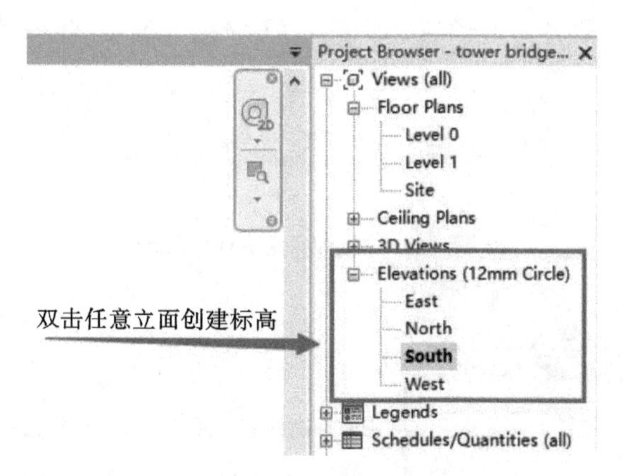

图 2－2 进入立面

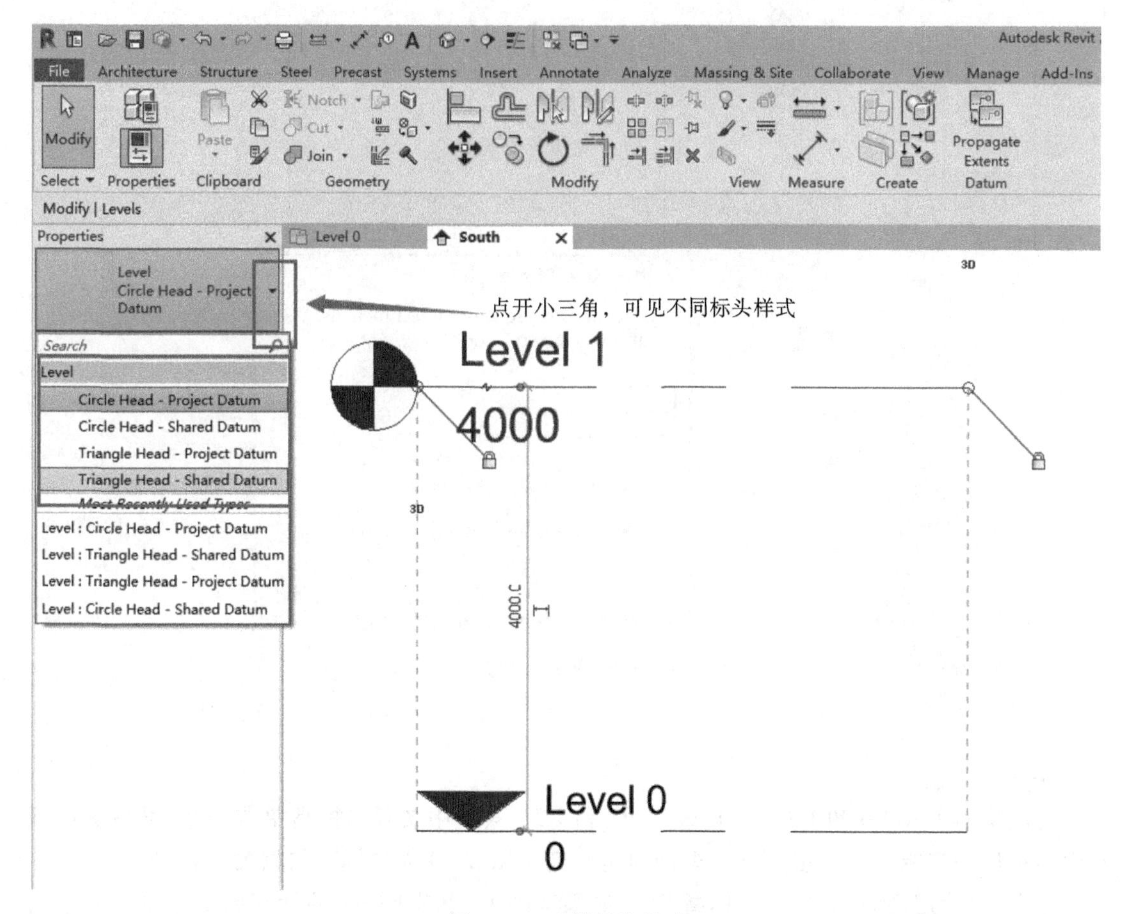

图 2－3 选择标头样式

Step 3

编辑标高类型，可以点击“Duplicate”复制选项进行复制创建新类型的标高线，或直接修改内容。可对标高线宽、颜色、线形、标头样式、端点是否显示等进行选择和设置，如图 2－4 所示。出现文件保存提示，点击“Save the project”，如图 2－5 所示。

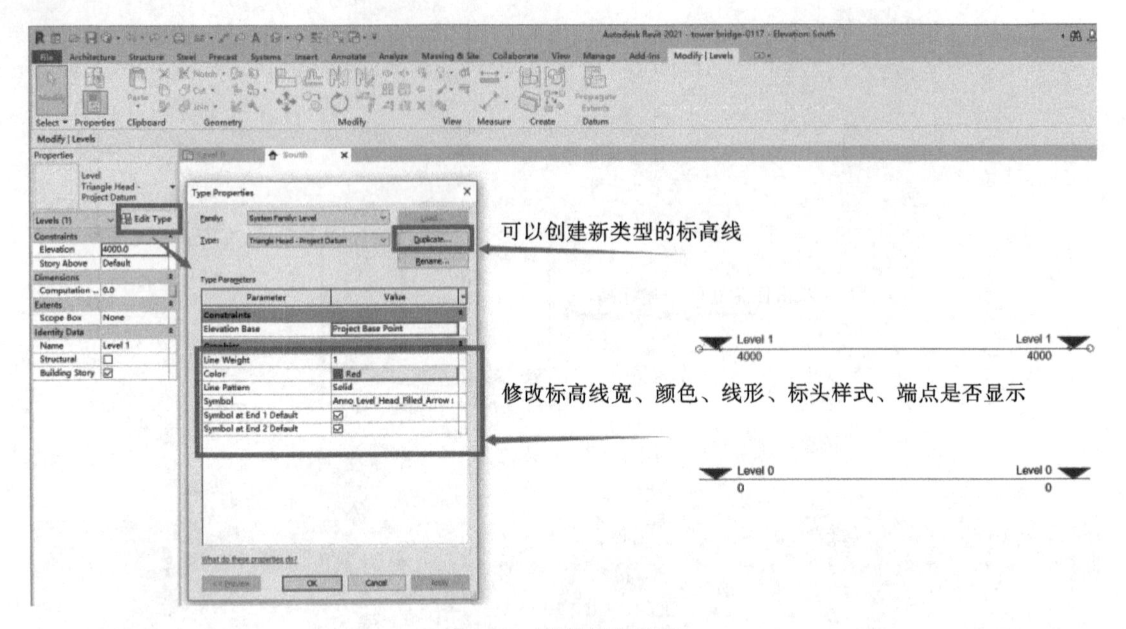

图 2-4 编辑标高类型

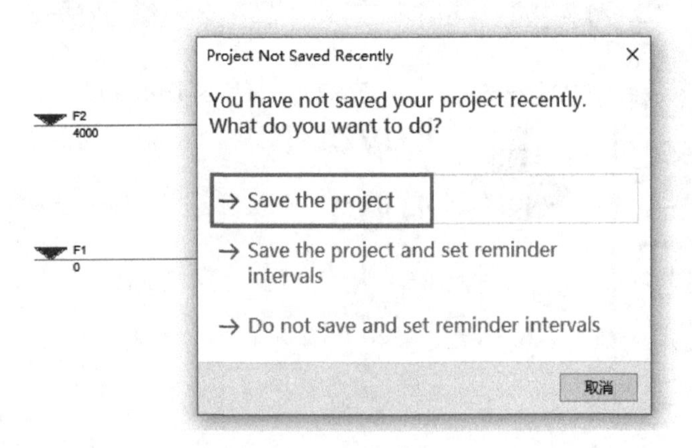

图 2-5 提示保存文件

Step 4

将默认的 Level 0 和 Level 1 修改为 F1 和 F2。某些中文版本标高单位为米，某些标高版本标高单位为毫米。本书按照毫米进行创建标高。图 2-6 为对标高的相关设置。

注意，修改层高时，要选中上标高 F2。如果选中 F1 状态则 F1 的标高向下移动。对于错误操作，可以同时按“Ctrl”键+“Z”键进行撤销。

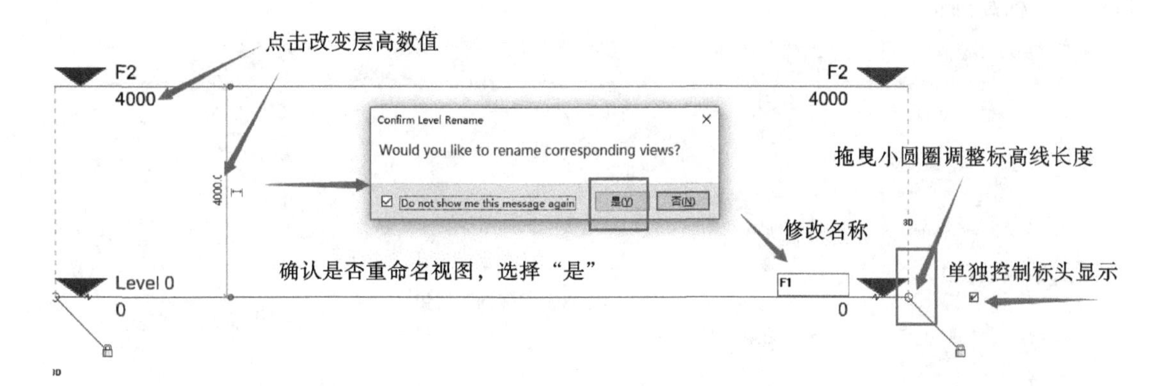

图 2-6　修改标高名称

Step 5

点击建筑选项卡下的“Level”按钮，即标高命令按钮进行标高绘制，如图 2-7 所示。

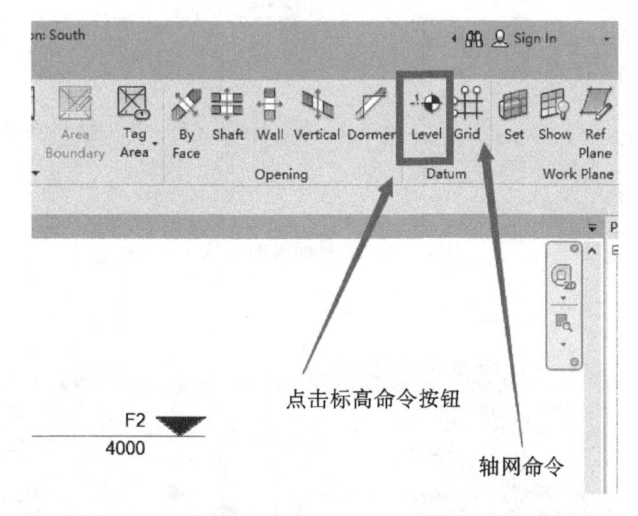

图 2-7　标高命令按钮

2.2　标高创建的方法

点击“Architecture”建筑选项卡下的标高命令按钮进行绘制，或用 Level 及快捷键“LL”命令创建，也可以采用复制以及阵列的方式创建。

标高的复制步骤如图 2-8 所示，选中标高线，点击复制按钮，勾选“约束”和“多个”，选择任一点作为复制的基准点。初学者可以选择要复制的线上的点，向上移动鼠标，出现距离指示；选择恰当的尺寸，点击左键，即可创建一根标高线。尺寸如果有误，可以点击标高线上的高程直接输入高度数值。

复制时，如果知道要复制的距离，也可以通过键盘直接输入复制的距离。如果层高均相同，可以采用阵列的方式生成标高，如图 2-9 所示。

本案例采用的方式为直接绘制或复制。按照图 2-10 所示的数据创建各层标高，完成主塔标志性标高的创建。

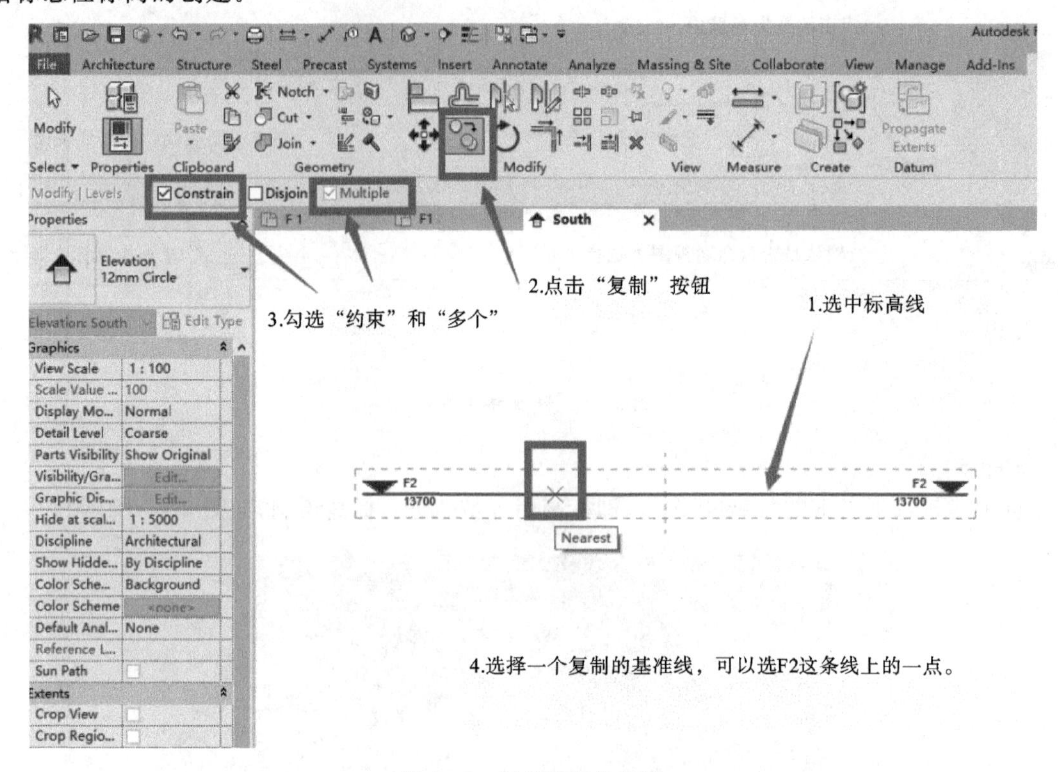

图 2－8　复制标高的步骤

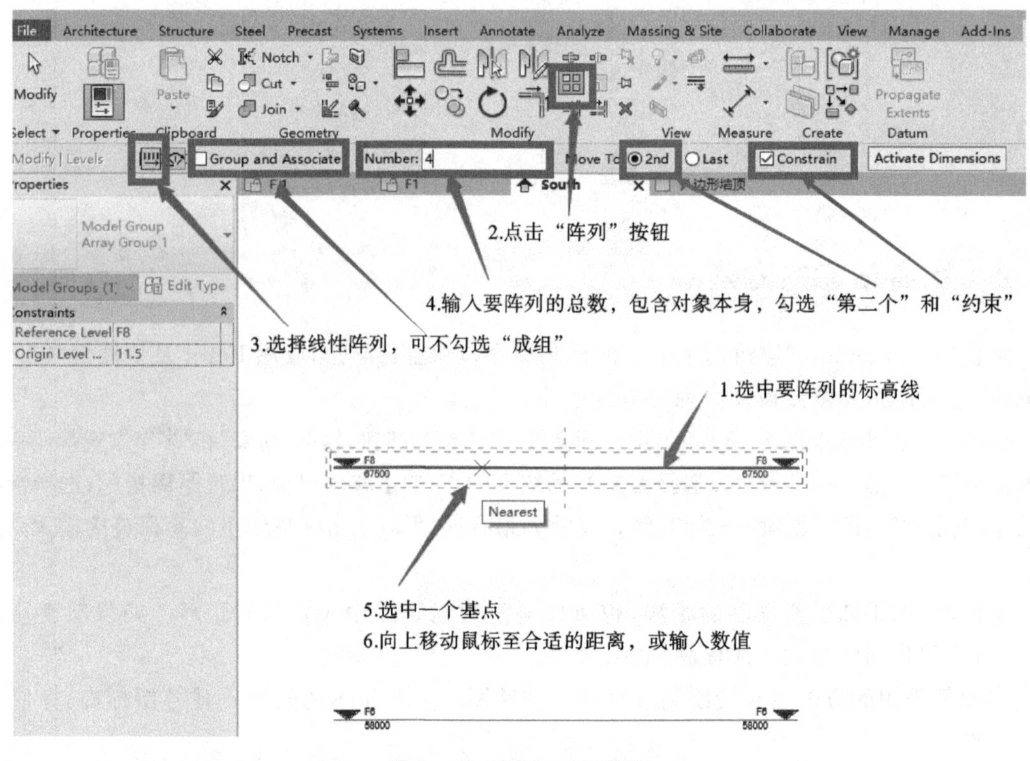

图 2－9　阵列标高的步骤

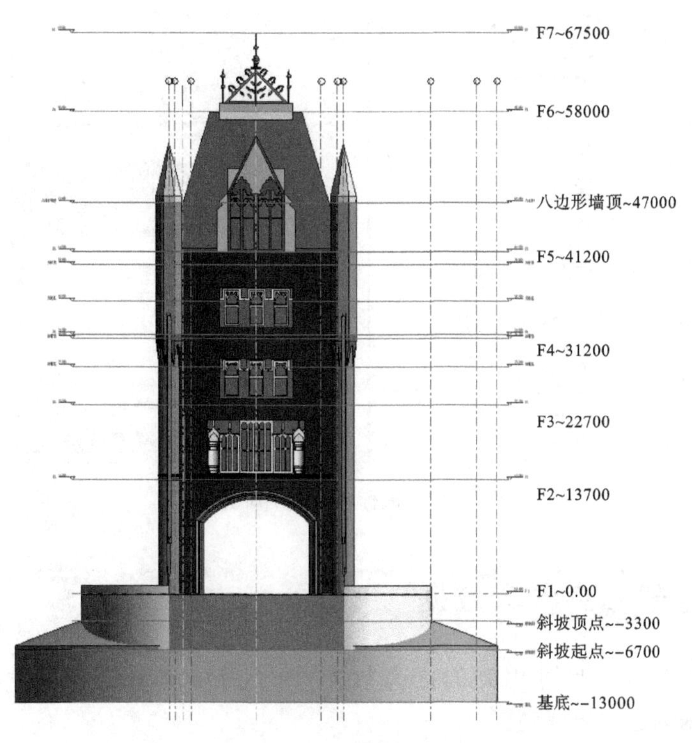

图 2-10 主塔标高

2.3 视图的生成

如果标高的创建采用图标或快捷命令的方式，生成的标高会出现在项目浏览器的楼层标高内。如果是采用复制或阵列而生成的，在项目浏览器面板内不会生成楼层平面，所以要在"View"视图选项卡下选择"Floor Plan"楼层平面，按住鼠标左键全部选中要生成视图的楼层平面，如图 2-11、图 2-12 所示。

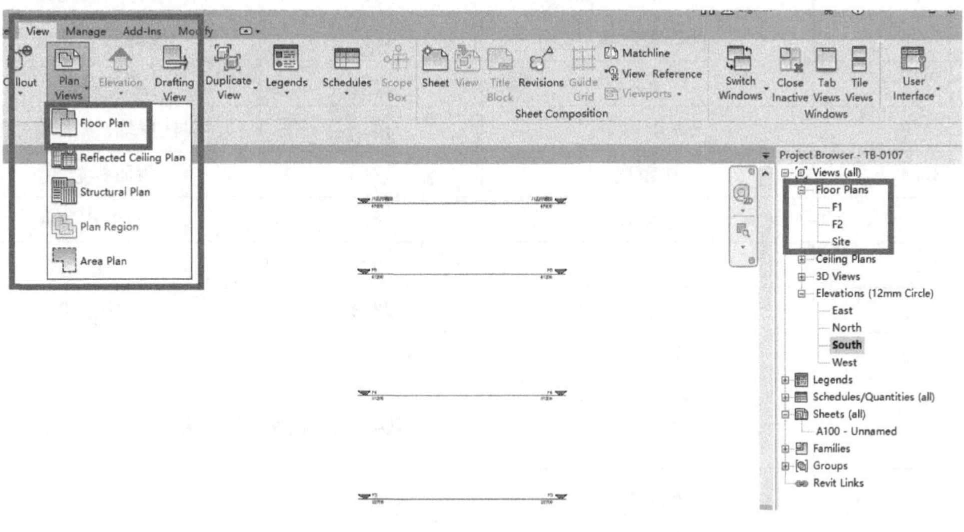

图 2-11 创建视图

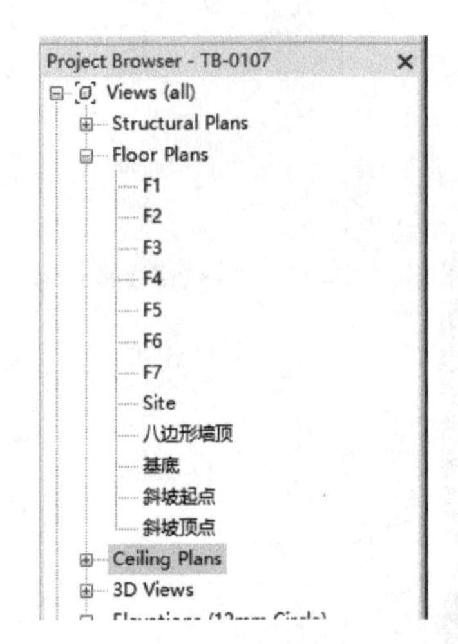

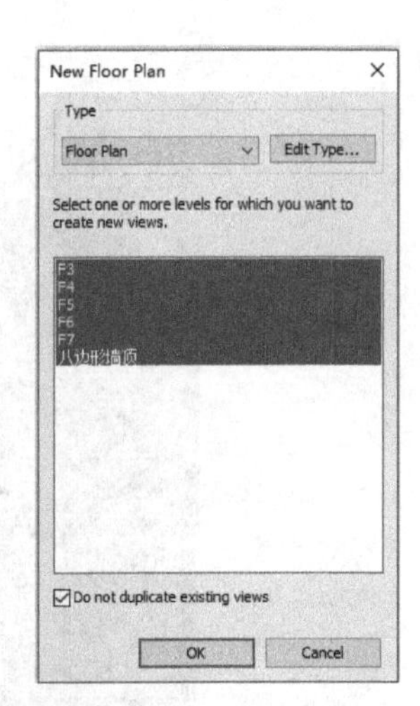

图 2-12　鼠标左键选中所有视图

2.4　塔桥全部标高参考数据

表 2-1 列出了本项目可用到的标高数据，用于后续章节建模参考。本节仅需按照图 2-10所示数据创建主要标高。

表 2-1　塔桥全部标高参考数据　（单位：米）

数据	主塔标高	数据	北小塔楼标高
-13.0	基底	北小楼标高	
-6.7	桥墩两侧低点	1.5	小斜坡
-3.3	桥基尖	4.7	侧屋顶底
0	F1	6.2	侧屋顶顶
1.1	桥墩女儿墙	9.7	墙饰网格下沿
13.7	F2	11.7	墙饰网格上沿
15.6	F2 墙饰条	12.7	墙高和屋顶底
22.7	F3	16	圆柱高点
24.8	F3 墙饰条	16.8	圆柱围墙（女儿墙）顶
27.4	柱帽底	17.6	侧面标志顶
30.7	柱帽顶	18.1	正面老虎窗顶
31.2	F4	20.8	小楼屋顶顶
33.2	F4 墙饰条	23.4	小楼顶尖
35.2	天桥人行道底	南小塔楼标高与北小塔楼标高大体相同	
39.6	天桥人行道顶		
41.2	F5		
43.0	屋顶底		

续表

数据	主塔标高	数据	北小塔楼标高
47.0	圆顶底部		
50.3	两侧老虎窗顶		
53.7	圆顶顶部		
57.1	圆顶十字架顶		
58.0	F6 屋顶		
67.5	F7 屋顶十字架顶		
悬索靠近主塔处的标高		悬索靠近南北小塔处的标高	
33	主塔悬索下标高	12.3	小楼悬索下标高
33.4	主塔悬索上	12.7	小楼悬索上标高
悬索最低点标高			
2.6	低点悬索下标高		
3.0	低点悬索上标高		

本章小结

标高创建有多种方法。读者应熟练掌握标高的创建方法,参考表列数据,学会创建塔桥的标高。

第3章　轴网创建

3.1　轴网创建的方式

(1)利用“轴网”命令按钮,或输入“Grid”(轴网命令)或快捷命令“GR”。

(2)复制,绘制一根轴网后,可以选中该轴网进行复制,操作步骤与标高线的复制相同。

(3)阵列,适合相同间距较多的轴线。操作步骤与标高线的复制相同。

(4)镜像(仅限对称的轴网)。

3.2　轴网创建过程

Step 1

双击项目浏览器的“Floor Plans”即楼层平面下的“基底”,进入基底平面视图,进行轴网创建。

Step 2

将该平面视图中各立面视图符号移动至较大范围,框选北立面符号的“小眼睛”,点击“Modify|Multi－select”选项卡“Modify”中的“移动”工具(图3-1)。以自身为基点,向上方(北面)移动一段距离。然后依次框选其他立面符号,向各自方向移动一段距离,使四个“眼睛”的范围扩大。塔桥南北距离较大,南北立面符号需要移动较多。或者先选中某个立面符号,鼠标移至该符号,指针变成十字后移动标注,按住鼠标左键也可移动。

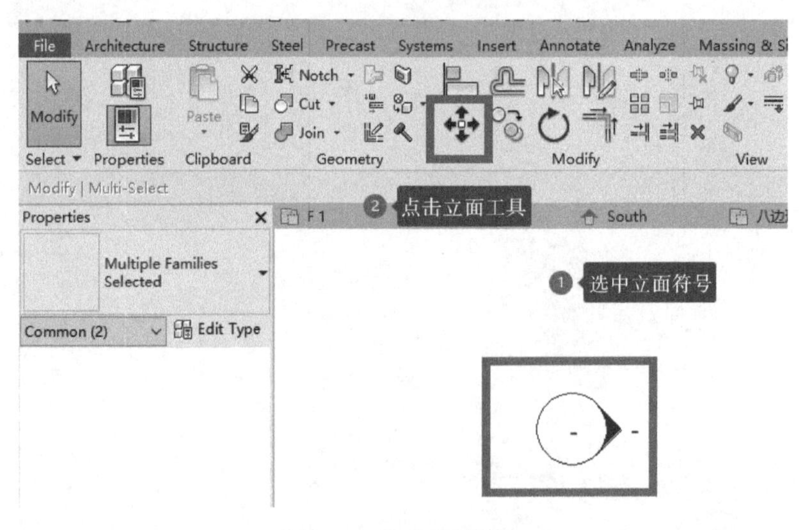

图3-1　移动立面符号

Step 3

点击建筑选项卡下的“Grid”轴网命令选项,或者直接输入快捷命令“GR”,即可进入轴网绘制界面(图3-2)。

Step 4

点击轴网命令图标后，软件默认为用直线方式绘制轴网。点开属性框的“小黑三角”，可见三种轴网类型，选择系统内置的第一种类型(图 3－3)，在四个立面符号中间绘制一条竖向轴线，标号为 1。区别在于后两种没有设置轴网中段。

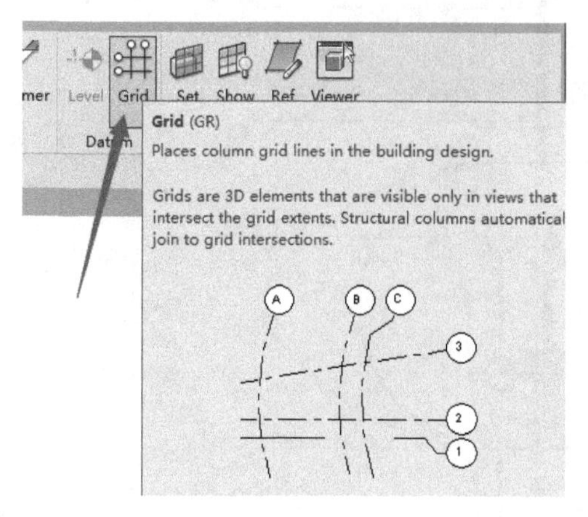

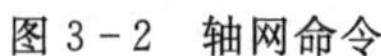
图 3－2 轴网命令

图 3－3 轴网类型

Step 5

选中刚刚绘制的轴网，点击“Edit Type”即“编辑类型”，弹出对话框，在“类型属性”中可以进行修改。点击“Duplicate”，得到一种新轴网类型——6.5 mm Bubble 2。修改属性框内的其他内容，包括轴号的样式、轴网中段是否连续、线宽、线的颜色、线的样式(虚线、实线、点划线等)、两端是否显示轴号(图 3－4)。立面视图里的显示内容包括顶部显示、底部显示、二者都显示或都不显示。逐个绘制轴网，再绘制水平轴网。

预期要完成的轴网数据如图 3－5 所示。

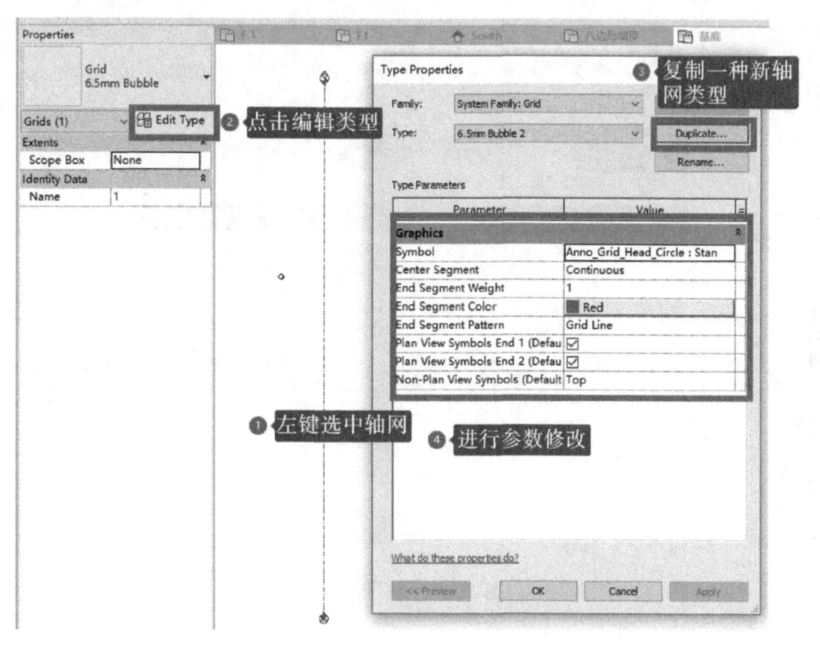

图 3－4 轴网类型属性内容

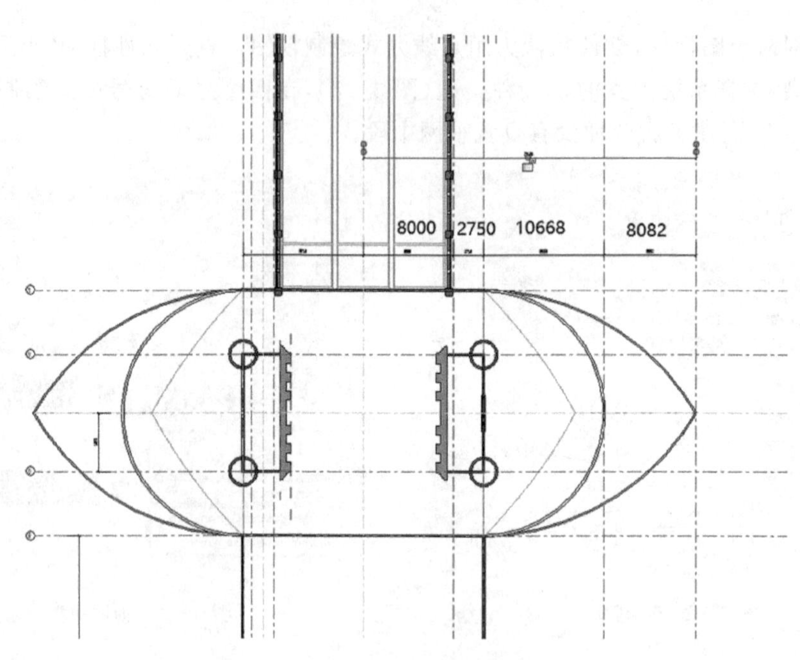

图 3－5　预期要完成的轴网数据

Step 6

选中刚刚绘制的第一根轴网，点击“Copy”即“复制”按钮，选择基点，输入如下间距，可以得到塔桥的横向轴网。轴网左右对称。⑤轴为对称轴，该中心轴网可以编辑类型，复制为一种新类型的轴网，将其设置为绿色，便于后期对各种构件进行镜像复制。

分别输入距离为8082，10668，2750，8000，8000，2750，10668，8082，得到轴网，以上尺寸的单位均为毫米。具体操作如图3－6所示。

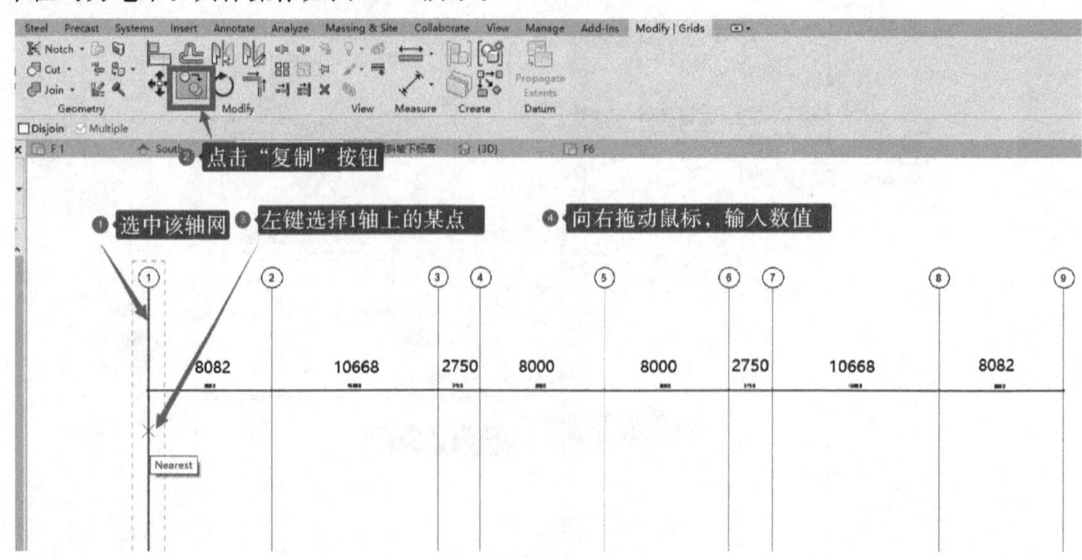

图 3－6　轴网复制

Step 7

同样可以在南北方向上分别输入如下数据，进行轴网绘制。以下为南北中心的一侧数据。自下而上进行复制，复制方法与横向轴网的步骤相同。从 A 轴开始，K 轴为南北中心对称轴。尺寸如下：20000，3500，3500，30800，51496，5575，5093，5093，5575，30480。以上尺寸的数值单位均为毫米。图 3－8 中尺寸由英尺换算为毫米。

注：1 英尺＝0.3048 米＝304.8 毫米。

轴网完成结果与模型的尺寸对照如图 3－7、图 3－8 所示。

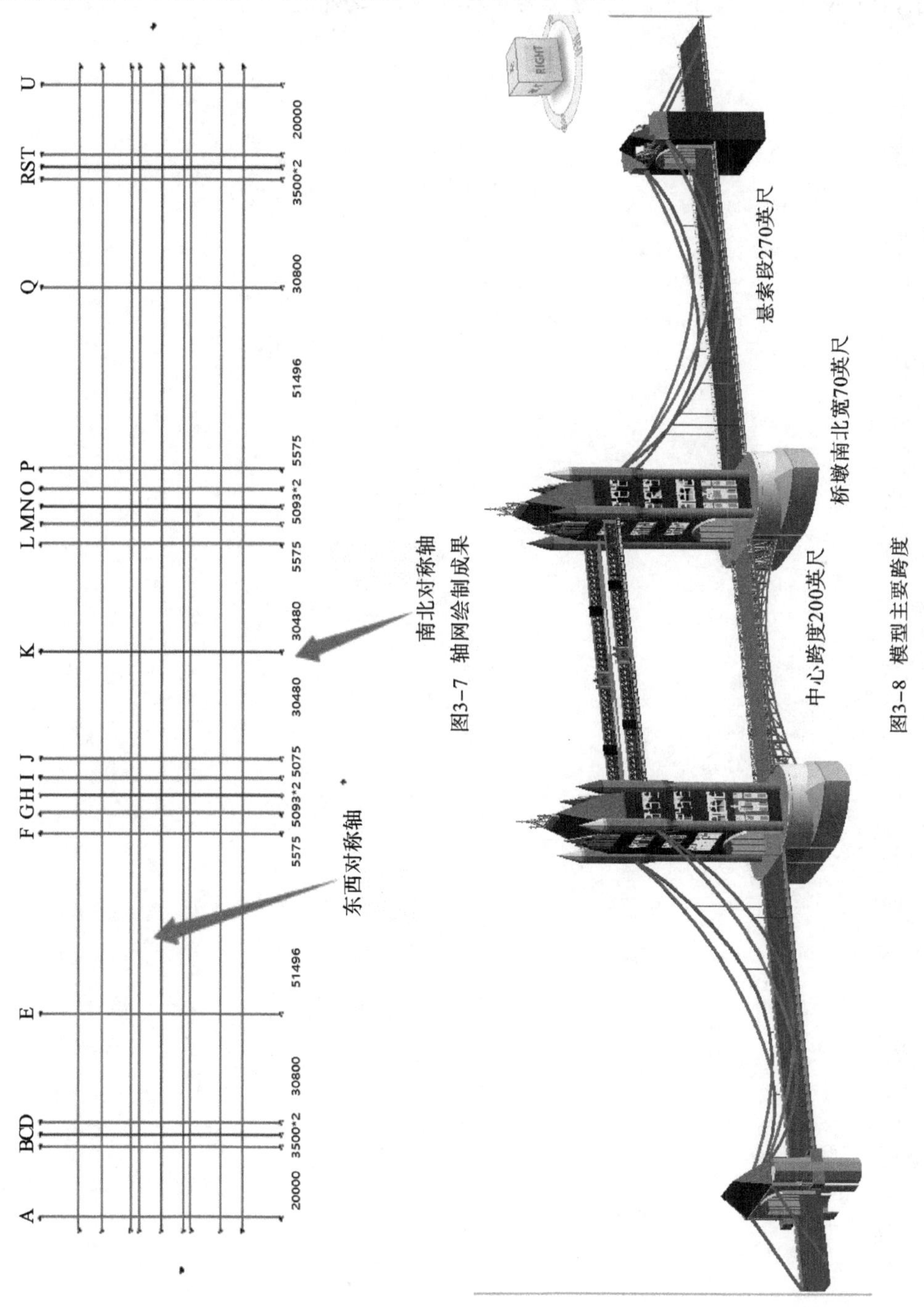

图3-7　轴网绘制成果

图3-8　模型主要跨度

本章小结

轴网是项目创建的关键环节，读者应掌握轴网的创建方法，按照所列数据进行绘制。

轴网绘制完成后，可以开始进行下一步的桥墩创建，从下至上，逐步创建塔桥实体模型。轴网创建时，需要注意立面符号的移动，立面符号由两部分组成，一定要保证都选中再移动。塔桥的南北方向长，需要点击轴网末端的小圆圈多次调整，使纵横轴网交叉。在东西南北各个立面上，也要双击进入各个立面，调整标高线和轴网，使之相交。

第 4 章　桥墩创建

创建模型首先需观察要做的塔桥模型截图，桥墩分为三个部分。桥墩的创建方法可以用体量进行创建。但是本案例采用绘制墙体和板进行围合的形式创建，方法更加简单直接。桥墩模型预期完成效果如图 4－1 所示。

材质说明：桥墩创建时可以采用软件内置材质，待整个模型完成后，可以引入外部材质贴图，或在真实的建筑照片上截取材质图片，载入构件，调整图案的显示比例。

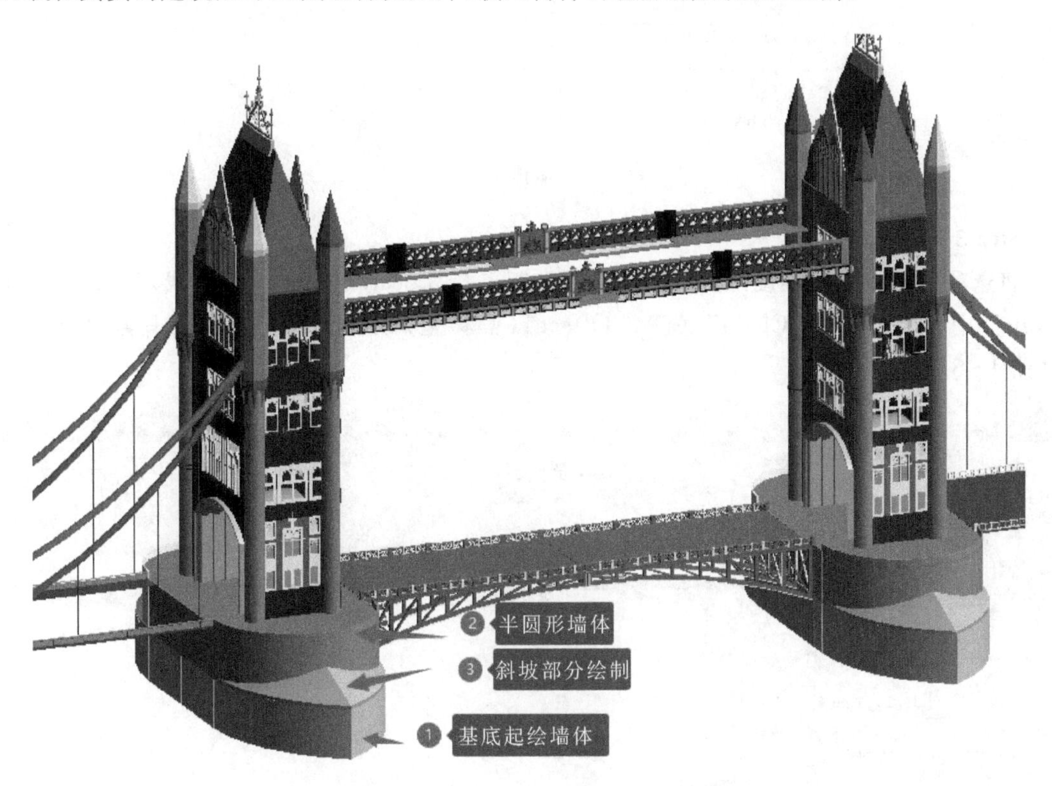

图 4－1　桥墩模型预期完成效果图

4.1　桥墩创建过程

Step 1

双击浏览器的楼层平面的“基底”，进入基底平面视图。在完成的轴网上进行桥墩外立面的创建。

Step 2

点击“Architecture”建筑选项卡中“Wall”（墙）工具图标（图 4－2），或下拉菜单中的“Wall：Architectural”（建筑墙）。

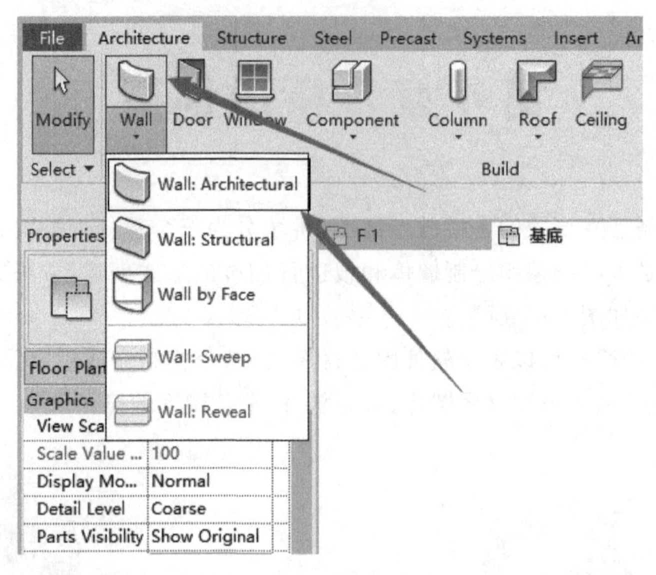

图 4－2　墙体工具图标

Step 3

将选项栏“Heigh”(高度)设置为直到“斜坡起点”,“Location Line”(定位线)为“Core Centerline”(中心线),勾选“Chain”(链),“Offset”(偏移量)默认为 0。绘制工具默认采用直线(图 4－3)。

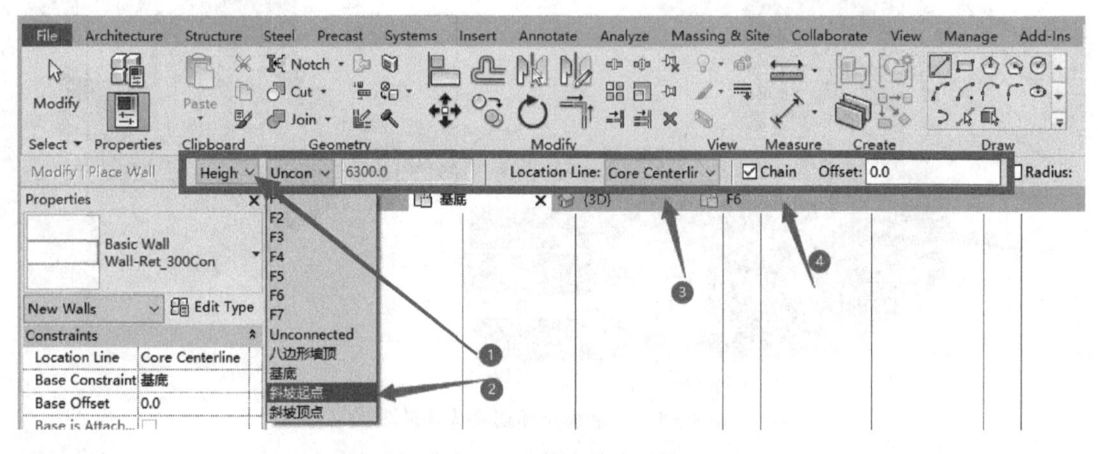

图 4－3　墙体参数选项栏

Step 4

点击“Properties”(属性面板)中墙的“Edit Type”(编辑类型),选择一种墙体,如“Basic Wall Wall－Ret－300Con”墙类型。在此类型上进行“桥墩外墙 200 mm”的创建,如图 4－4 所示。

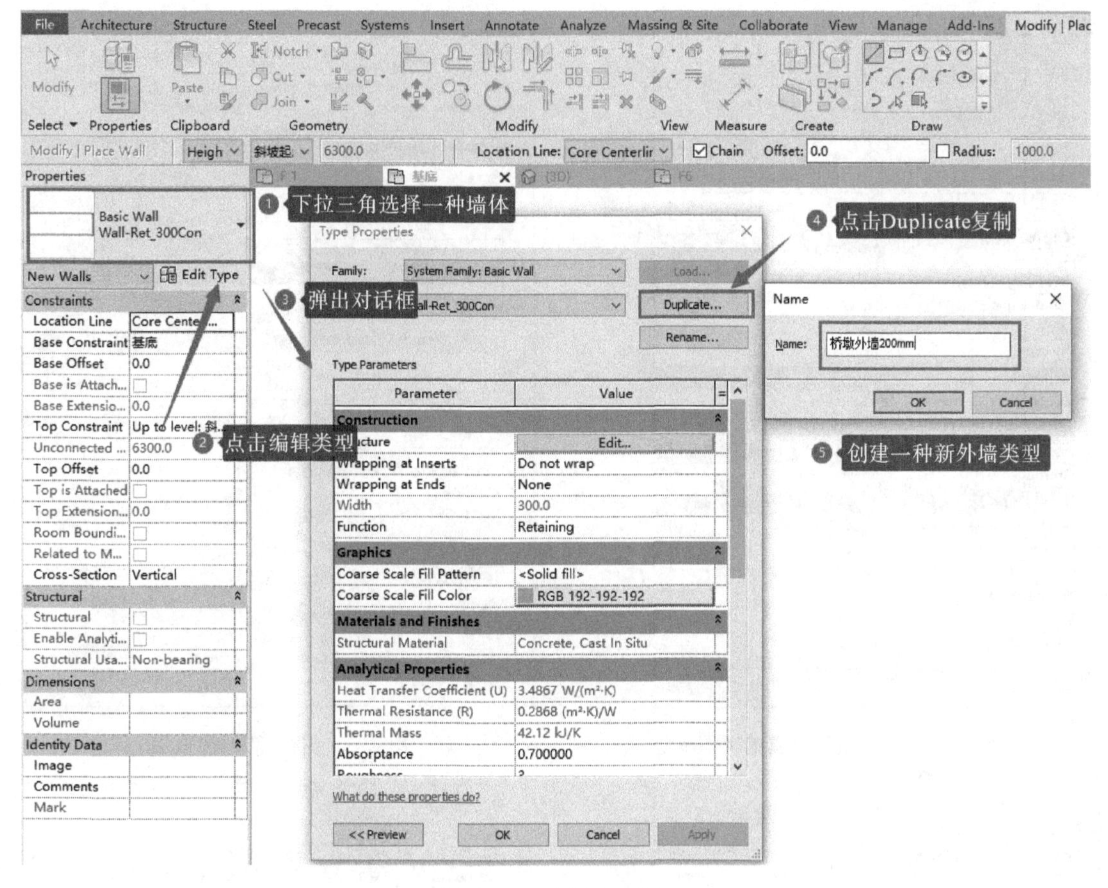

图 4-4　创建桥墩外墙

4.2　材质编辑过程

构件材质编辑按照如下方式进行:方法一,引入外部材质的贴图,导入项目中;方法二,可以从软件内置的材质图片中选取。

本案例对桥墩外墙外面的材质创建采用两种方法,按照方法一,材质名称为"桥墩外墙外面",采用引入外部材质"文化石";按照方法二,利用软件内置的材质图片,其名称为"桥墩外墙 200 mm-2马赛克",本书后续截图按照蓝色马赛克这种材质进行演示。

外墙内面材质的创建按照方法二,采用象牙白色的瓷砖。

Step 1

编辑桥墩外墙材质。接续前节内容,在新建了"桥墩外墙 200 mm"这种墙类型后,点击"Edit"编辑按钮,进入墙体材质编辑对话框,如图 4-5 至图 4-11 所示。

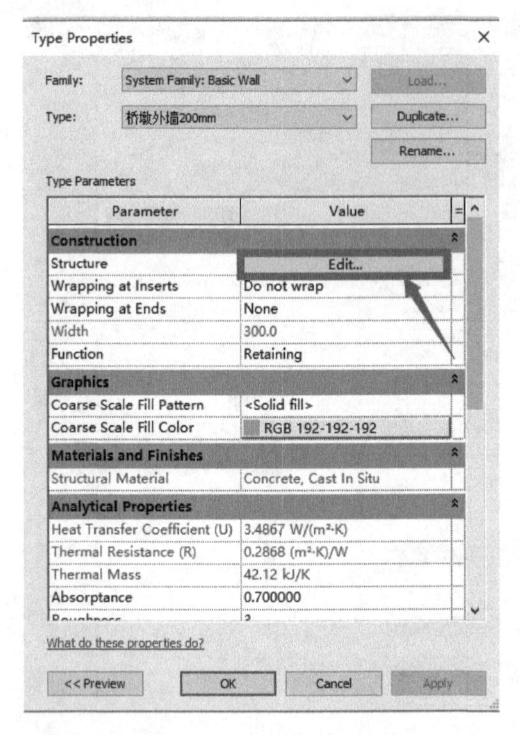

图 4－5　进入墙体材质编辑

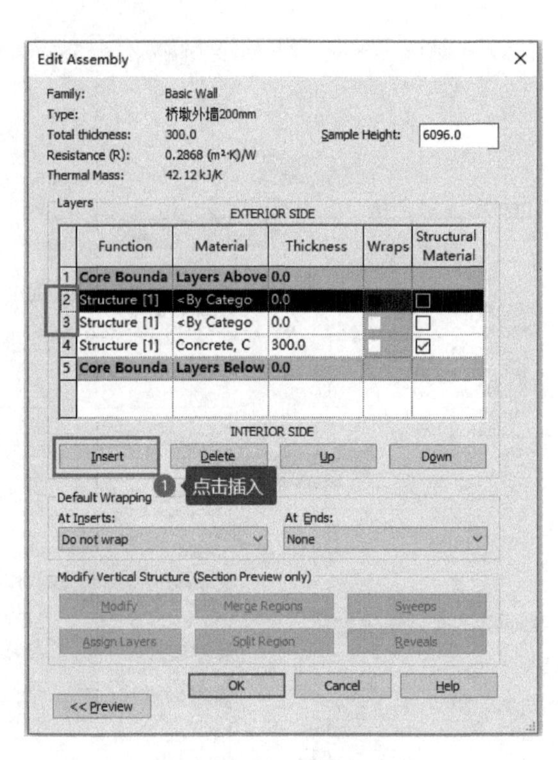

图 4－6　插入墙的构造层

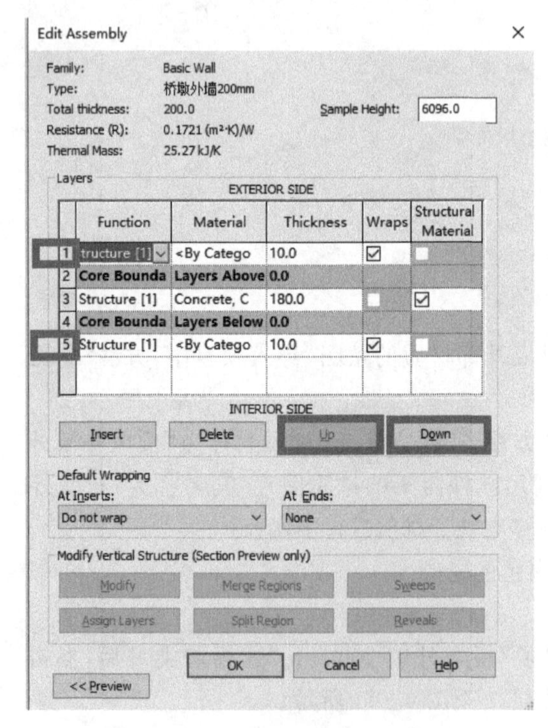

图 4－7　上下调整到核心层外部

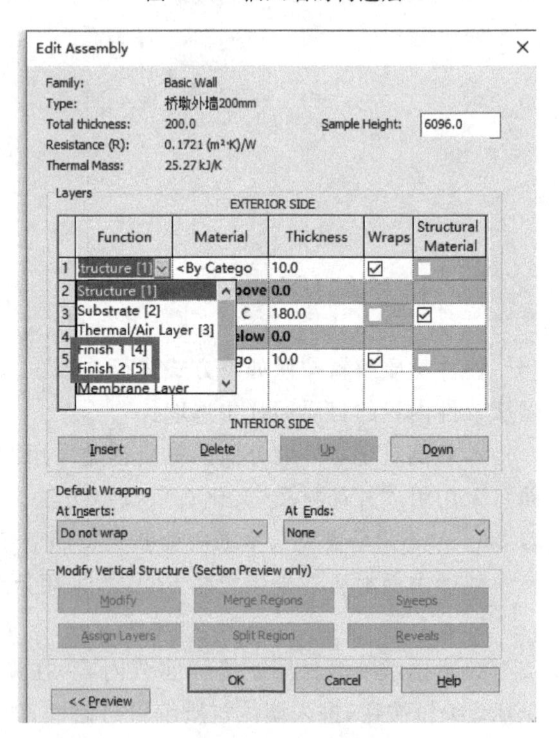

图 4－8　选择面层

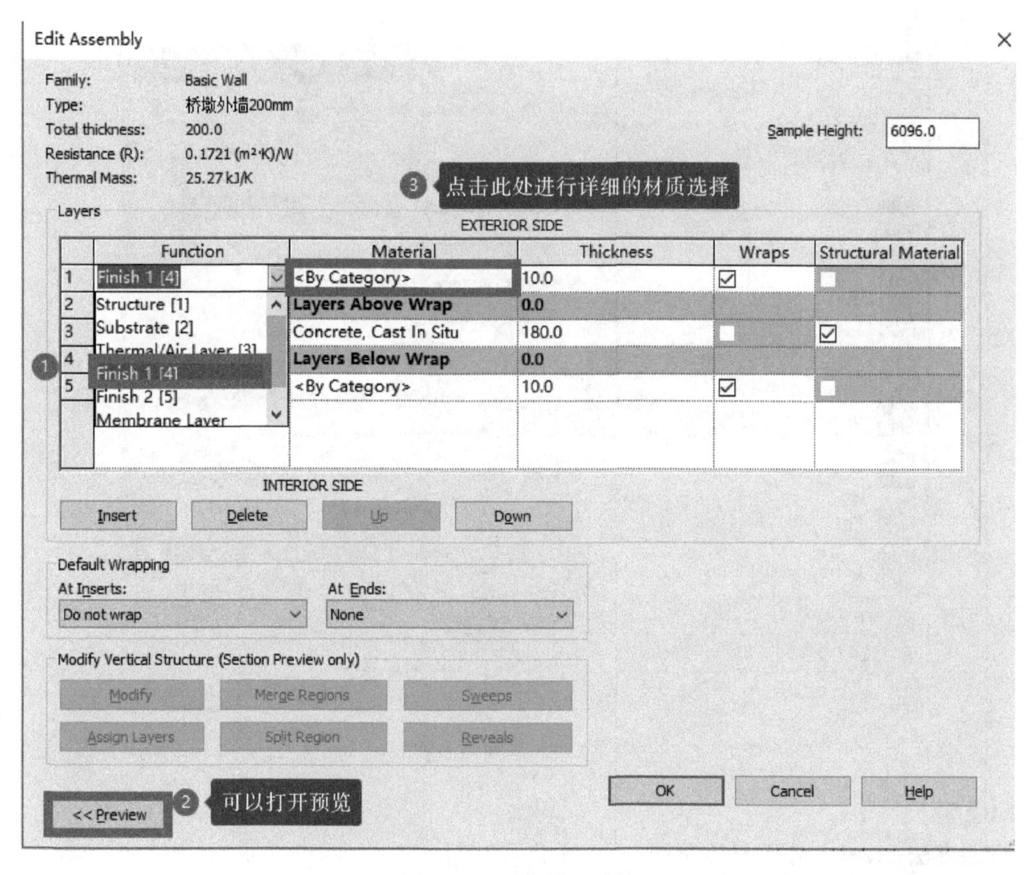

图 4－9　进入详细编辑

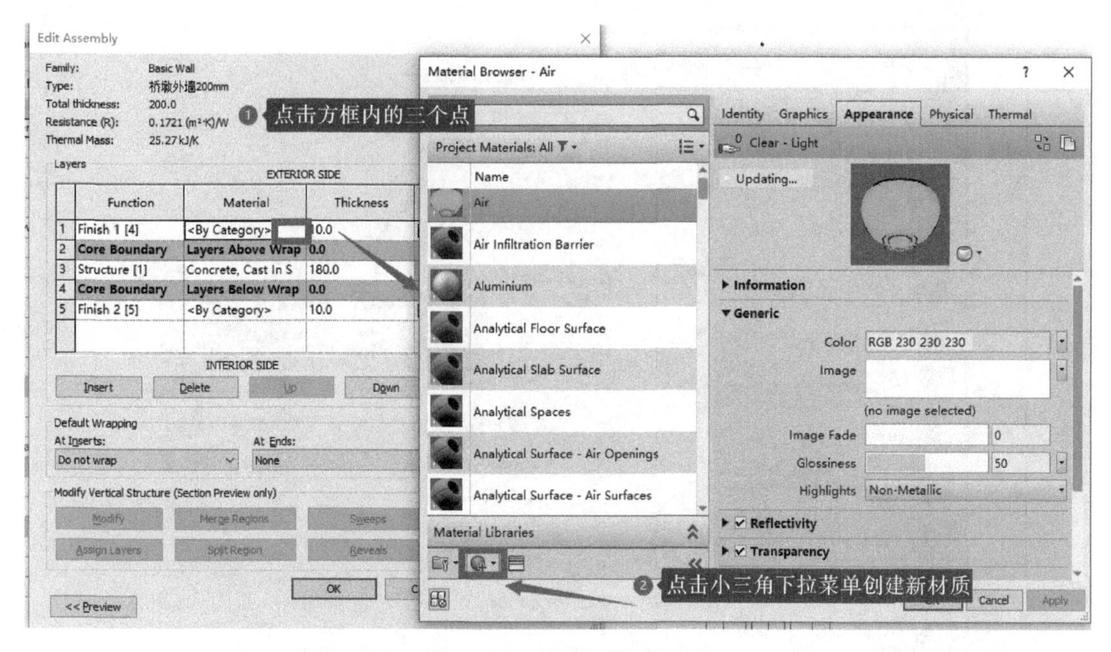

图 4－10　创建新材质按钮

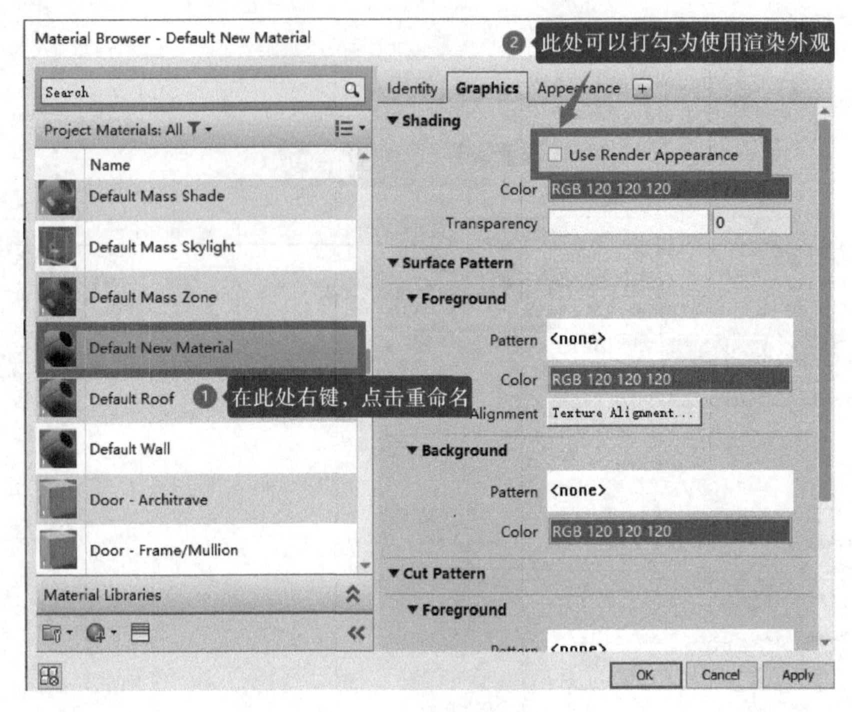

图 4－11　重命名材质

Step 2

按照方法一,引入外部材质贴图——“文化石”图片。

载入文化石图片(图 4－12、图 4－13)。编辑图片尺寸等,如图 4－14 所示。

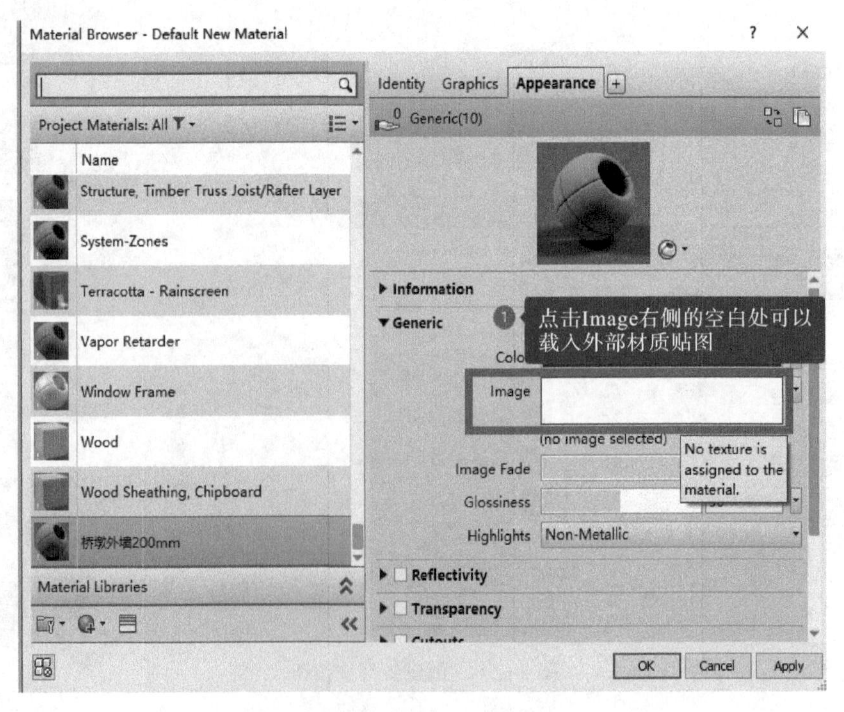

图 4－12　载入外部材质贴图

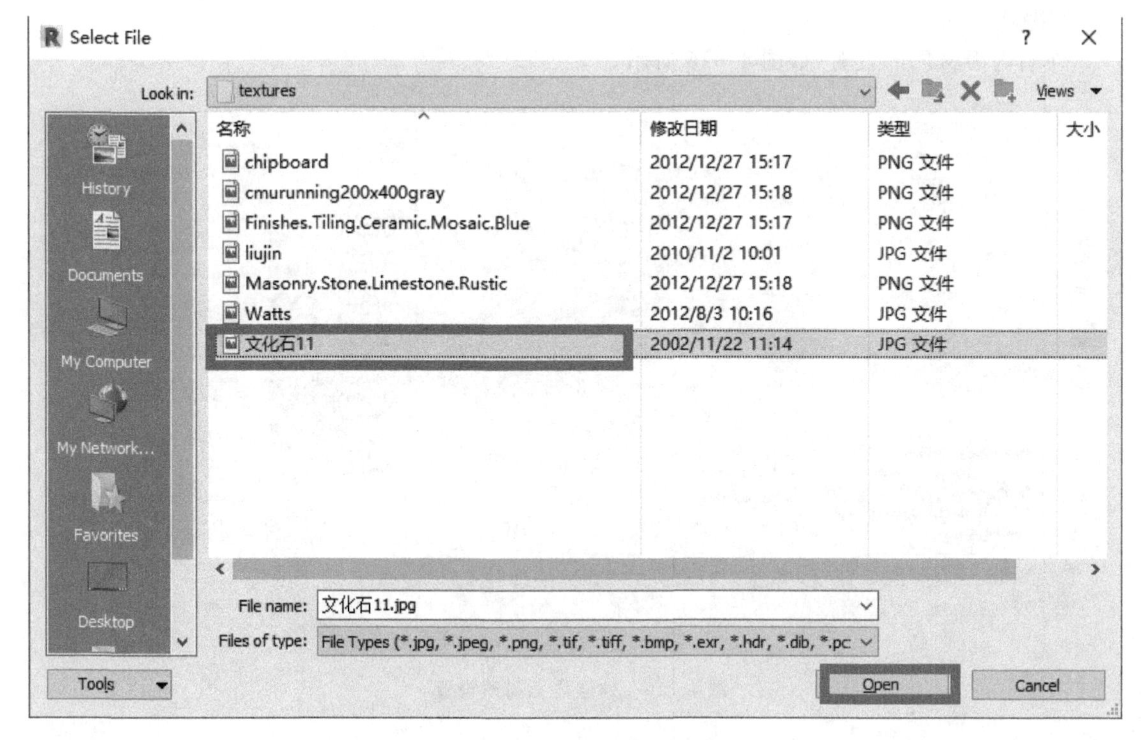

图 4－13　导入文化石贴图

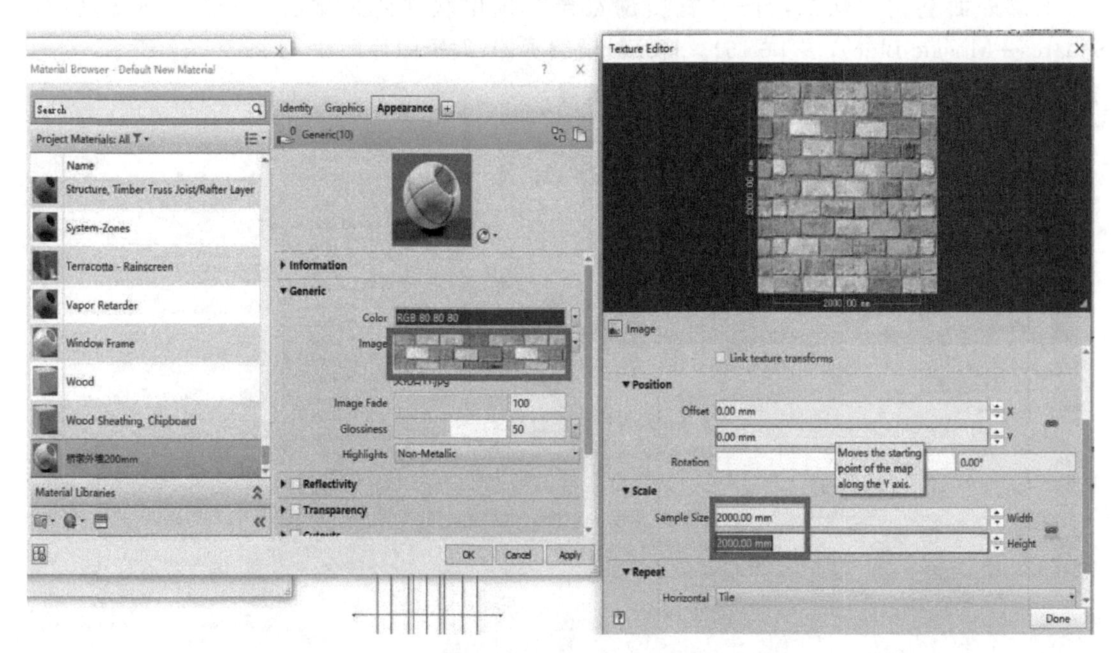

图 4－14　对贴图进行纹理编辑图像比例调整

Step 3

外墙内面材质的设置，如图 4－15 所示。

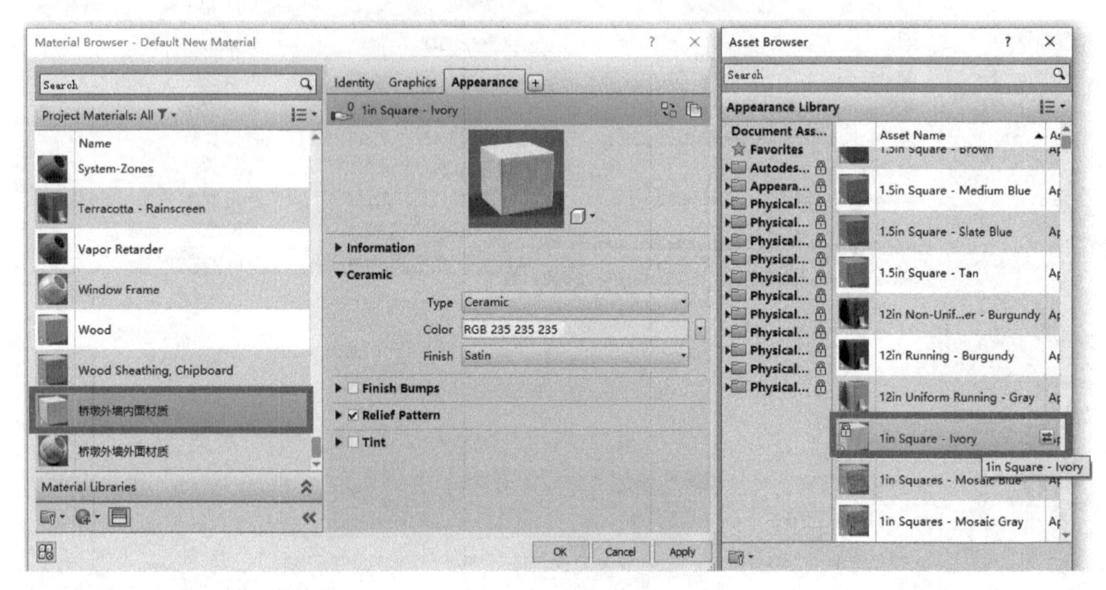

图 4－15　外墙内面材质设置

Step 4

外墙外面利用方法二，打开“材质浏览器”，选用软件内置材质——蓝色马赛克（1in Squares－Mosaic Blue）（图 4－16）。打开材质编辑器，编辑图片尺寸，如图 4－17 所示。本书案例为外墙外面设置了两种材质，可以切换选择。

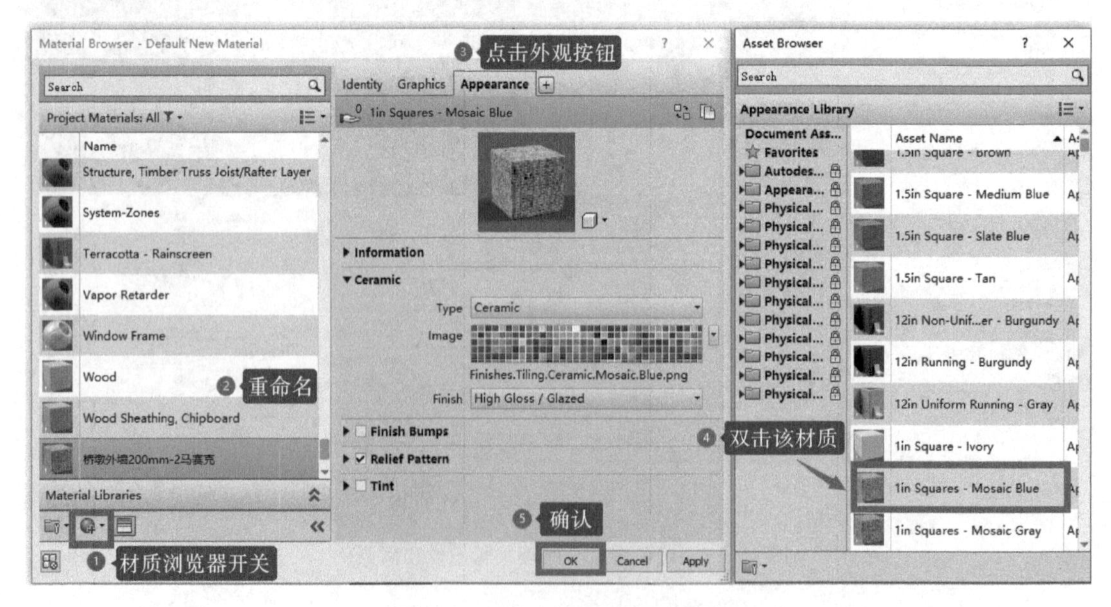

图 4－16　外墙外面马赛克材质

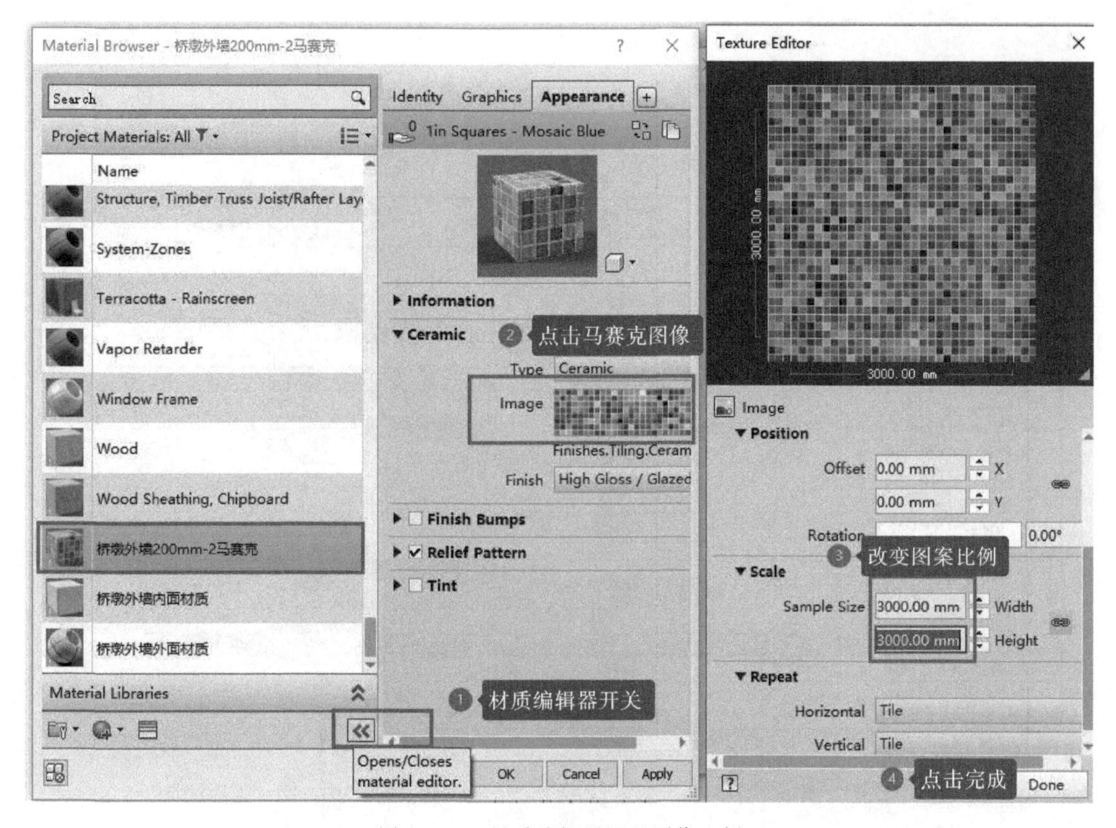

图 4－17 材质编辑器调整图像比例

4.3 桥墩外墙绘制过程

完成上述墙体材质设置后，即可进入绘制。

4.3.1 基底平面的墙体绘制

首先在“基底”平面视图内完成如下的墙体绘制。为了增强绘制效果，可以在输入“VV”快捷命令后出现的可见性设置对话框中设置墙体截面颜色和填充图案。操作方法如图 4－18、图 4－19 所示。

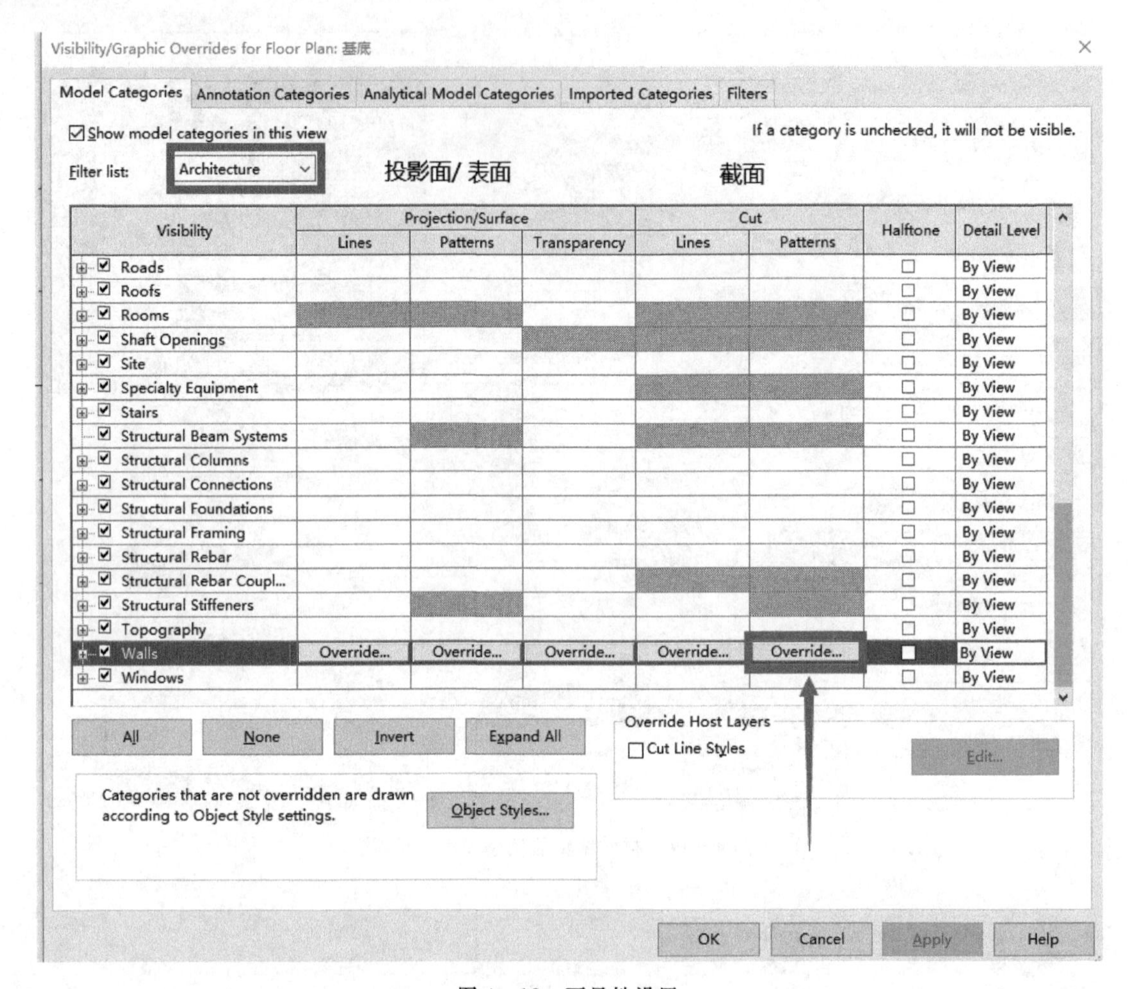

图 4－18　可见性设置

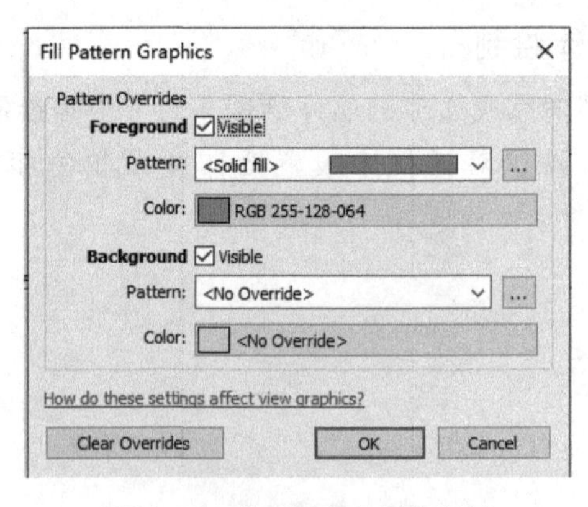

图 4－19　截面图案与颜色设置

在绘制一段平直段墙体后，切换“起点、终点、半径弧”命令按钮，进行弧形墙体绘制。绘制命令按钮如图 4－20 所示。

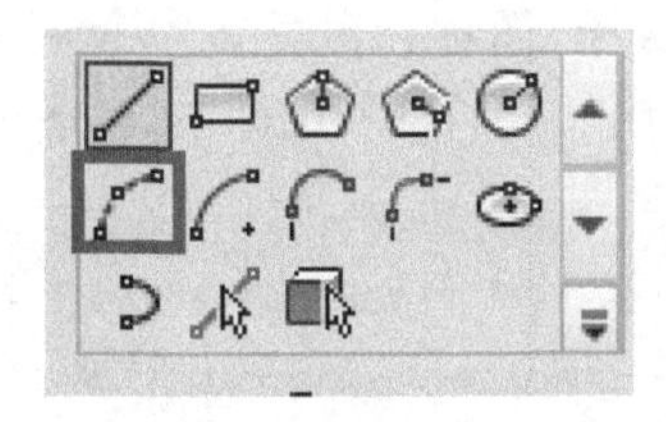
图 4-20　墙体绘制按钮选项

绘制完成后，可以选中两段墙体，点击镜像按钮，选择对称轴，进行镜像复制。然后再选择两个弧形墙段，进行镜像复制(图 4-21、图 4-22)。

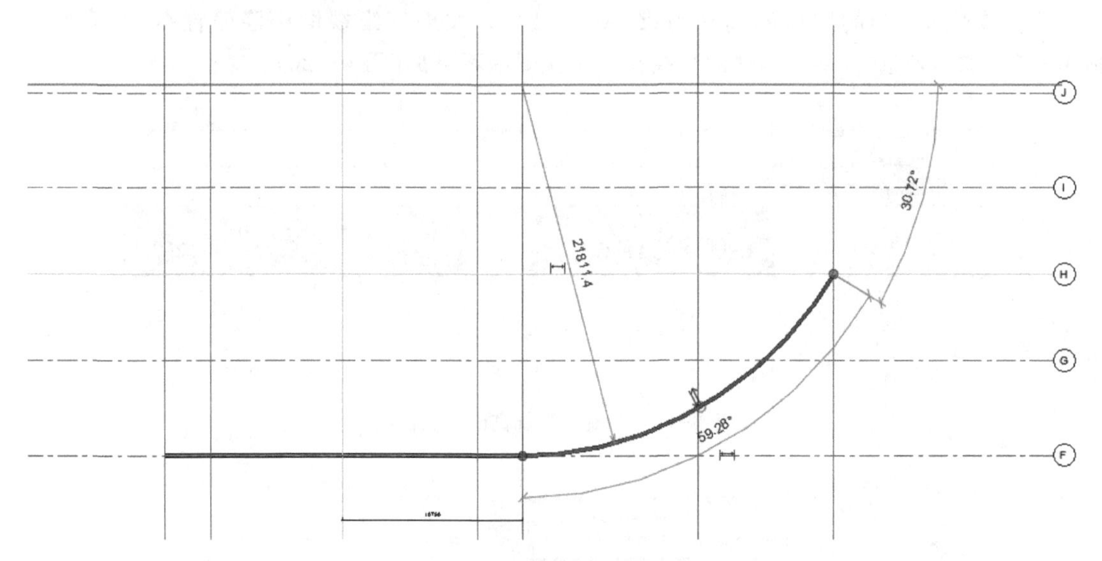

图 4-21　绘制平直段和弧形段

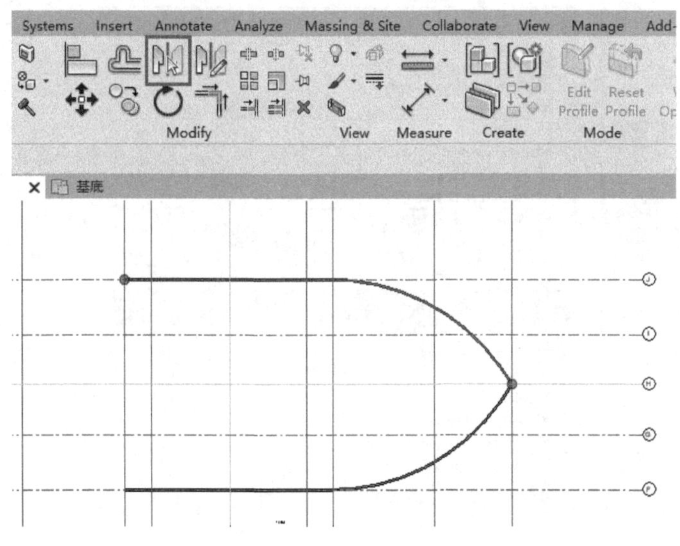

图 4-22　镜像

利用快速访问工具栏的“小房子”图标。也可在“View”视图选项卡下点击同样的图标(图 4-23)。切换到三维视图,按住“Shift”键和鼠标中键,移动鼠标,旋转观察三维视图。

图 4-23　视觉样式

检查核对所绘制的墙体的标高约束(图 4-24)。如果三维视图中隐藏标高线,可参考图 4-25。取消勾选“Levels”,则标高线在三维视图中不可见(图 4-26)。

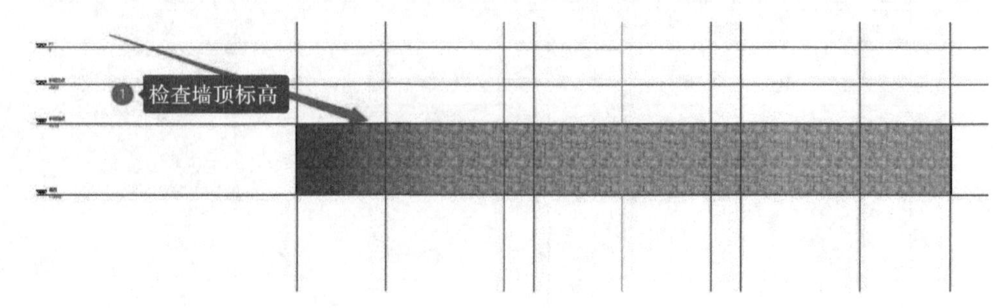

图 4-24　检查墙顶标高的准确性

图 4-25　隐藏三维视图标高线

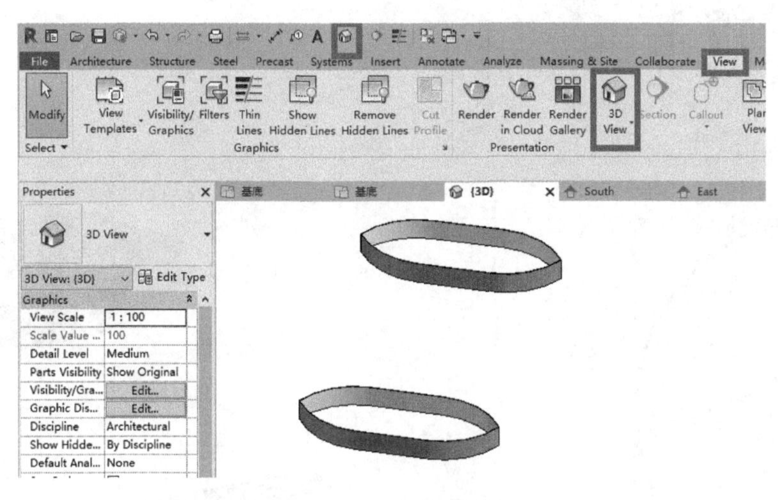

图 4-26　三维视图标高线

4.3.2 圆形墙体的绘制

双击项目浏览器中的“斜坡起点”，平面视图切换到“斜坡起点”平面视图。圆形墙体高度的上部约束为斜坡顶部。

注意：如果刚刚切换的这一层平面上没有任何线条，不能看见下部的轮廓，则应在属性框内找到“Underlay”选项下的“Base Level”，将范围的底部基线调整出来。

打开下拉三角，选择“基底”使得基底绘制的墙可见轮廓，详见图 4-27。出现基底平面绘制的轮廓基线，便于绘制本层墙体。

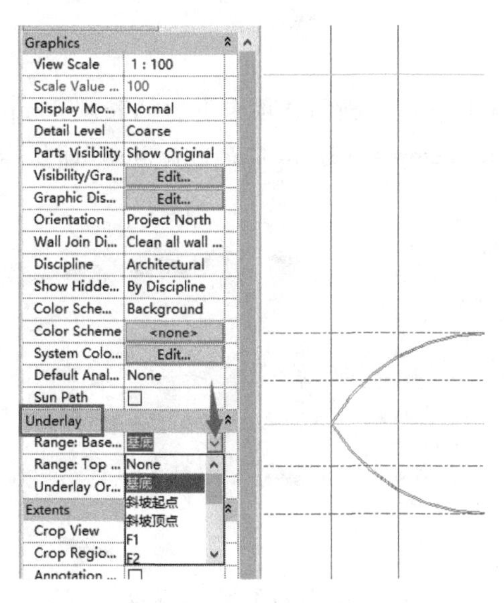

图 4-27　基线的设置

绘制时可以采用和前述墙体绘制同样的方法进行墙体绘制，但是应采用“起点、终点、半径弧”命令按钮。圆心位于 7 轴与 H 轴的交点，半径为 10668 mm，如图 4-28 所示。

然后利用直线命令按钮绘制平直段，镜像到另外一侧。完成的墙体如图 4-29 所示。

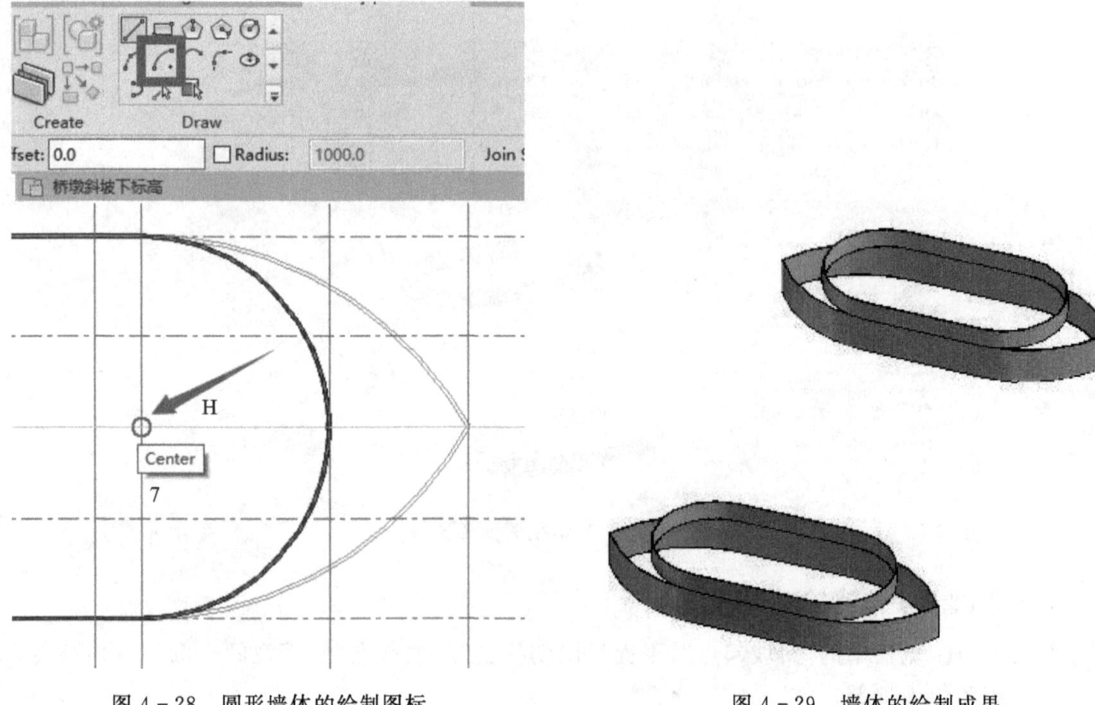

图 4-28　圆形墙体的绘制图标　　　　图 4-29　墙体的绘制成果

绘制时，可以在可见性设置里进行墙体的截面颜色填充，也可以对基底视图的样式创建视图样板，并将该视图样板应用到所需的目标视图平面。

如何创建视图样板，将基底层对墙体的界面填充设置传递到以上各层？

视图样板的设置步骤如下：

Step 1

可在“基底”平面视图点击“View”视图选项卡下的“View Templates”视图样板图标，下拉小三角，选择第二行，“Create Template from Current View”即从当前视图创建样板，点击此处，如图 4-30所示。

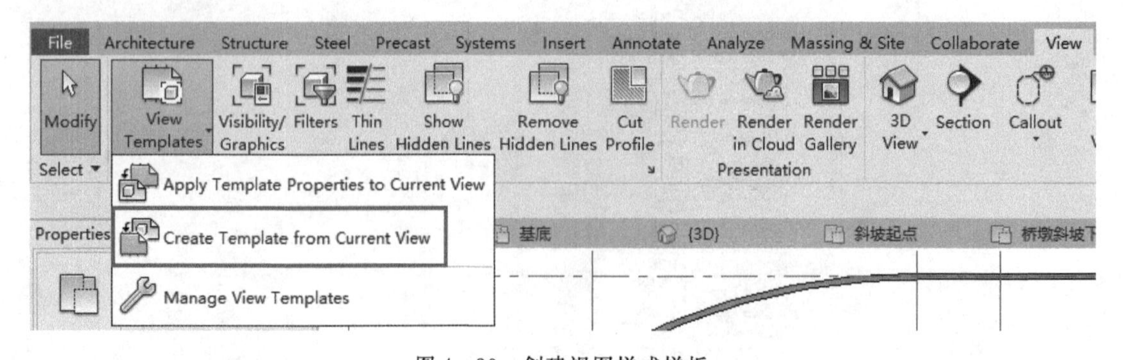

图 4-30　创建视图样式样板

Step 2

定义新建的视图样板名称，例如“一层样板 999”(图 4-31)。点击确认，弹出对话框，勾选要传递的属性，如图 4-32 所示。

图 4-31　创建样板名称

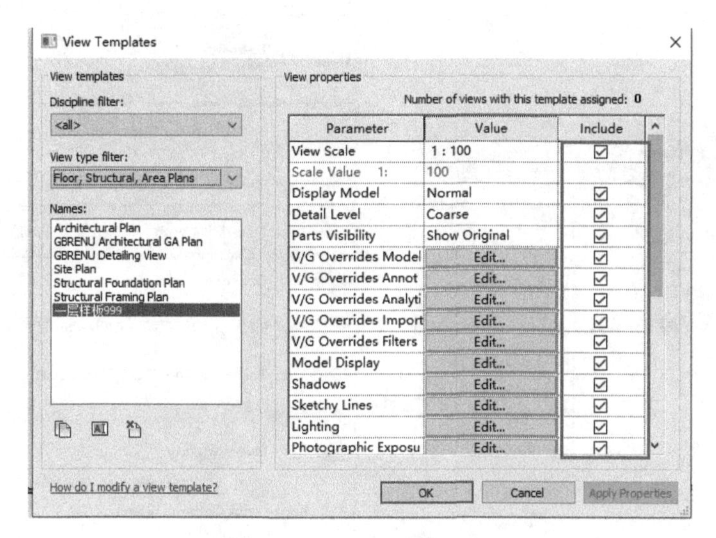

图 4-32　选择要传递的属性

Step 3

切换到目标视图，即“斜坡起点”平面视图。在“View”视图选项卡下的“View Templates”图标下，下拉小三角，选择第一行，“Apply Template Properties to Current View”，即将刚才设置的样板属性应用于本视图，如图 4-33 所示。在绘制墙体时，墙体填充样式自动应用。

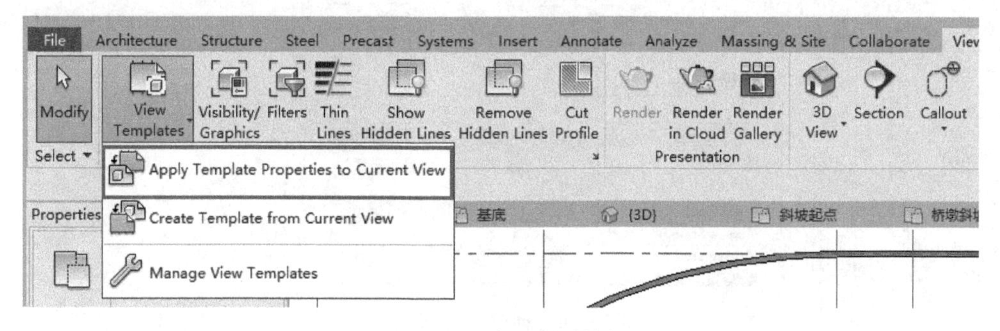

图 4-33　应用视图样板

4.3.3 绘制斜坡

以迹线屋面的命令完成，连接两层墙体。之后使用“Shaft” 竖井功能进行剪切，去掉多余的部分。

Step 1

绘制屋面的命令设置，如图 4-34 至图 4-37 所示。

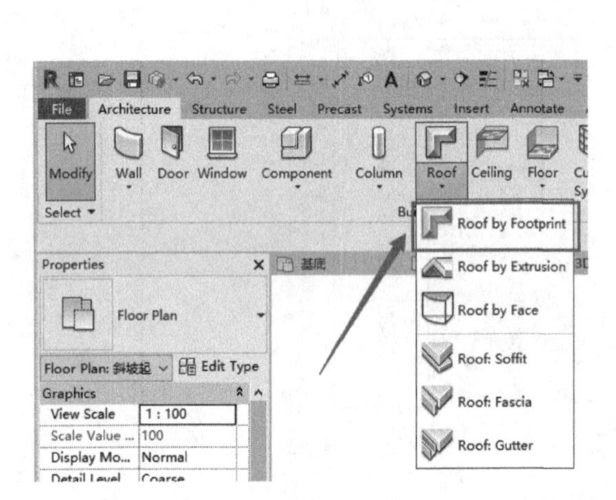

图 4-34　迹线屋顶的图标

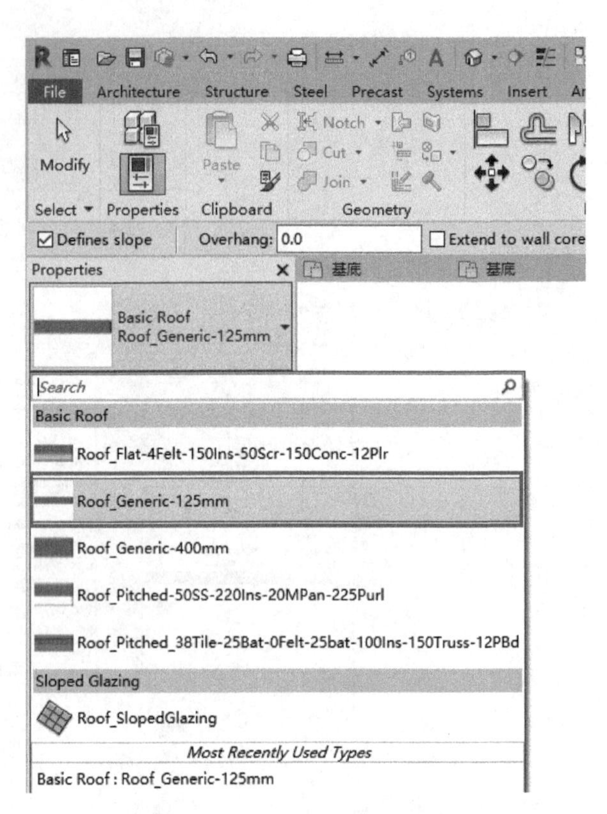

图 4-35　选择屋顶族类型

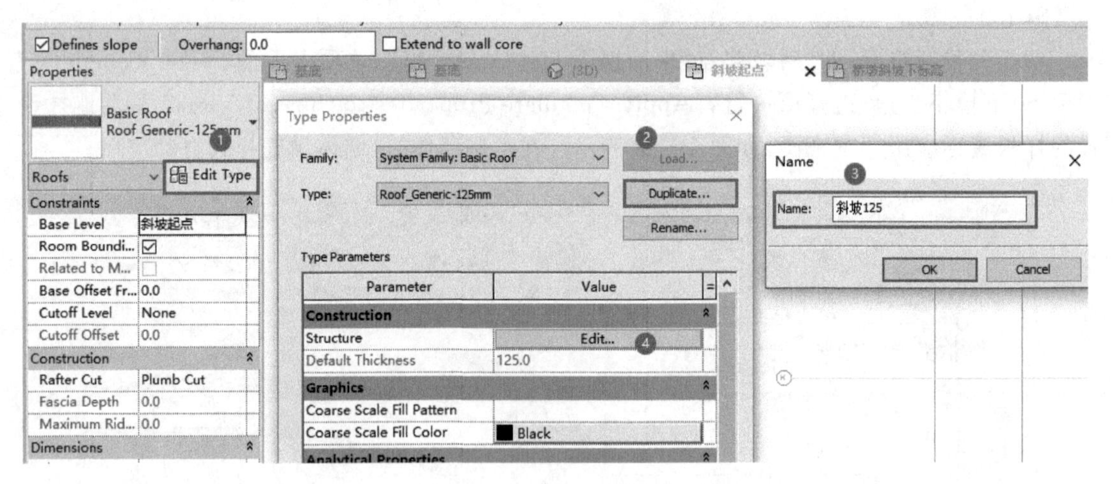

图 4-36　创建一种新屋顶

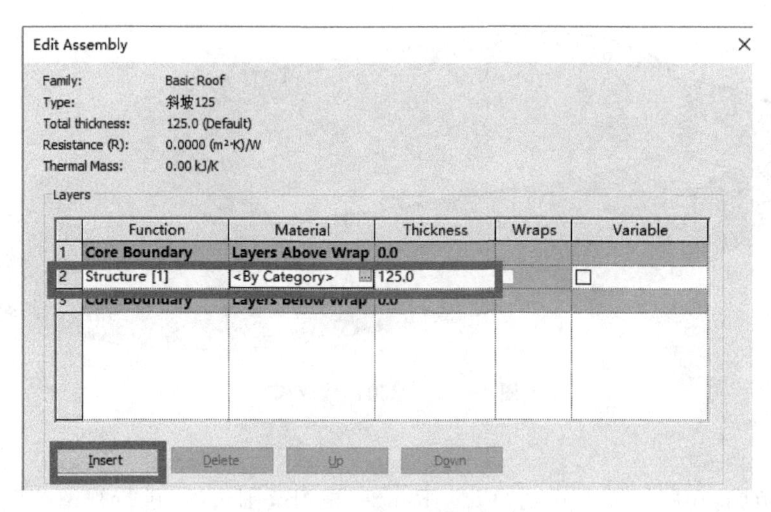

图 4-37 创建屋顶功能层

Step 2

进行迹线的绘制。利用直线和拾取圆弧段。迹线应闭合,不相交。屋面的坡度在属性框中默认为 30°。可在后续选中的屋面中修改坡度为 27°,如图 4-38、图 4-39 所示。

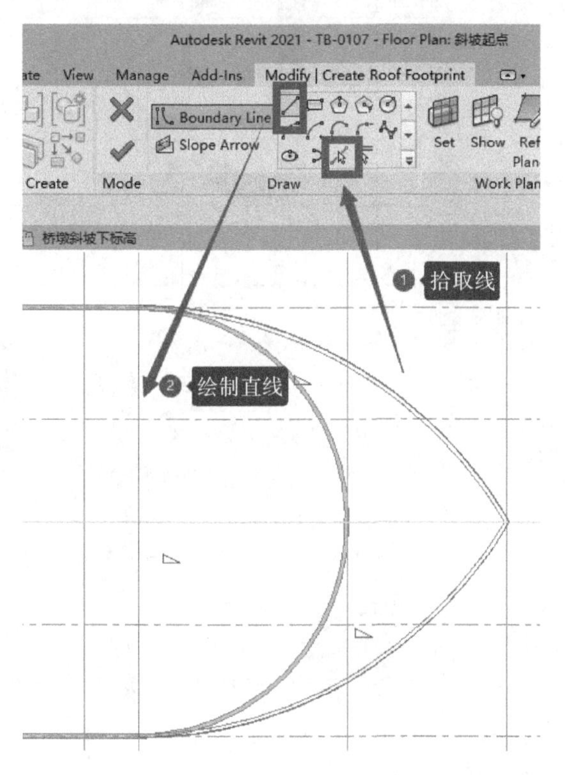

图 4-38 绘制屋顶迹线

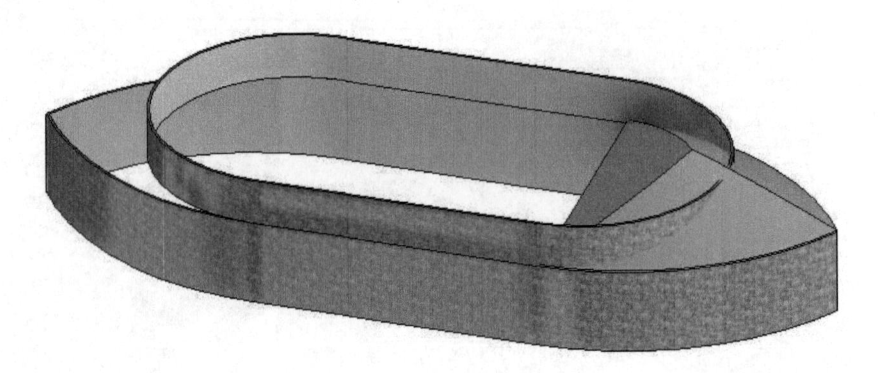

图 4－39　屋顶创建成果

Step 3

调整视图范围，在属性框中找到“View Range”视图范围选项，进行视图范围调整，使屋面在平面视图中的可视范围更广，如图 4－40 至图 4－42 所示。

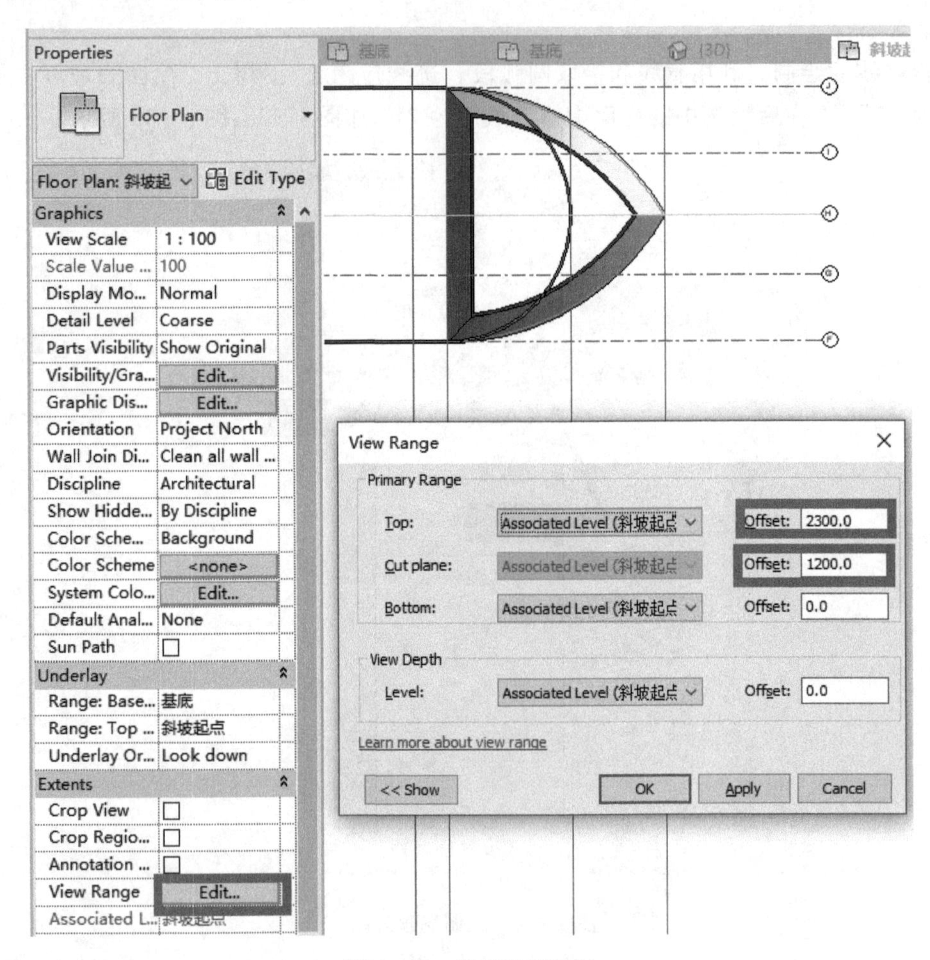

图 4－40　调整视图范围

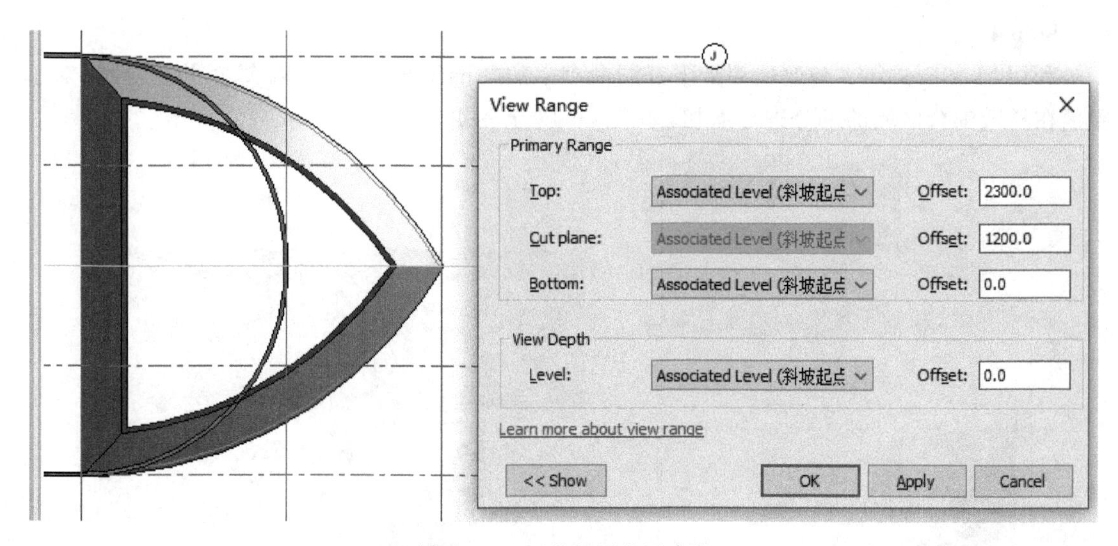

图 4－41　调整视图范围参数

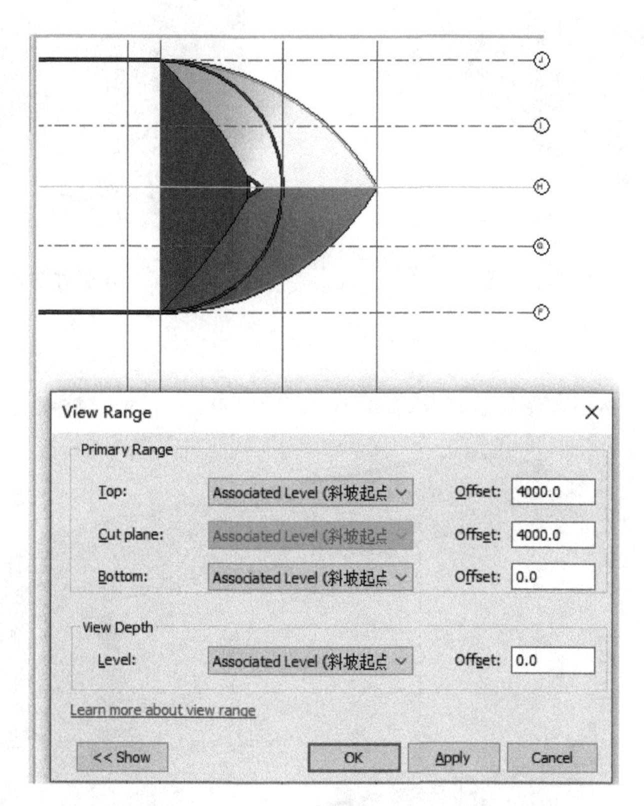

图 4－42　修改参数后的显示效果

Step 4

利用“Architecture”建筑选项卡下开洞命令中的“Shaft”竖井图标，编辑竖井轮廓线，对于屋顶在桥墩围合区域的部分进行剪切，如图 4 - 43 至图 4 - 46 所示。

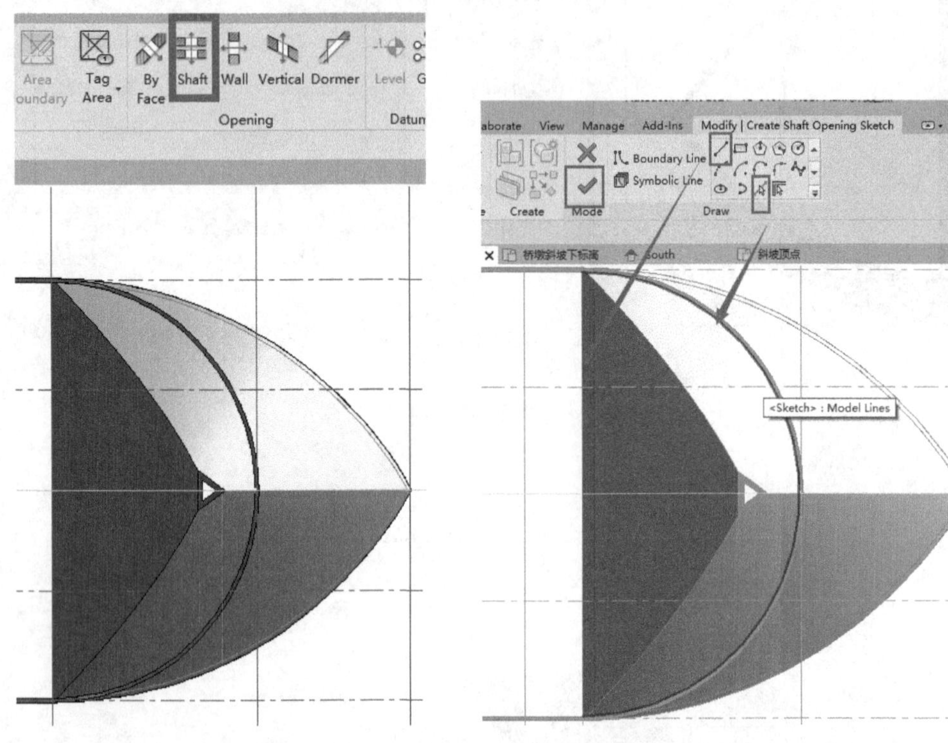

图 4 - 43　竖井图标位置　　　　图 4 - 44　创建竖井的边缘轮廓

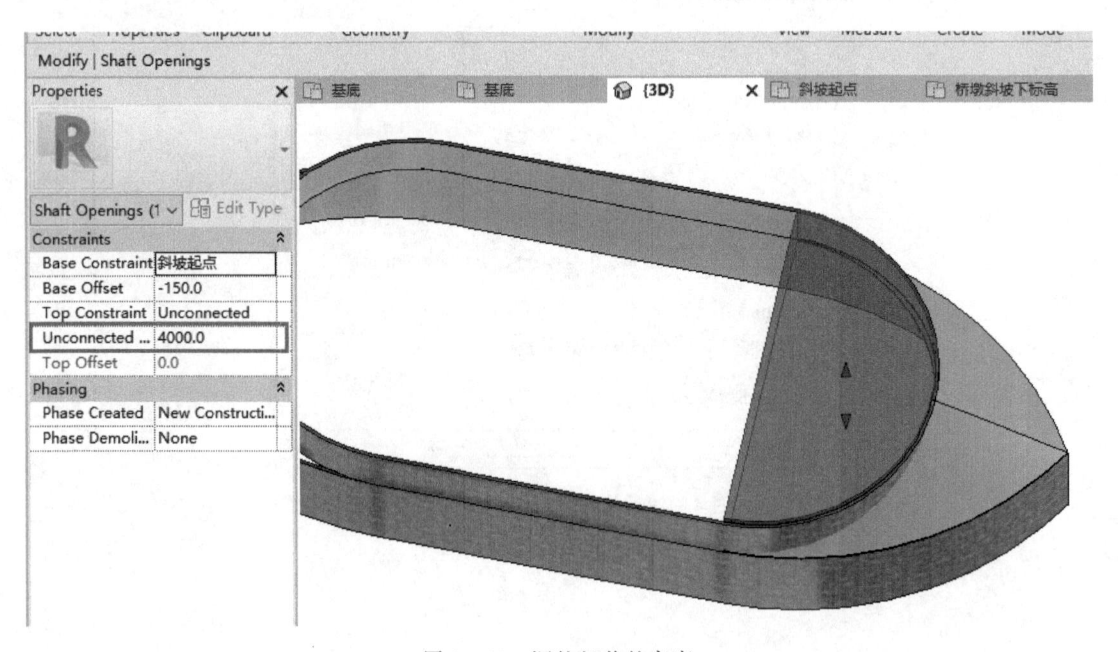

图 4 - 45　调整竖井的高度

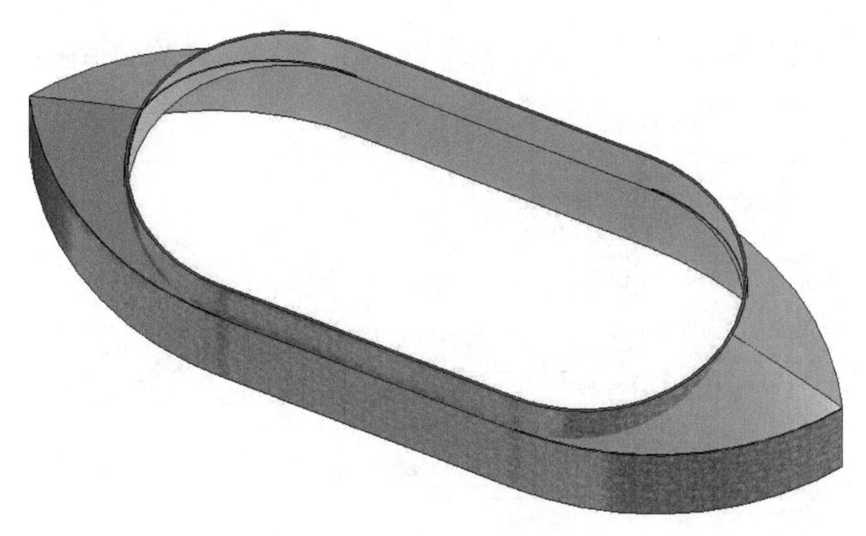

图 4-46　竖井剪切后的样式

Step 5　绘制或修改墙体顶部约束

绘制圆弧墙时，底部约束应为斜坡起点，顶部约束默认为斜坡顶点，刚刚完成的墙效果如图 4-46 所示，而实际上该层墙体应上升至 F1 平面位置，即图 4-50 所示的高度。具体操作有两种方法：(1)绘制。切换到在“斜坡顶点”视图平面，重新绘制墙体，顶部约束为 F1。(2)修改顶部约束。可以直接在三维视图中，选取合适的角度，选中图 4-46 的上部墙体，在属性框里批量修改顶部约束为 F1。

也可以在“斜坡起点”平面视图下全部选中圆弧墙体和竖井，配合“Filter”过滤器功能选择墙体，如图 4-47 至图 4-49 所示。修改后的效果如图 4-50 所示。

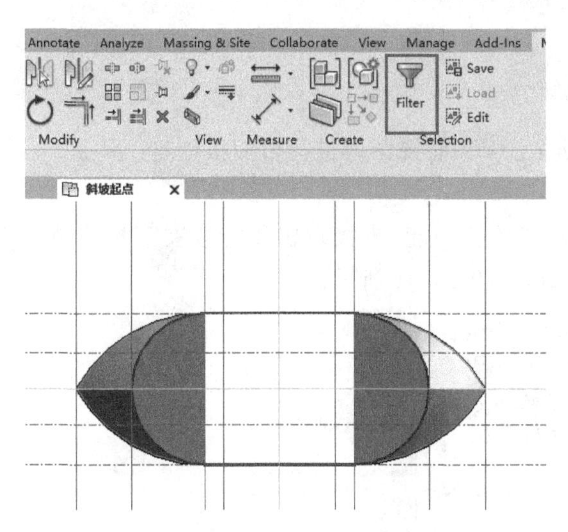

图 4-47　框选本层墙体和竖井

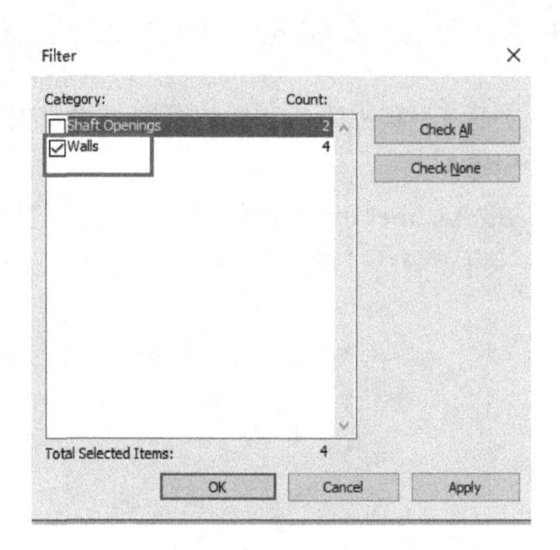

图 4-48　在过滤器中选择墙

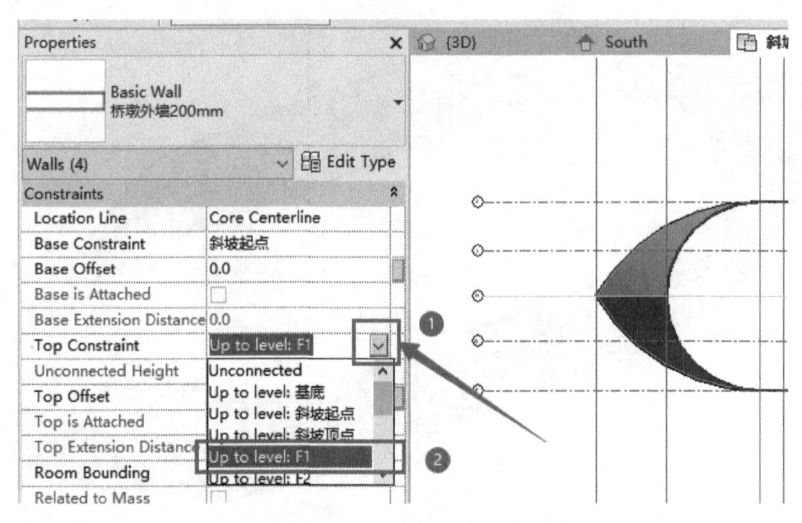

图 4－49　统一修改墙顶部约束

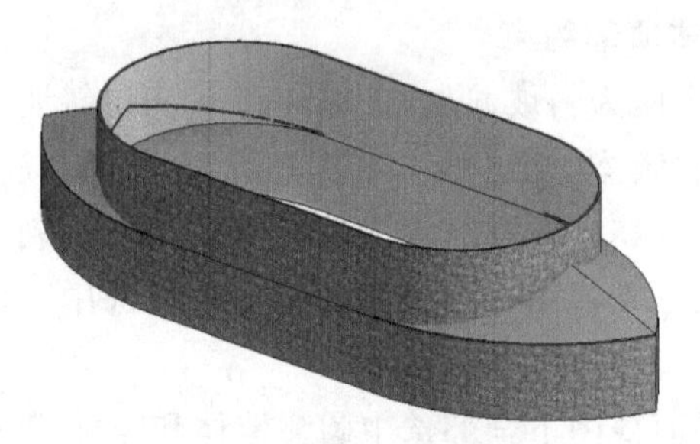

图 4－50　调整后的桥墩样式

4.4　桥面板和基底板的绘制

桥面 F1 和桥的基底板的绘制过程要先进入 F1 平面视图内进行桥面板创建。

Step 1

在“Architecture”建筑选项卡下找到“Floor”楼板功能，直接点击图标或在下拉菜单中选择第一种楼板——建筑楼板(Floor:Structural)，如图 4－51 所示。

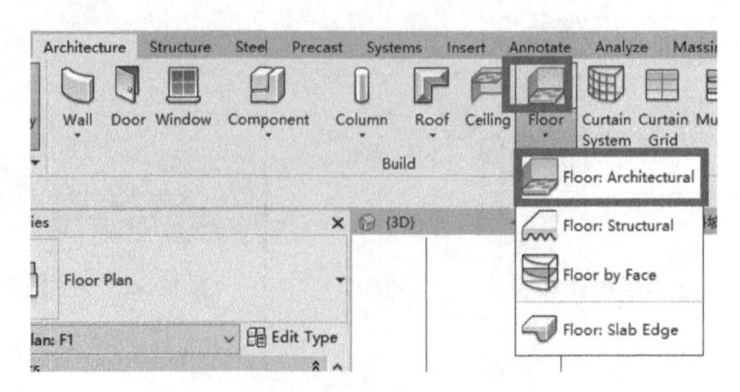

图 4－51　楼板功能图标

Step 2

在属性框中选择一种板类型，点击“Edit Type”编辑类型按钮，弹出对话框，点击“Duplicate”，进行复制创建一种新类型的板，取名为“桥面板01”，如图4－52所示。

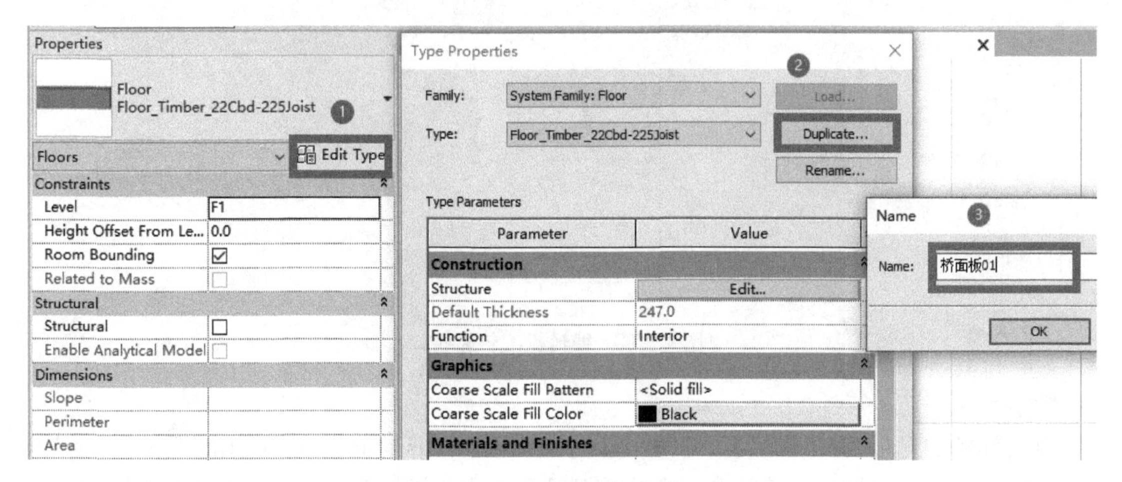

图4－52 编辑板类型

Step 3

进入板面材质设置对话框，定义板厚和材质，如图4－53所示。

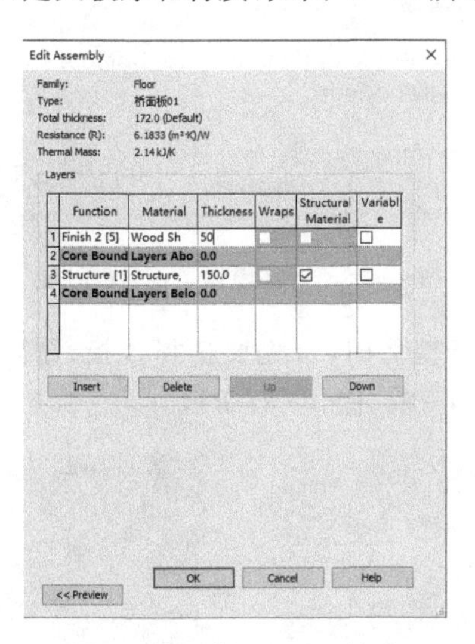

图4－53 编辑板厚和材质

Step 4

利用拾取线按钮拾取圆弧线，利用直线按钮绘制平直段，得到板面的轮廓线，如图4－54所示。

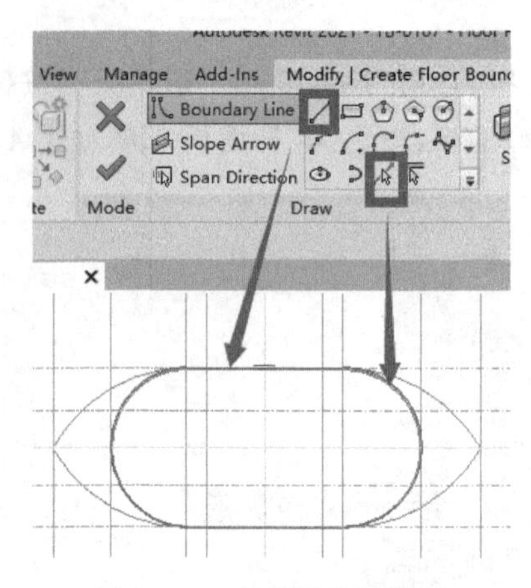

图 4-54　编辑板的轮廓线

Step 5

点击绿色的对号，弹出对话框，即“Would you Like walls that go up to this floor's level to attach to its bottom?”(底部墙体是否要附着到这块板上)，默认为“Don't attach”(不附着)，如图 4-55所示。

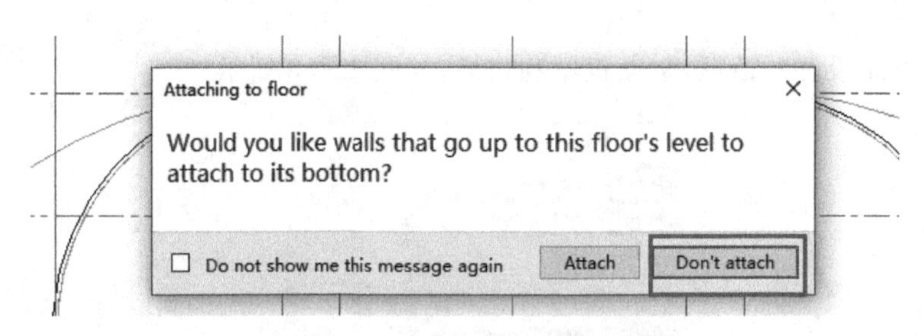

图 4-55　下部墙体是否和板附着

注意：对创建的基底板进行镜像时，首先要选择该板，需要打开“按面选择”(Select elements by face)，具体过程如图 4-56、图 4-57所示。

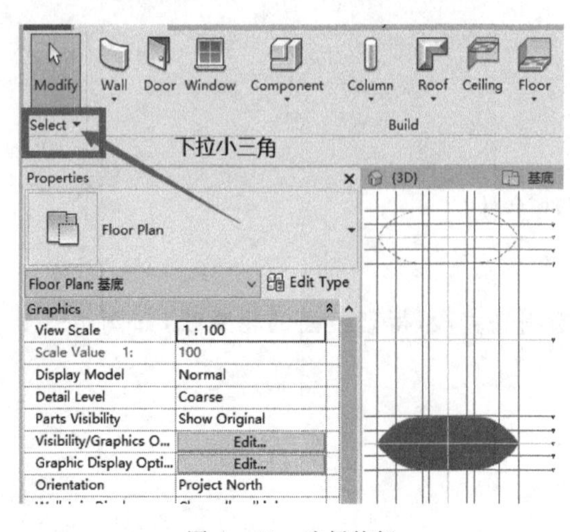

图 4-56　选择按钮

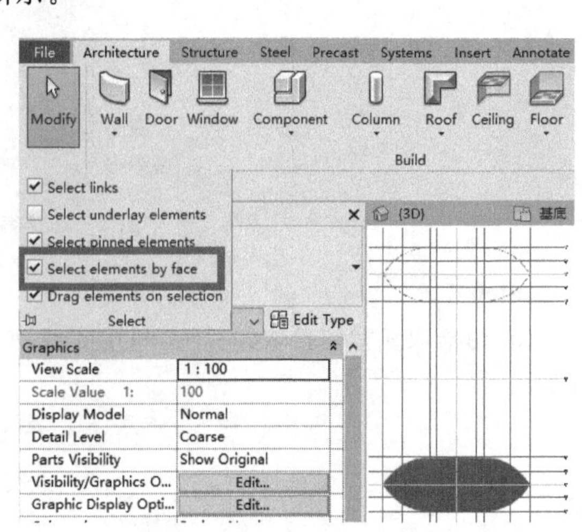

图 4-57　勾选按面选择

Step 6

双击浏览器下"基底"平面视图，进入基底平面，进行类似的创建与绘制过程，效果如图 4－58所示。

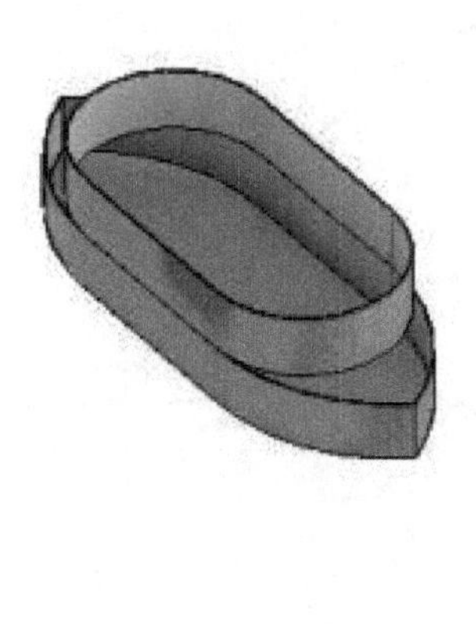
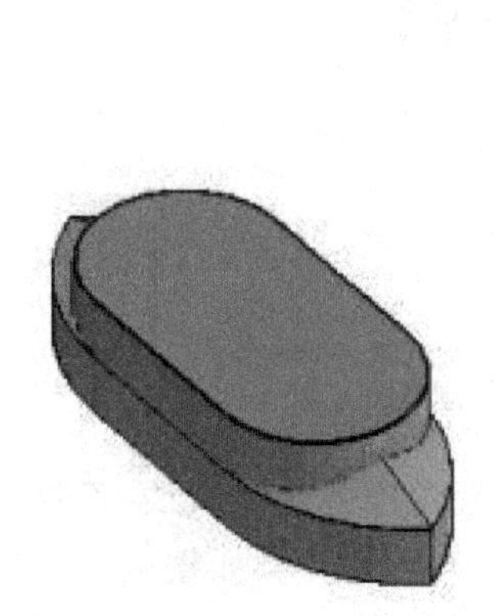

图 4－58　板绘制效果

4.5　各阶段绘制结果的检查与修改

绘制基底所在层的墙体时，要注意顶部约束的位置，可以双击进入南立面进行墙体的检查，默认为隐藏线模式，检查时可切换为"着色"或"真实"模型。

切换到各个立面及三维视图，体会几种视图样式的区别："Shaded"（着色模式）对应材质设置中的"Graphic"（图形），"Realistic"（真实）对应材质设置时的"Appearance"（外观）。

着色模式仅为颜色，并且带有阴影，不带有材料的纹理和凹凸等特性。而"Consistent colour"为一致的颜色，没有阴影。真实模式带有纹理和凹凸、染色等其他设置。

修改墙体顶部或底部约束时，可以在三维图中选中并进行修改，可以单独选中，也可以调整视图位置，批量选中墙体，在属性框里进行修改。

常见的构件选择方法包括点选构件、框选、从左向右和从右向左的框选方式，配合过滤器选择不同类别的构件，选中要修改的构件。按住"Ctrl"键并同时用鼠标左键选中"图元"为添加选中该图元。按住"Shift"键并同时用鼠标左键选中"图元"为取消选中该图元。

常见问题：

1. 为什么在东立面或其他立面里绘制的墙体构件不可见？

答：A. 所绘制的构件如果在平面和三维视图中均可见，但是在立面不可见，则应从基底平面视图中选中"小眼睛"立面符号，观察立面符号的完整性，如果立面符号的视图线缺失，可能是拖曳时没有全部选中造成的，可以重新放置立面符号。

B. 拖动立面视图范围线，将其拖动到稍远的距离，即可使得构件在视野范围立面中可见，如图 4－59 所示。

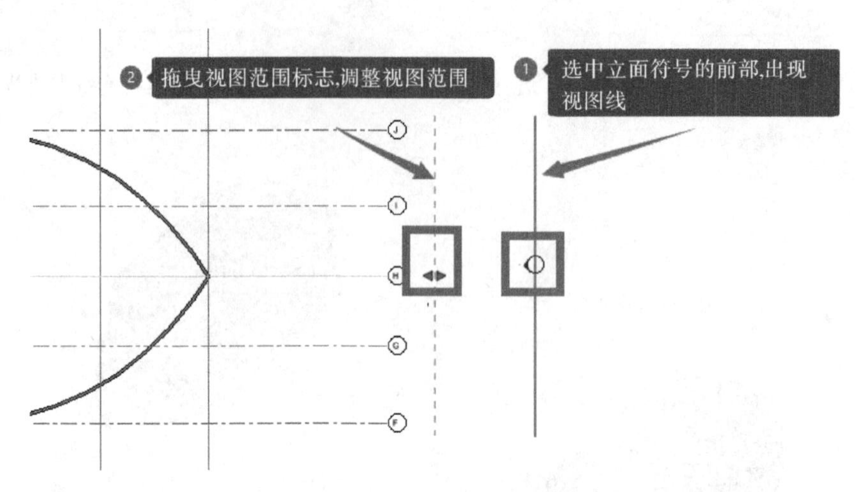

图 4-59　立面视图范围线

C. 立面中墙体不可见,也可能是初始状态默认的视觉样式为隐藏线,不易观察,可以更改为“Shaded”着色模式。立面构件在隐藏线状态的显示不明显。例如楼板在平面视图内,隐藏线模式不易观察。

D. 其他造成不可见的原因很多,例如可见性设置的勾选和视图范围,规程的设置或设置了隐藏等。

2. 为什么南立面里没有轴网线?

答:同问题1,选中立面符号的前端,调整视图范围线。或者用“VV”快捷键在注释类别里检查轴网是否勾选,或者检查是否有永久隐藏设置。

3. 三维视图中的标高线如何隐藏(Revit2021 以上版本)?

答:输入“VV”快捷键打开可见性设置,在“Annotation Categories”注释类别选项下找到,取消勾选。在三维视图中不再显示,如果想恢复显示,则勾选。

4. 墙体的内外面恰好和预想的相反?

答:墙体的内外面与绘图方向有关,可以选中墙体,按键盘上的“空格”即可翻转。门窗等构件,均可在选中状态按下空格进行翻转。

5. 如何快速选中板和墙、屋面这些构件进行编辑?

答:通过打开选择方式中的“按面选择”,在视觉样式中切换为“着色”或“真实”等。选择这些面构件的边缘线,也能快速选中。具体按钮位置参照上述板的选中过程。

6. 如何选中链接的 CAD 图纸?

答:通过打开界面右下角的“选择链接”这个图标,方可进行链接的 CAD 图纸选择。如果想删除或移动 CAD 图纸,有时需要对其解锁。

本章小结

本章内容为桥墩各个部分的创建,包括墙、屋顶、板、竖井的绘制过程和要点,以及过滤器、创建视图样板、按面选择等知识点。

第5章　主塔外墙

本章开始进行主塔外墙的创建。主塔外墙共分为五层，三层以下四角为圆形柱，四层以上变为八边形柱子，带有八角锥形小尖顶。南北两个主塔，上部有两条人行天桥，下部有桁架支撑的桥面。桁架可以开合、升起，便于下面河上的船只通行。

主塔模型预期完成目标如图5-1所示。

材质说明：主塔创建时可以采用软件内置材质，待整个模型完成后，可以引入外部材质贴图，或在真实的建筑照片上截取材质图片，载入构件，调整图案的显示比例。

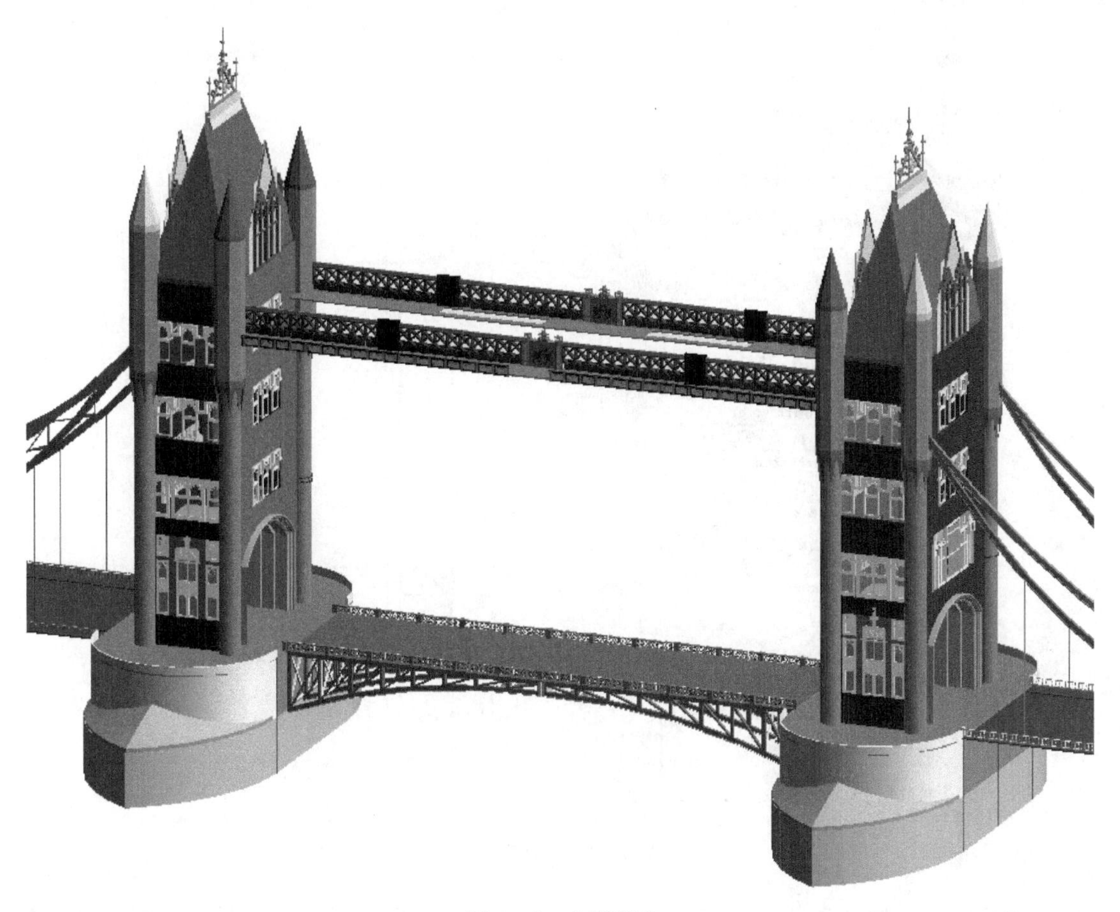

图5-1　主塔模型

5.1 主塔外墙创建

Step 1

双击浏览器中“Floor Plan”的“Floor Plan F1”，进入F1平面视图。在完成的轴网上进行主塔外立面的创建，此时可能会出现桥面板的轮廓，如果此时希望显示基底的桥墩轮廓，可以在属性框内找到“Underlay”下的“基底”下拉三角，选择“基底”或“斜坡起点”，即可显示下层基线，便于作图参考，如图5-2所示。

知识拓展：如果在属性框内找到“Underlay”下的“Range：Base Level”下拉三角，恢复为“None”的状态，即不显示下层基线时，是否可以通过调整“View Range”即视图范围的深度来显示下层基线轮廓？

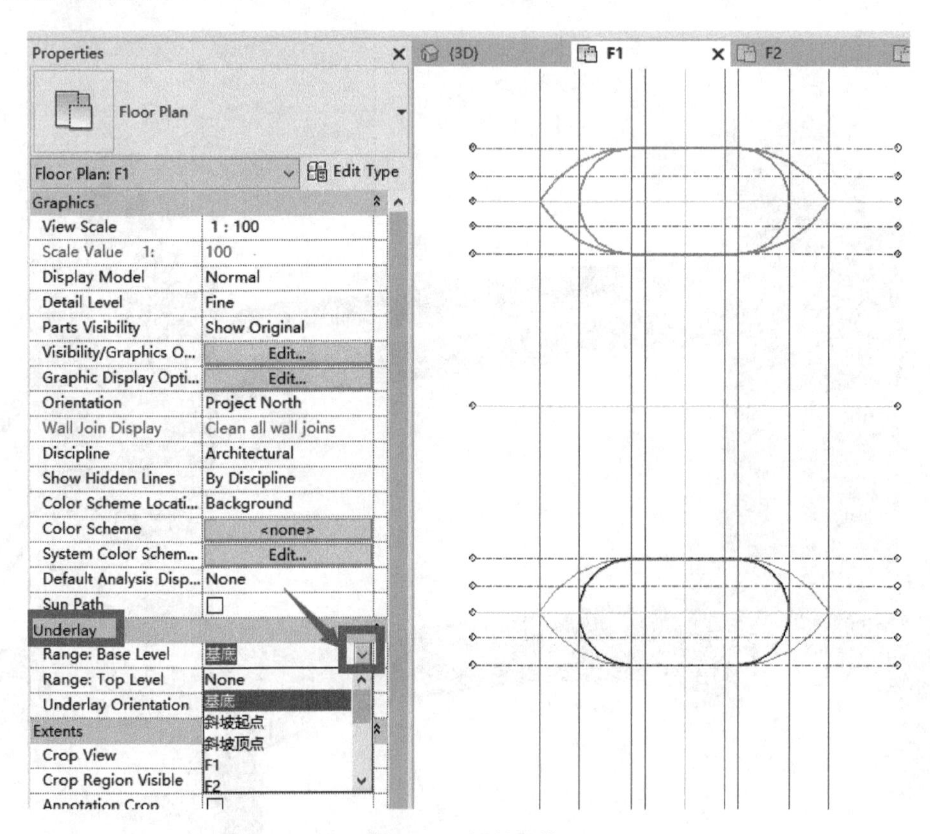

图5-2 调整基线

可以显示下层轮廓和实体，该实体能够被选中并进行编辑，如图5-3所示。但是通常不需要这样设置，以免误删除下层构件，影响本层作图。通常先选择“Underlay”中的“基底”下拉三角，选择“基底”或“斜坡起点”，显示下层基线的方式，此时基线不能被选中，以便作图。

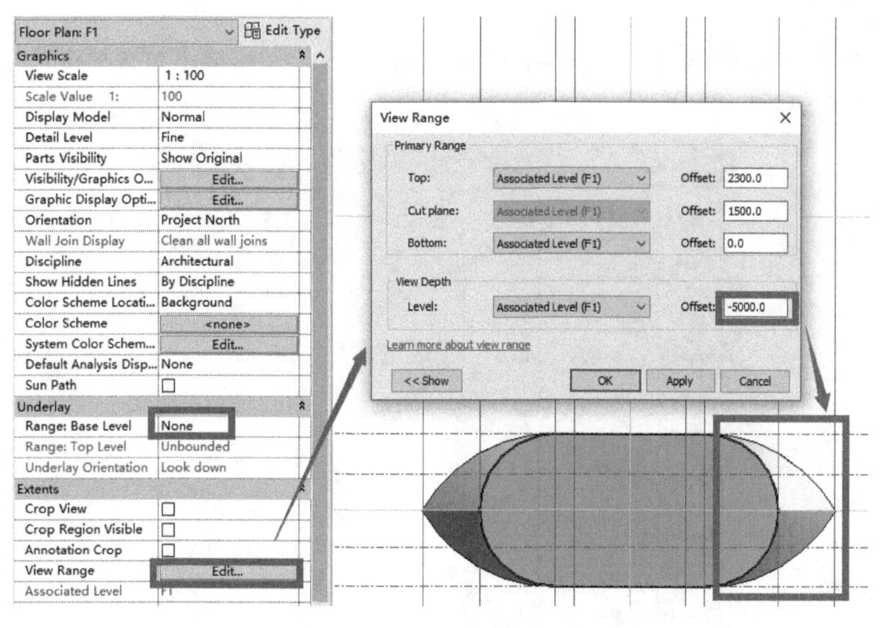

图 5-3 调整视图深度

Step 2

绘制准备：绘制主塔外墙之前，需将桥面板作如图 5-4、图 5-5 所示的设置，将使之不能按面选择，如图 5-4 所示；也可采用输入“VV”快捷命令即打开可见性设置对话框，取消勾选楼板显示(图 5-5)；或采用临时隐藏方式将楼板隐藏(即选中该桥面板，输入“HH”快捷命令，进入临时隐藏)；也可以通过输入“HR”快捷命令，恢复显示该楼板；也可以点击“小眼镜”的图标进行临时隐藏和恢复设置，如图 5-6 所示；也可以根据需要选择隐藏图元、隐藏类别、隔离图元、隔离类别，重设“临时隐藏和类别”将会恢复显示临时隐藏。如果永久隐藏，可以点击“小眼镜”图标右侧的“小灯泡”图标进行恢复隐藏。

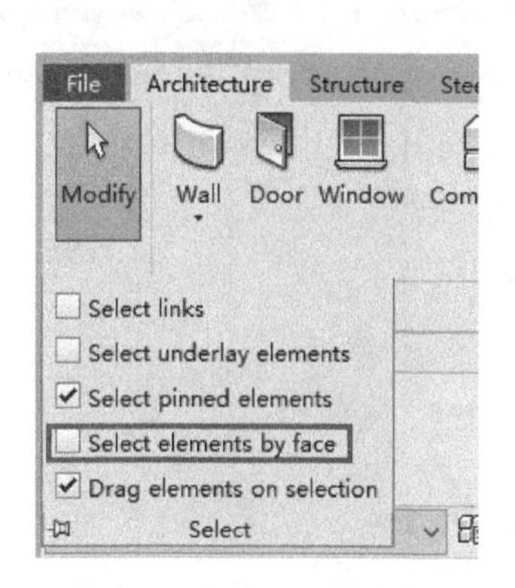

图 5-4 取消勾选按面选择

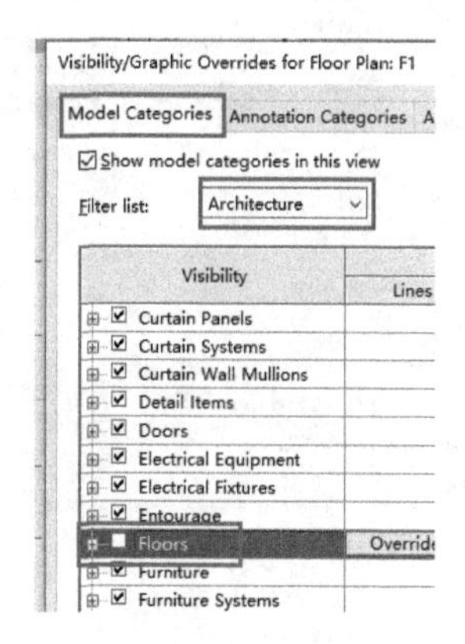

图 5-5 取消勾选楼板显示

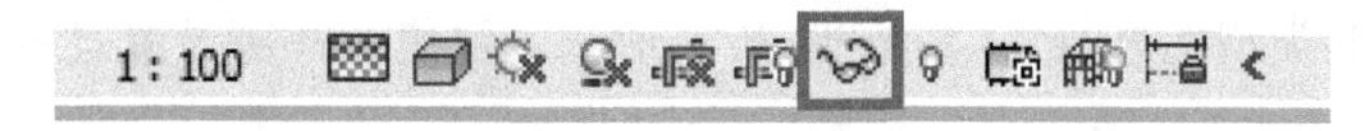

图 5-6 设置临时隐藏

Step 3

点击“Architecture”选项卡中的“Wall ”工具图标(图 5－7),或下拉菜单中的“Wall:Architectural”(建筑墙)。

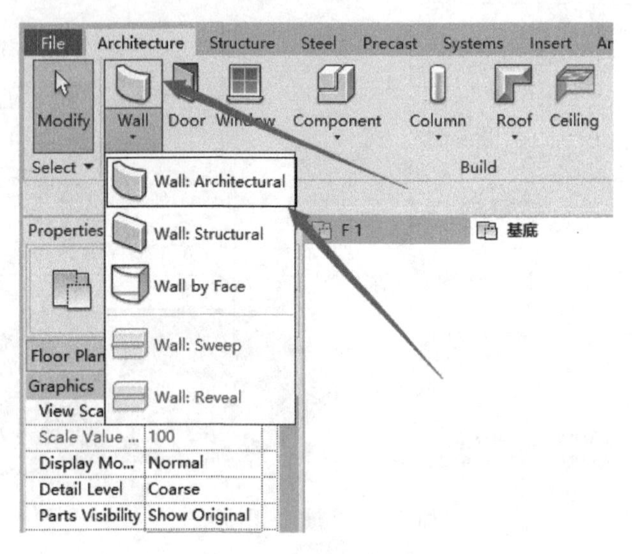

图 5－7　墙体工具图标

Step 4

将选项栏“Heigh”(高度)设置为直到“斜坡起点”,“Location Line”(定位线)为(中心线)“Core Centerline”(图 5－8),勾选“Chain”(链),偏移量默认为 0。绘制工具默认采用直线。

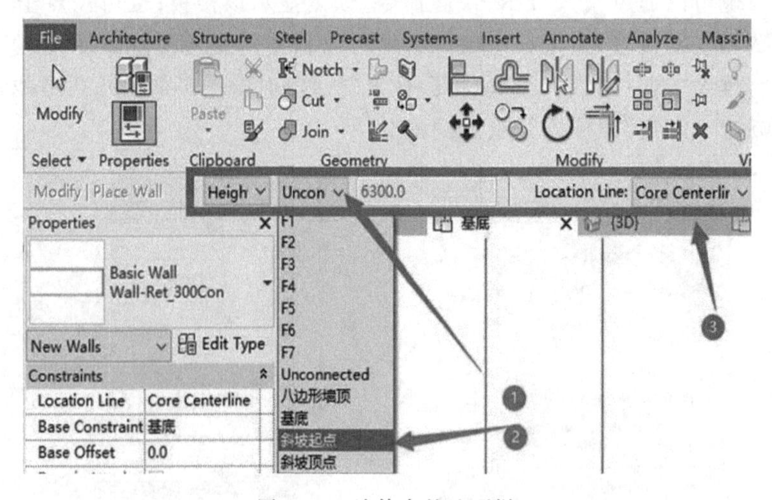

图 5－8　墙体参数选项栏

Step 5

点击“属性面板”中墙的“类型选择器”,选择一种墙体,例如“Basic Wall Wall－Ret－300C”墙类型。在此类型上进行“主塔外墙 200 mm”的创建。材质设置过程同第 4 章桥墩外墙的设置。

完成上述墙体材质设置后,即可进入绘制阶段(图 5－9)。

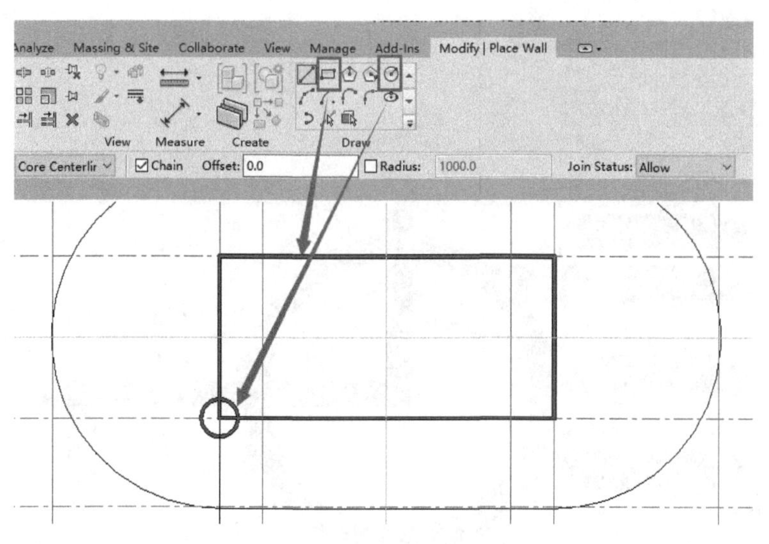

图 5－9　墙体绘制工具按钮

Step 6

首先在 F1 平面视图内完成如图 5－9 所示的墙体绘制。为了增强绘制显示效果，可以在输入“VV”快捷命令后出现的可见性设置对话框中设置墙体截面颜色和填充图案，也可直接在“View”视图选项卡下，输入设置好的视图样板。

具体应用过程见第 4 章。墙体修改如图 5－10、图 5－11 所示。

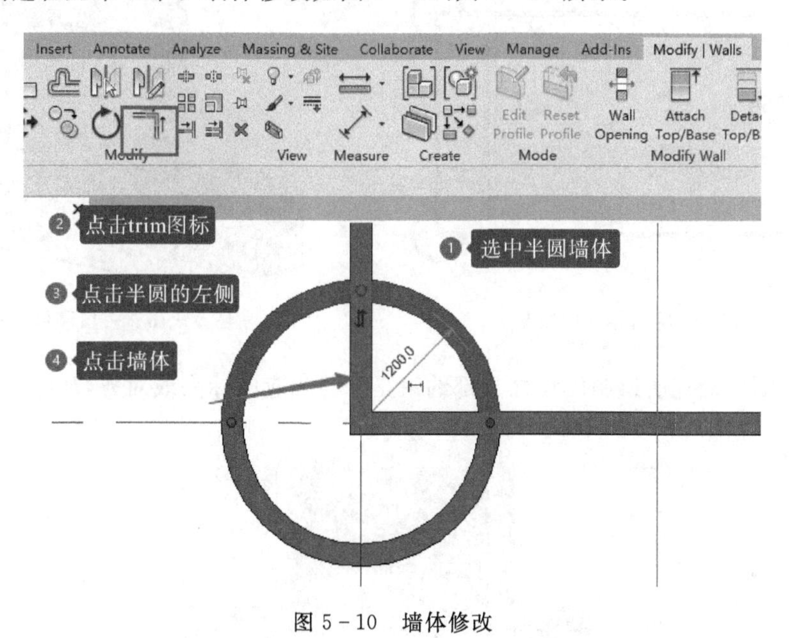

图 5－10　墙体修改

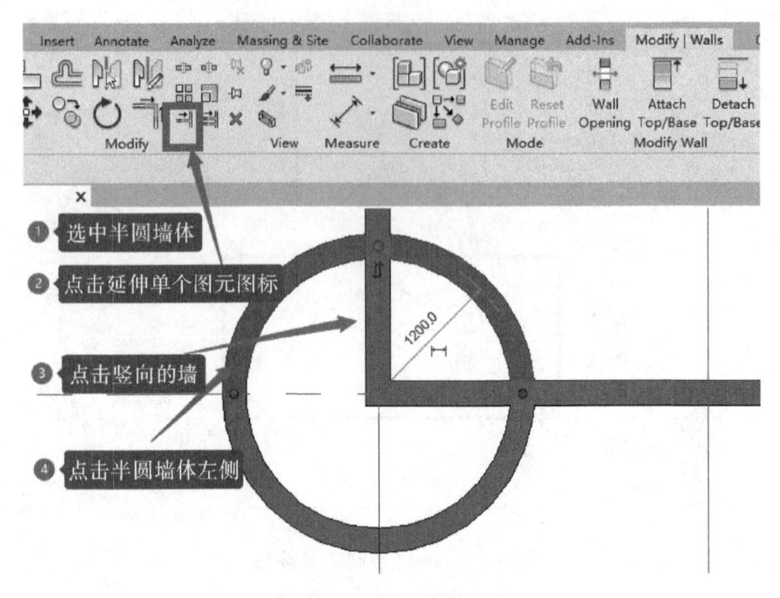

图 5-11　墙体修改命令

修改完成后，选中圆弧墙，进行三次镜像，复制得到如图 5-12 所示的成果。如果在三维视图中墙的内外面与预期相反，可以将其选中，按空格键即可翻转，完成效果如图 5-13 所示。

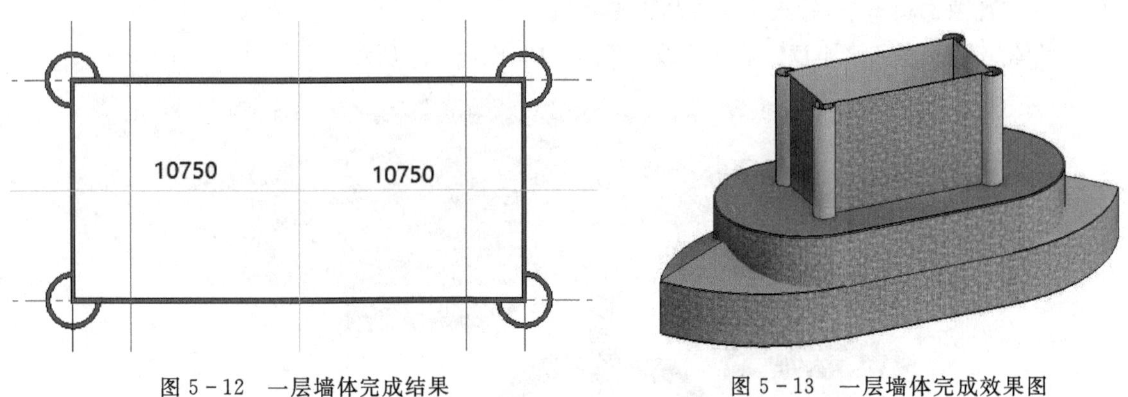

图 5-12　一层墙体完成结果　　图 5-13　一层墙体完成效果图

在立面视图内检查所绘制的墙体顶部约束是否与相应的标高线对齐，如图 5-14 所示。

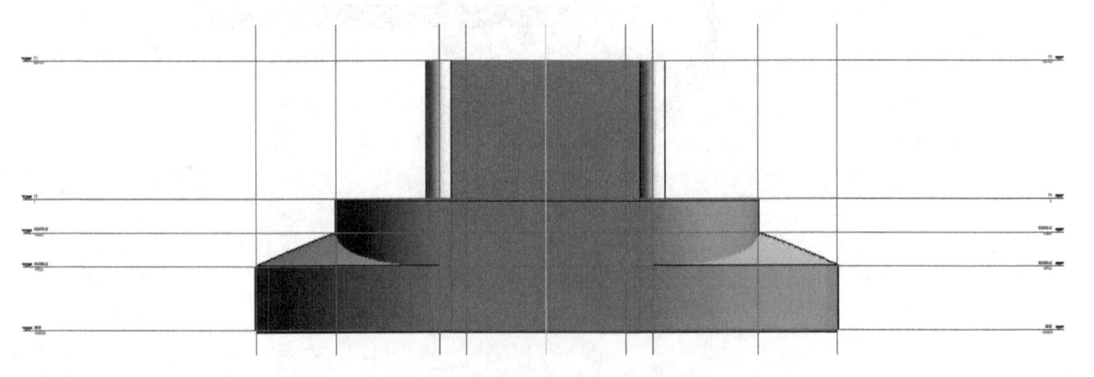

图 5-14　检查墙顶标高的准确性

Step 7

一层墙体完成后，进行整层复制，并修改其顶部约束和偏移值，步骤如图 5－15 至图 5－22 所示。

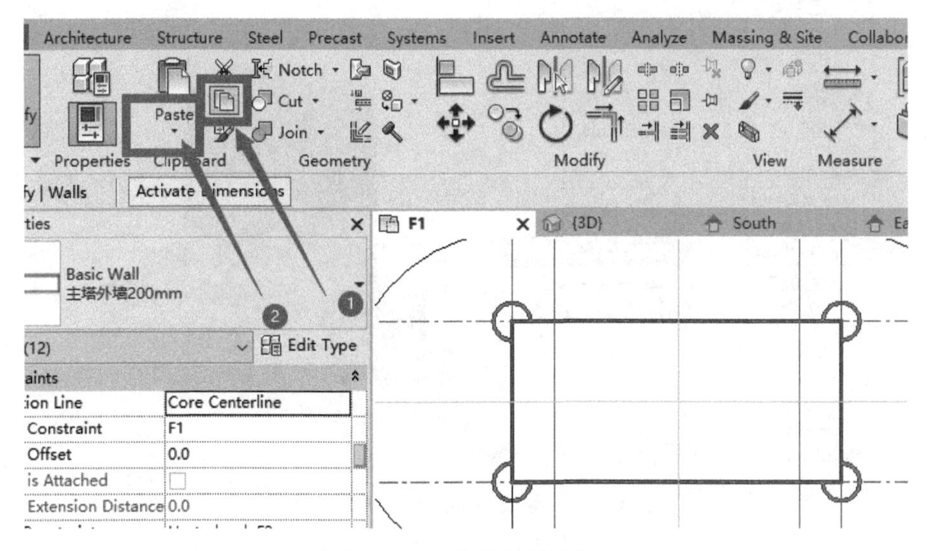

图 5－15　整层复制墙体

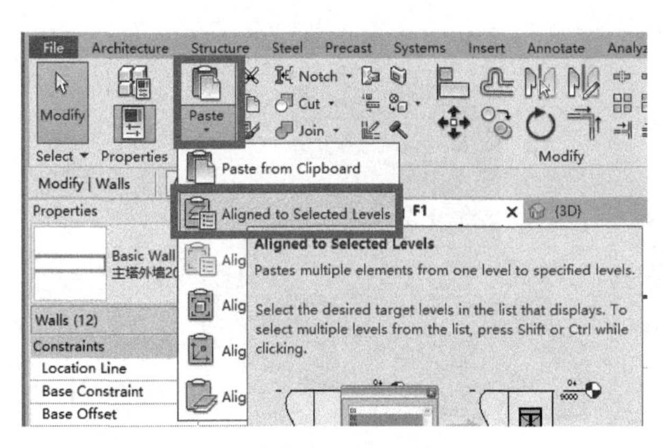

图 5－16　与选定的标高对齐

图 5－17　选择要复制的目标楼层平面

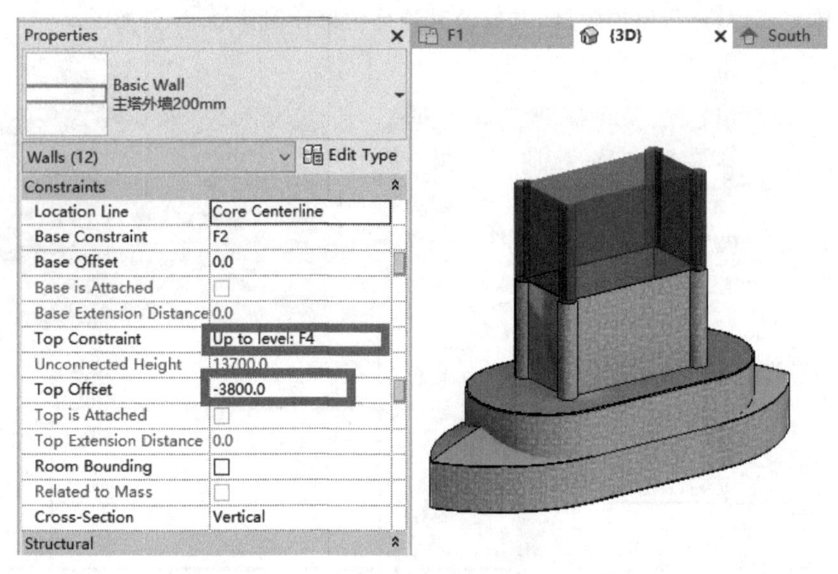

图 5－18　修改顶部约束和顶部偏移

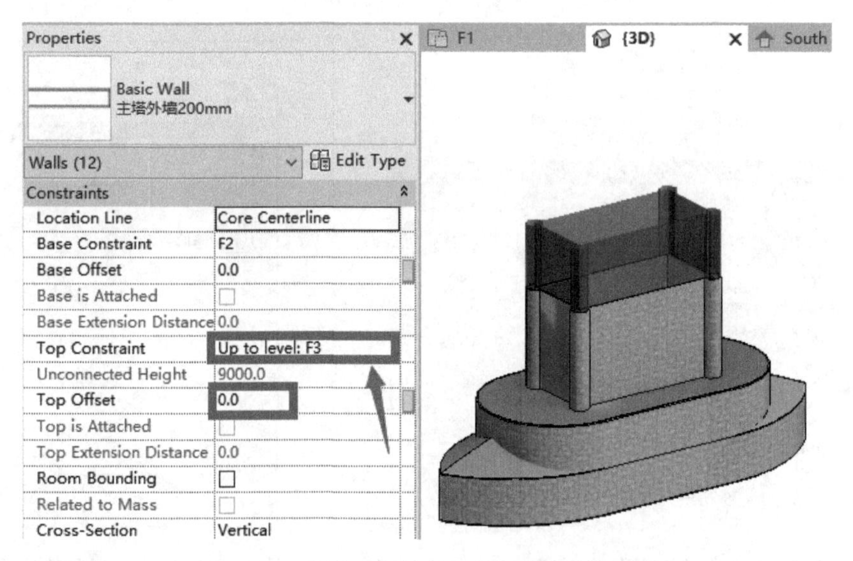

图 5－19　修改顶部约束和顶部偏移后的参数

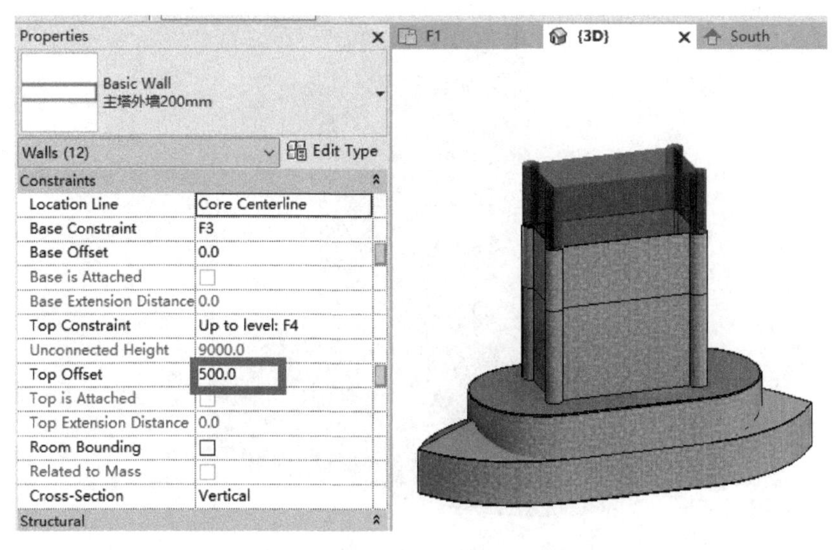

图 5－20　继续修改三层墙体的顶部偏移

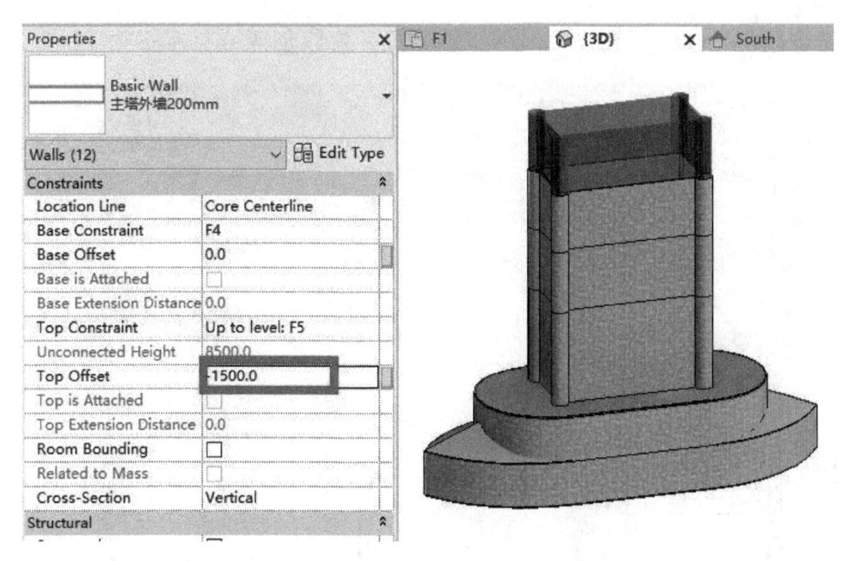

图 5－21　继续修改四层墙体的顶部偏移

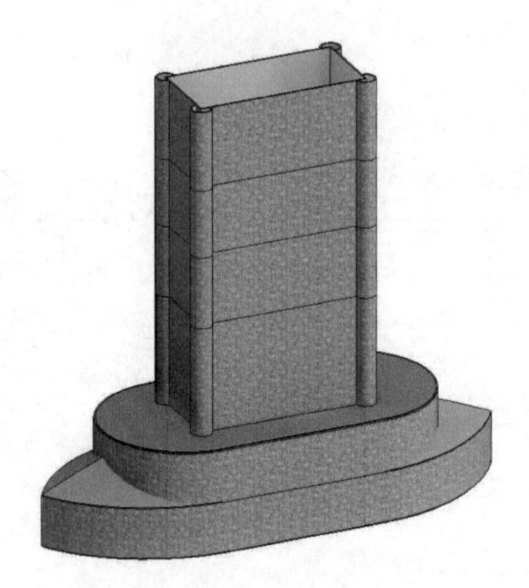

图 5-22　修改后墙体的绘制成果

5.2　主塔外窗创建

主塔门窗按照图 5-23 至图 5-28 的步骤放置。窗族创建详见本书第 11 章。

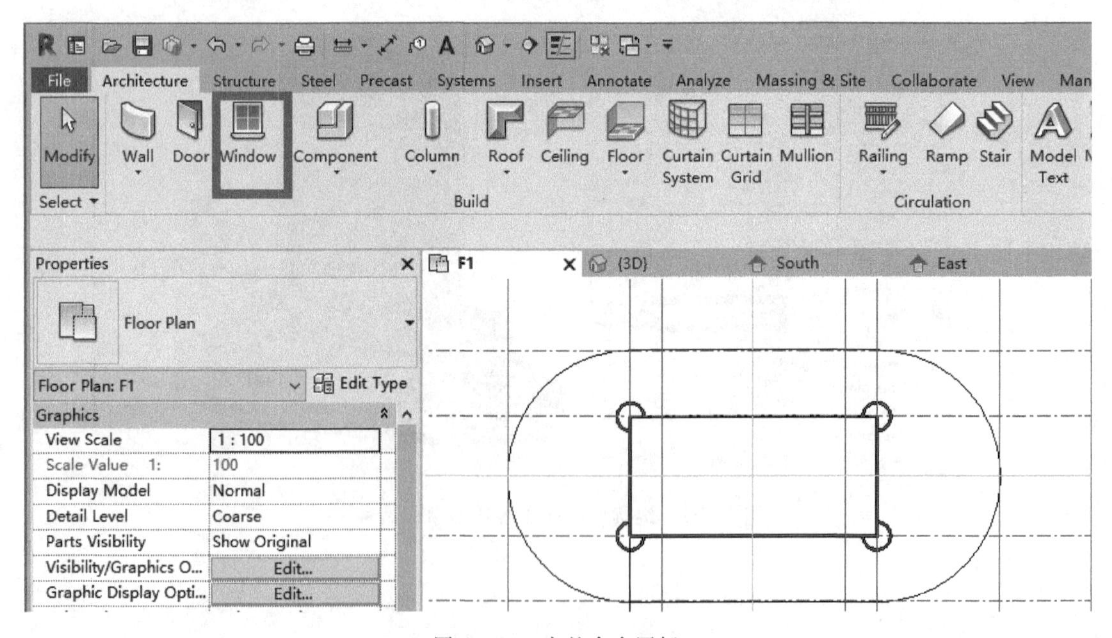

图 5-23　窗的命令图标

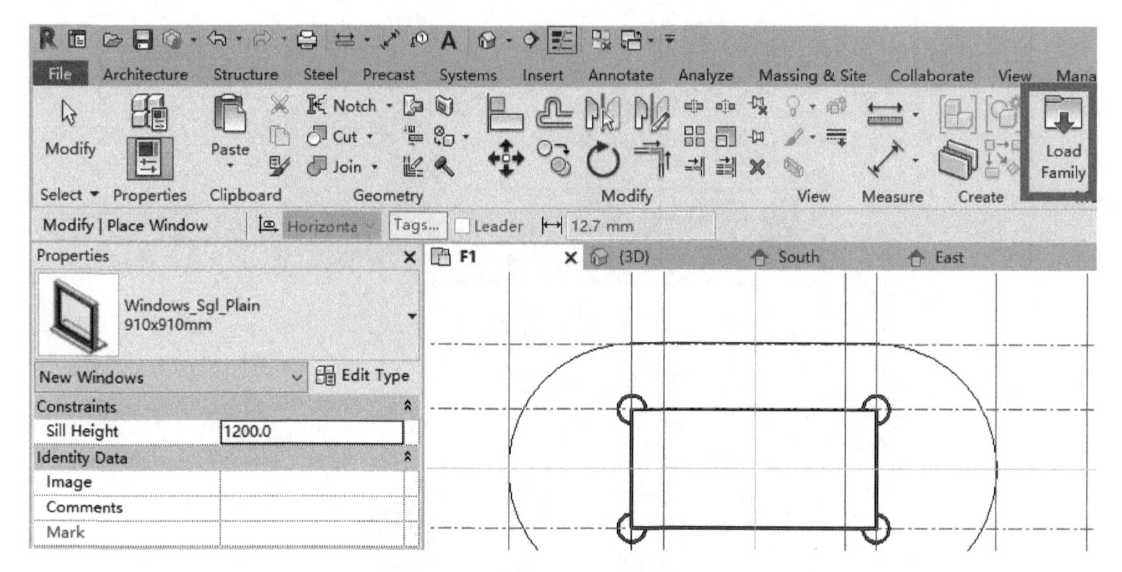

图 5 - 24　载入窗族

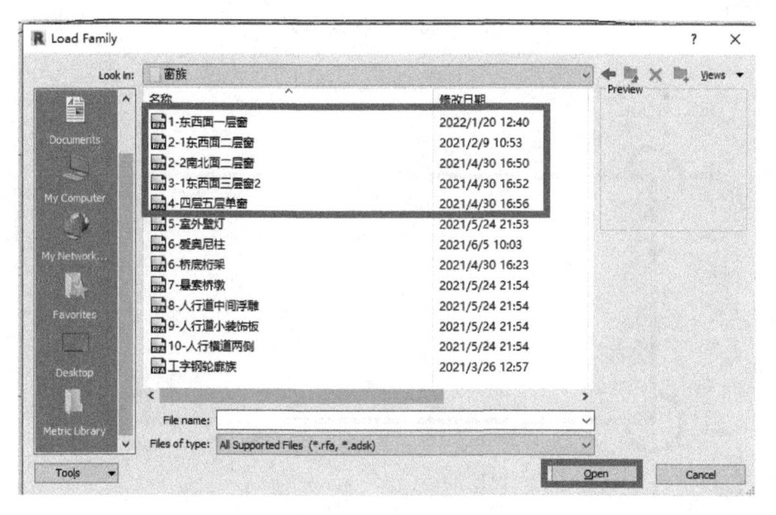

图 5 - 25　选择要载入窗族

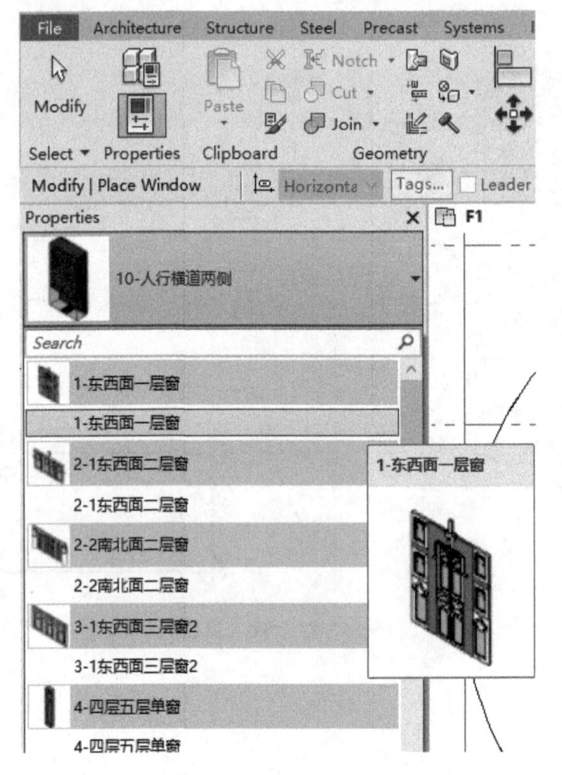

图 5-26　选择窗类型

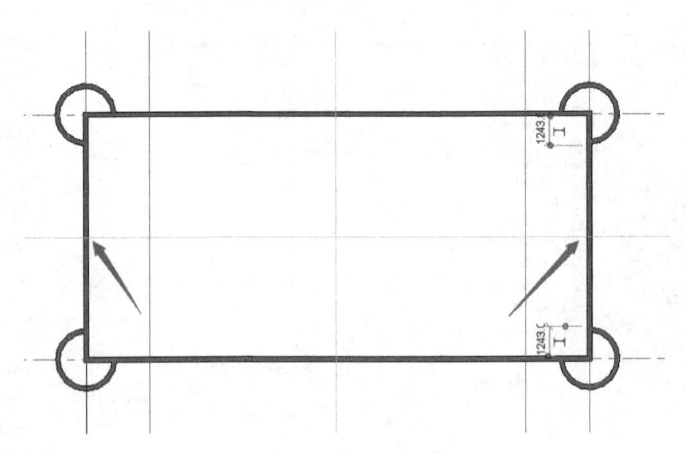

图 5-27　放置一层窗

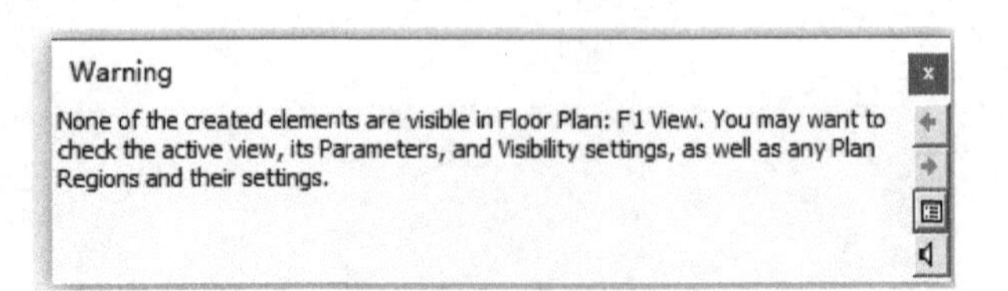

图 5-28　警告提示

常见问题：如何处理该提示，使得绘制的窗可见？

答：当查看三维视图时窗是可见的，那么观察窗族的属性框，发现窗台高度为 3500 mm，如图 5－29所示；可以修改视图范围的剖切面位置，调整剖切平面值超过 3500 时在 F1 平面视图变为可见，如图 5－30 所示。

图 5－29　窗的实例属性

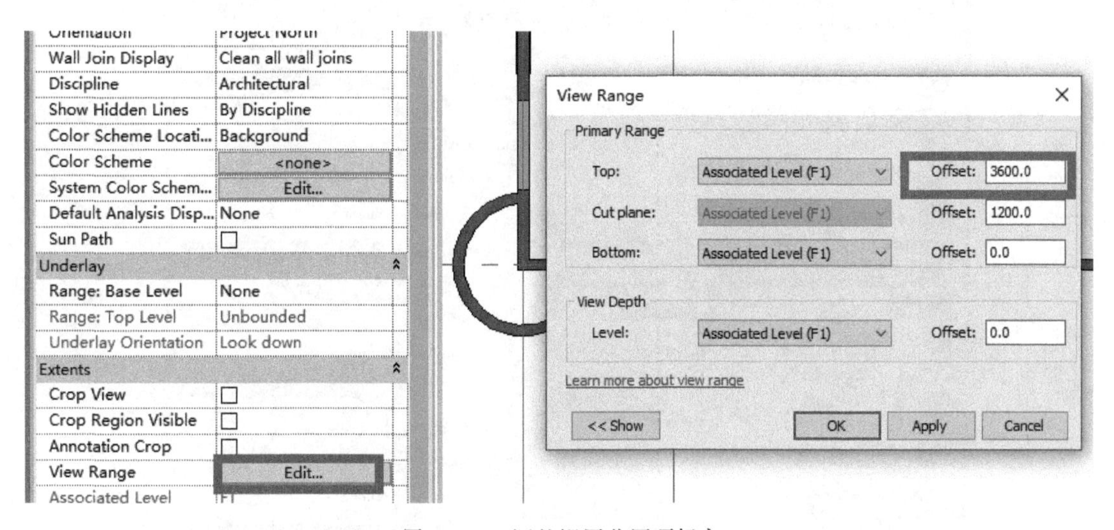

图 5－30　调整视图范围顶标高

图 5－31 至图 5－36 展示了窗材质的编辑方法。

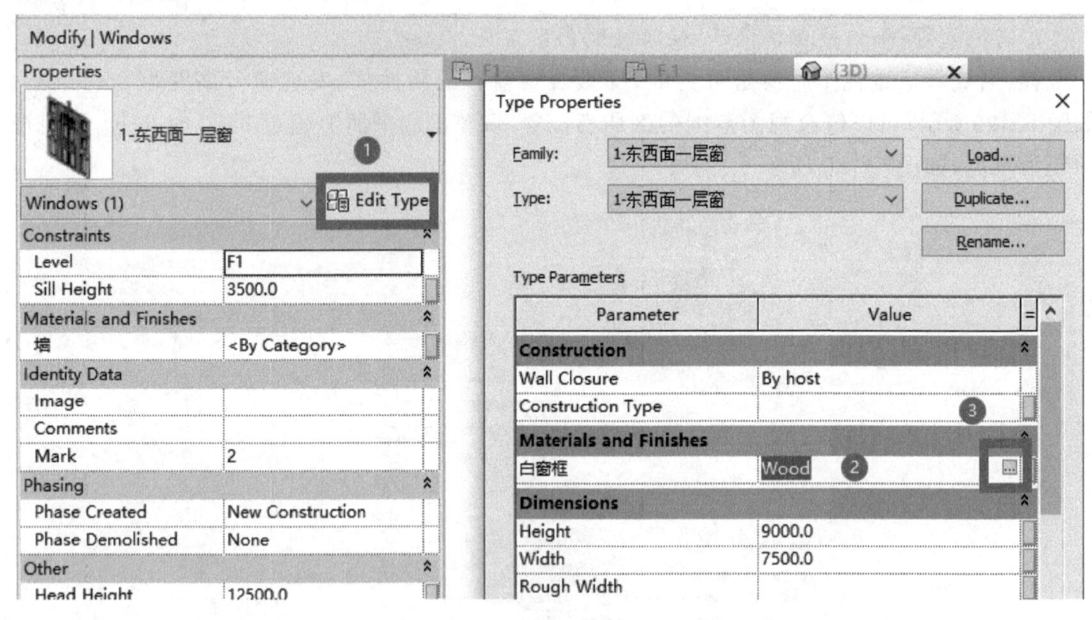

图 5－31 编辑窗材质

图 5－32 新建一种窗材质

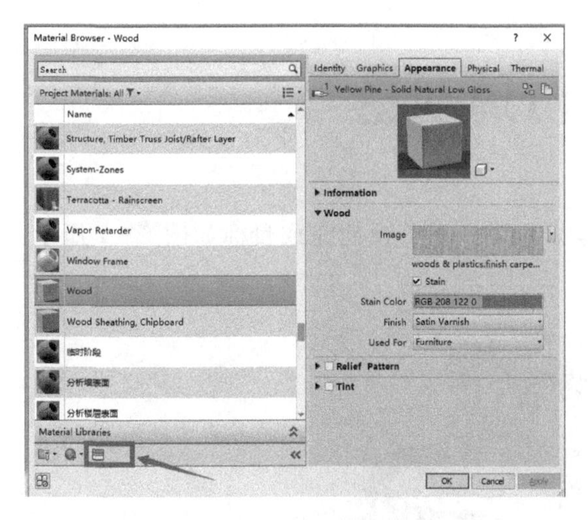

图 5－33　打开材质浏览器

图 5－34　打开外观文件夹

图 5－35　选择金属漆材质

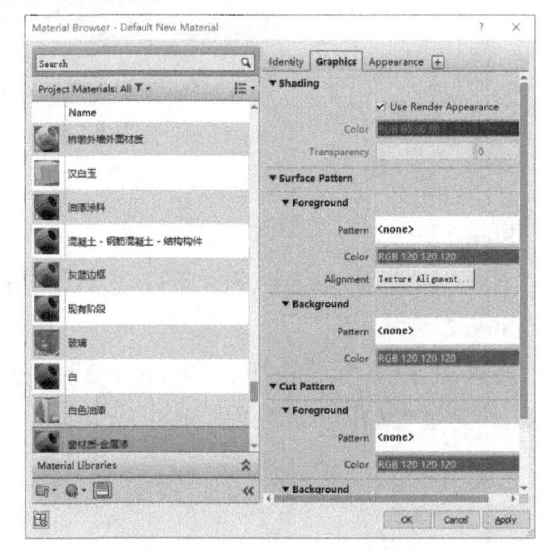

图 5－36　图形使用渲染外观

按照上述同样的方法，切换至 F2、F3、F4，将各层窗分别放置在外墙。应用视图样板到本层，进行窗的放置。窗放置效果如图 5－1 所示。各层窗族的创建方法详见本书后续族创建章节，应该注意到主塔四个角落突出的墙体自 F4 开始，由圆形变为八边形，将在第 7 章中进行修改。

本章小结

本章讲述了主塔外墙和门窗的绘制过程和要点，强调了过滤器、视图样板、更换材质，调整视图范围的应用。

第 6 章　门洞创建

本章开始进行主塔门洞和屋顶的放样创建。主塔门洞的预期完成目标如图 6 - 1 所示。主塔门洞创建步骤如下所述。

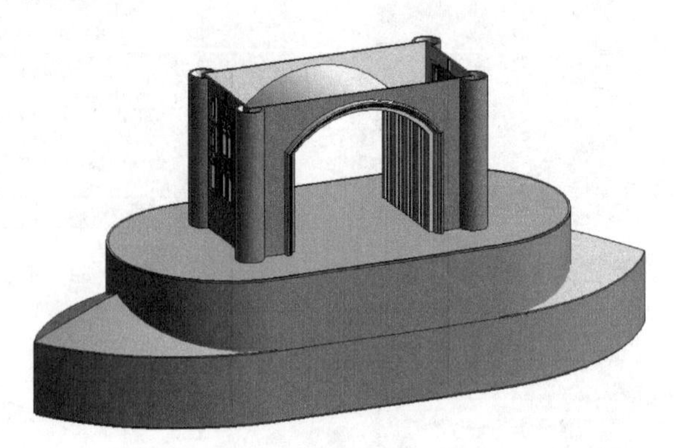

图 6 - 1　门洞的预期目标

Step 1

双击浏览器的楼层平面的"F1",进入 F1 平面视图。在完成的轴网上进行主塔门洞创建。

Step 2

点击图 6 - 2 所示的"Ref Plane"(参照平面)图标,绘制门洞定位线,包括门洞内边线和外边线,绘制过程如图 6 - 2 至图 6 - 4 所示。

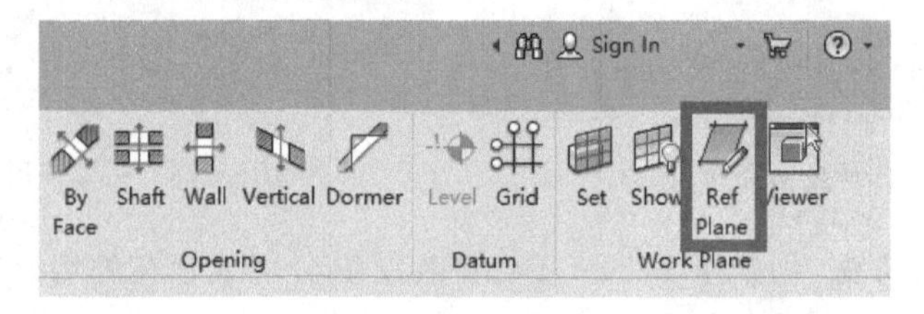

图 6 - 2　参照平面

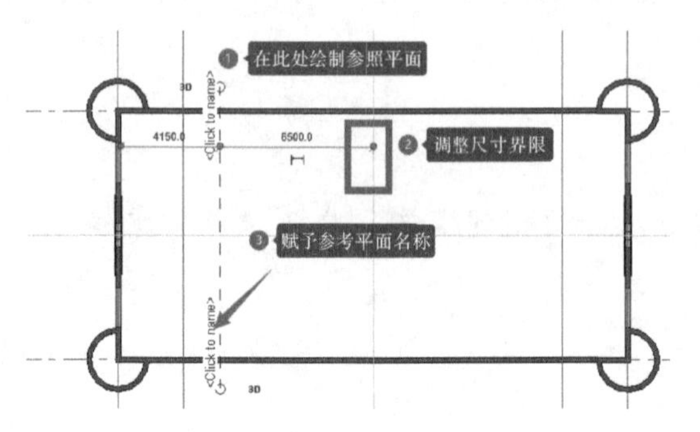

图 6 - 3　绘制门洞内边线

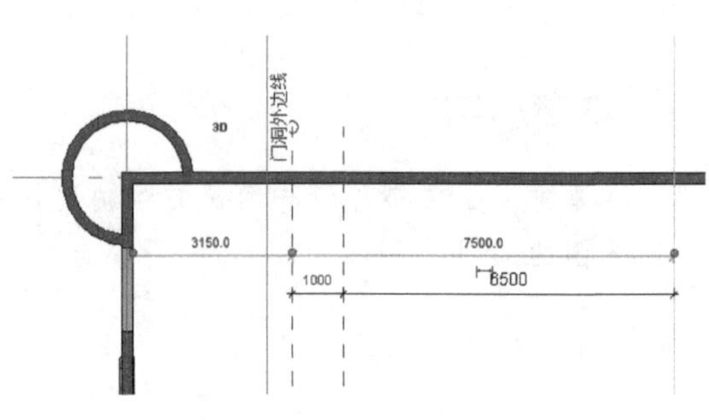

图 6 - 4　绘制门洞外边线

Step 3

双击进入南立面,对外墙进行轮廓编辑,按照门洞外边线进行修改。打开"Select elements by face"(按面选择)按钮选中主塔外墙墙体,进行墙轮廓编辑,如图 6-5 至图 6-8 所示。

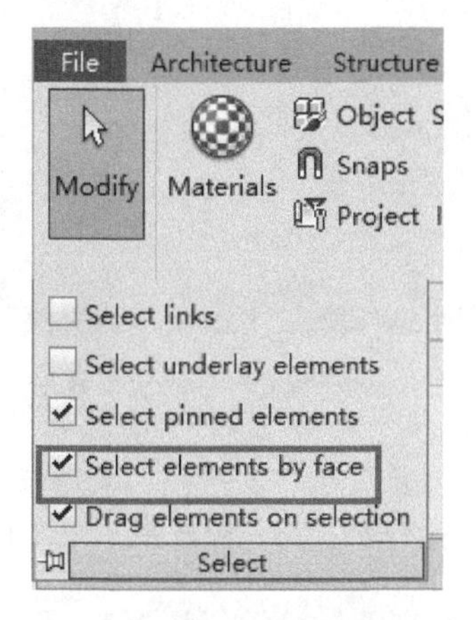

图 6-5 打开按面选择按钮

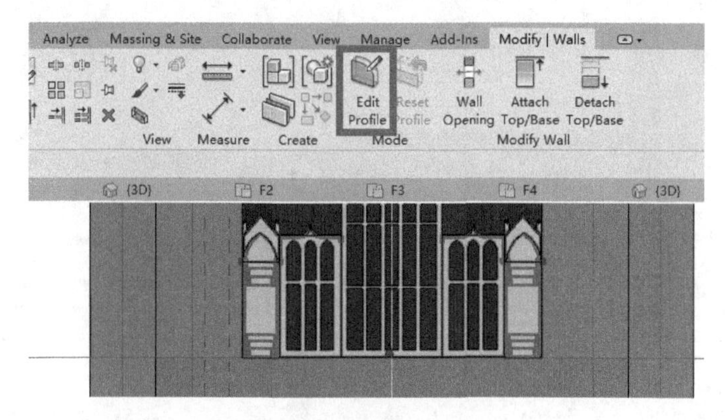

图 6-6 编辑轮廓图标

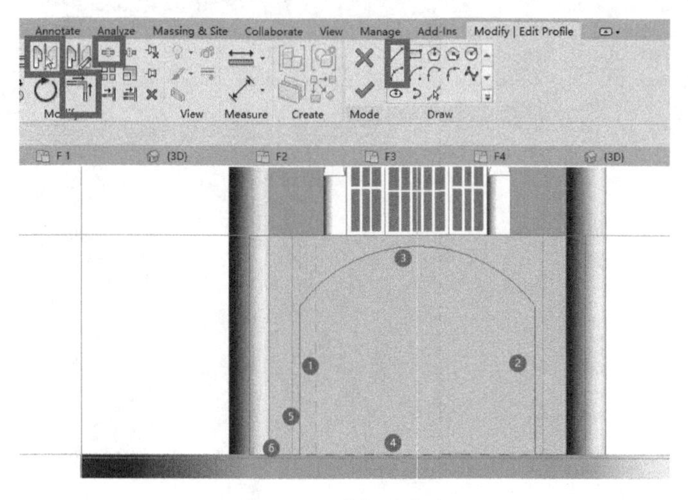

图 6-7 编辑墙轮廓

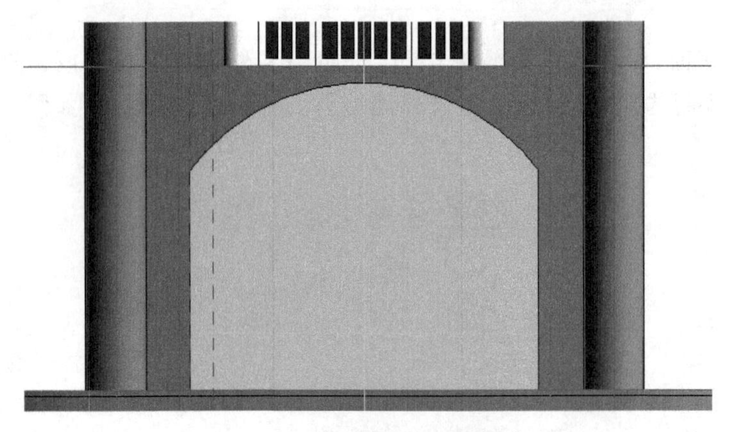

图 6 - 8　墙编辑后的预留效果

Step 4

门洞放样采用内建模型，具体操作如图 6 - 9 至图 6 - 11 所示。

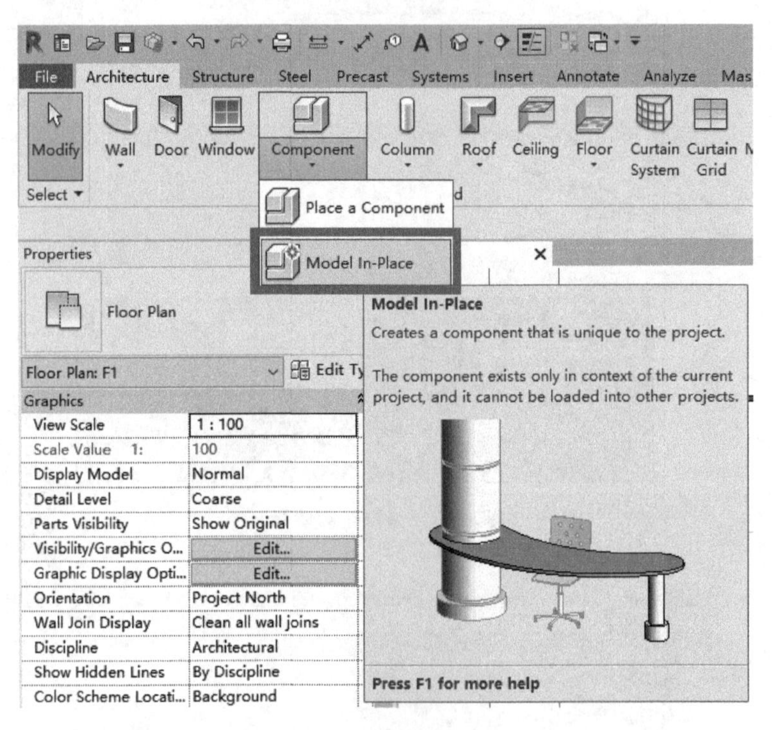

图 6 - 9　内建模型按钮

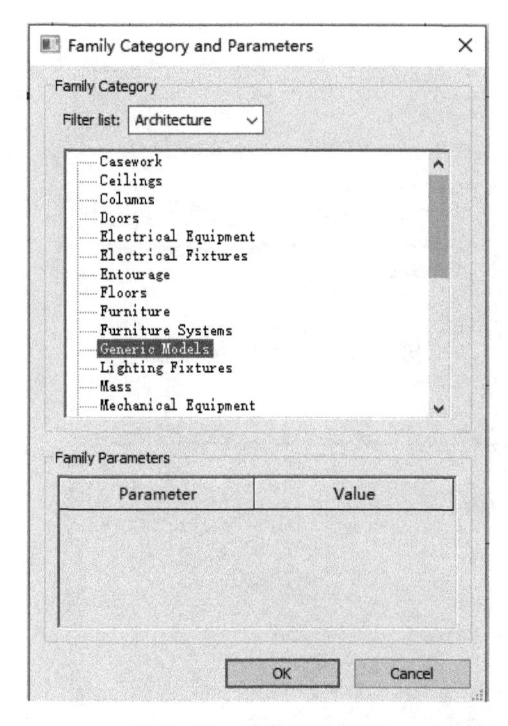

图 6－10　选择常规模型

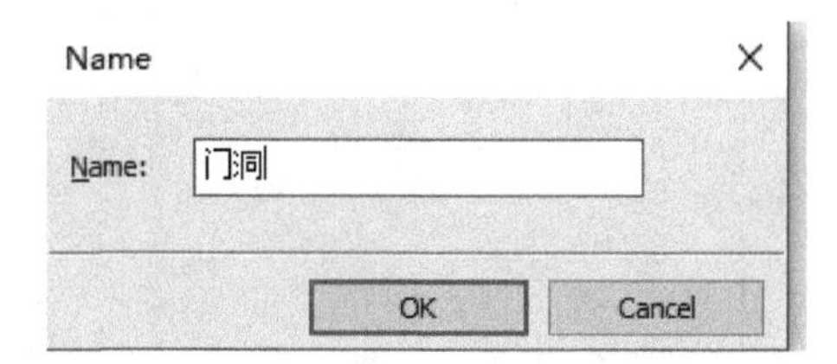

图 6－11　为该门洞命名

Step 5

设置工作平面，具体操作如图 6－12 至图 6－16 所示。

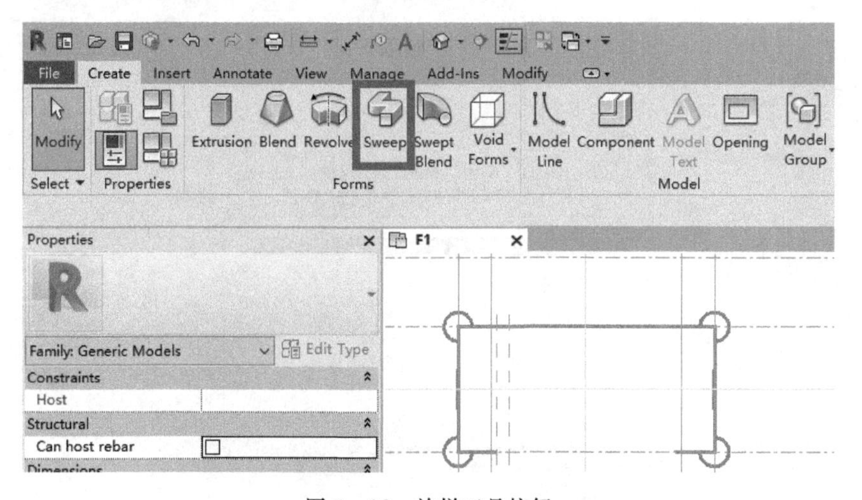

图 6－12　放样工具按钮

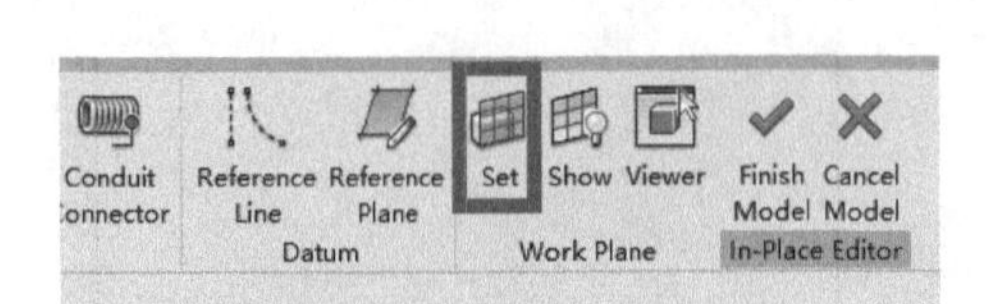

图 6－13　设置工作平面

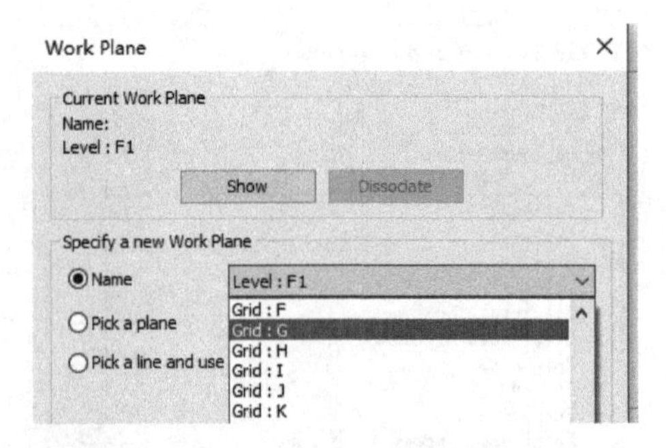

图 6－14　选择工作平面轴网

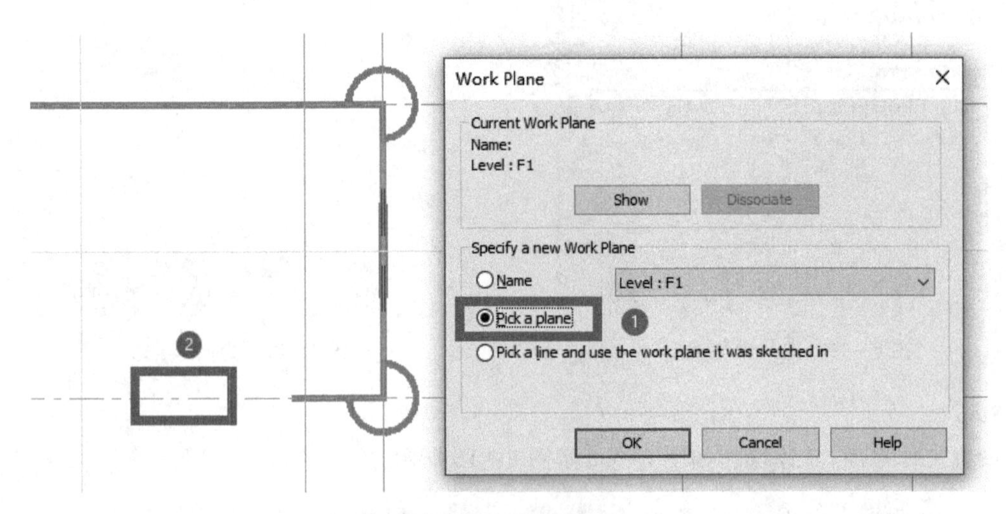

图 6－15　拾取平面

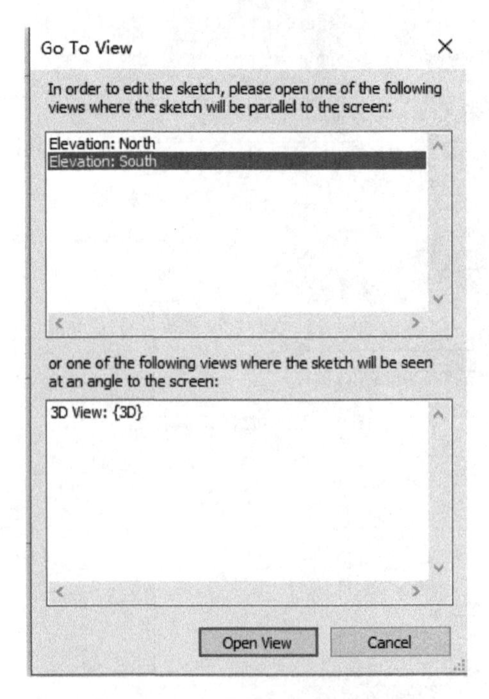

图 6－16　转到南立面视图

Step 6

绘制放样路径，具体操作如图 6－17 至图 6－19 所示。

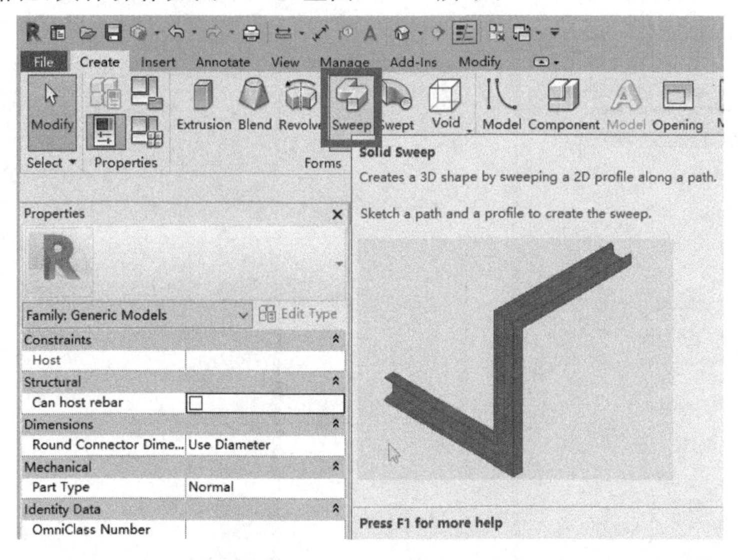

图 6－17　放样工具按钮

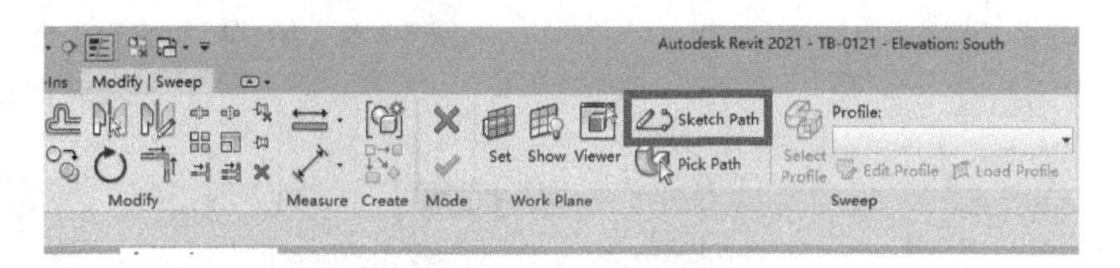

图 6－18　绘制路径按钮

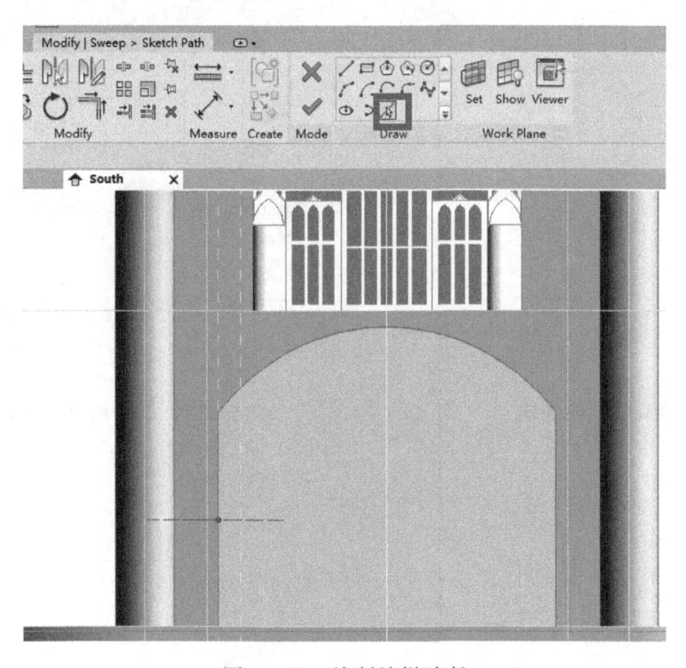

图 6－19　绘制放样路径

Step 7

绘制门口放样轮廓,具体操作如图 6 - 20 至图 6 - 26 所示。

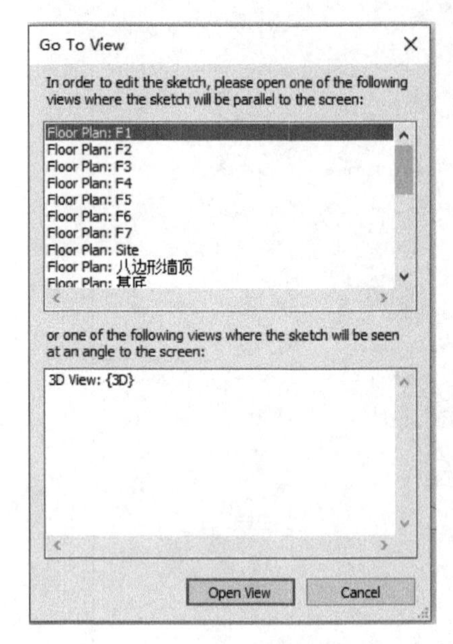

图 6 - 20 编辑轮廓视图

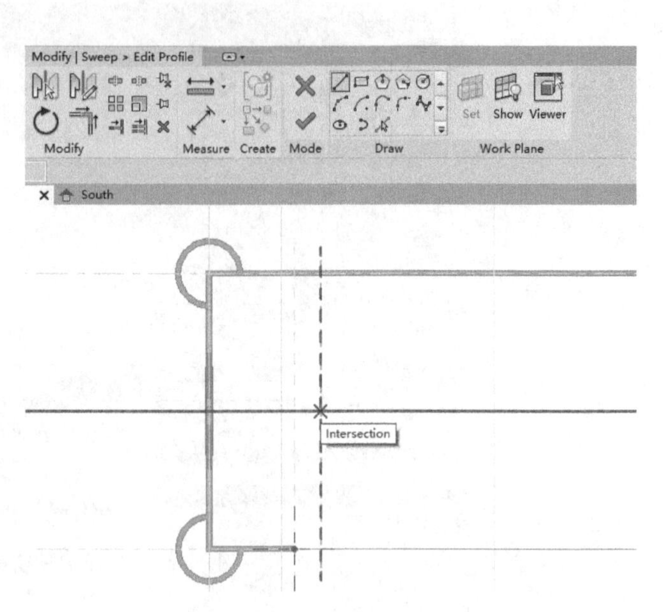

图 6 - 21 绘制门洞轮廓工具

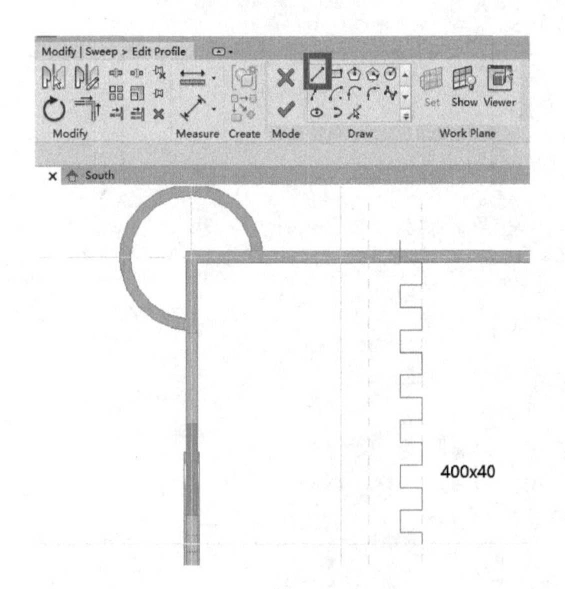

图 6 - 22 绘制门洞轮廓线

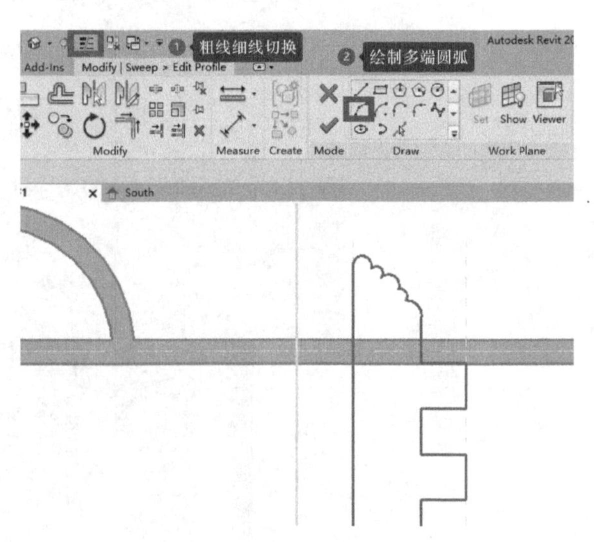

图 6 - 23 绘制门洞外侧弧线

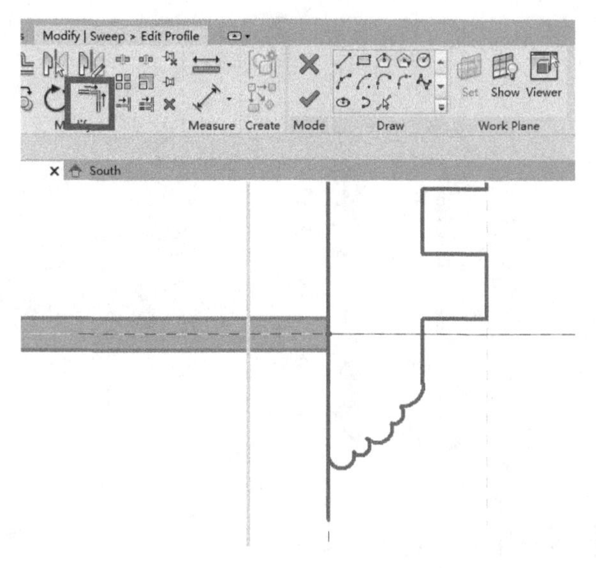

图 6-24　修剪轮廓,使之闭合

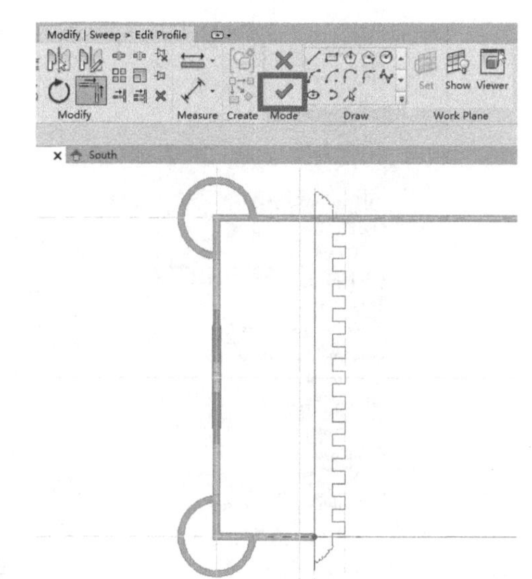

图 6-25　确认轮廓按钮

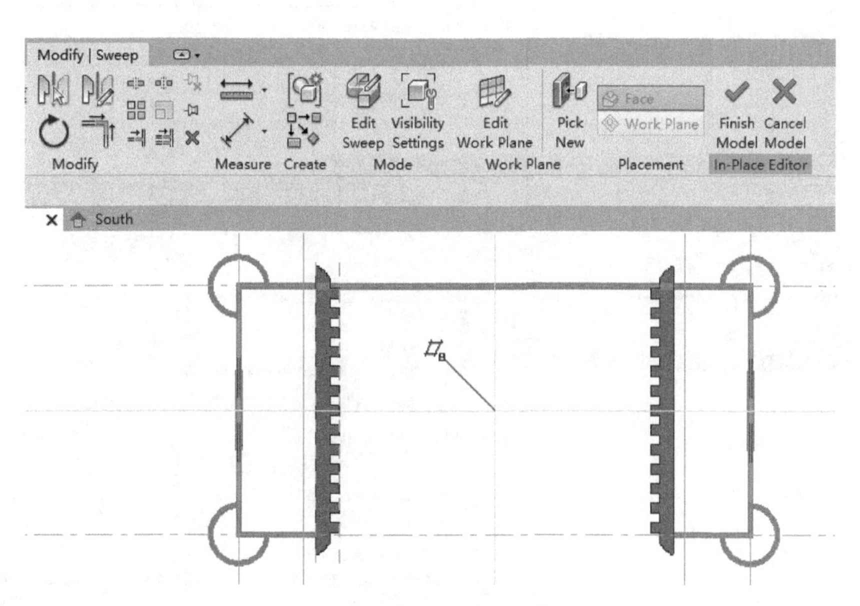

图 6-26　再次确认完成模型

Step 8

编辑该门洞的材质参数并创建材质,具体操作如图 6-27 至图 6-34 所示。

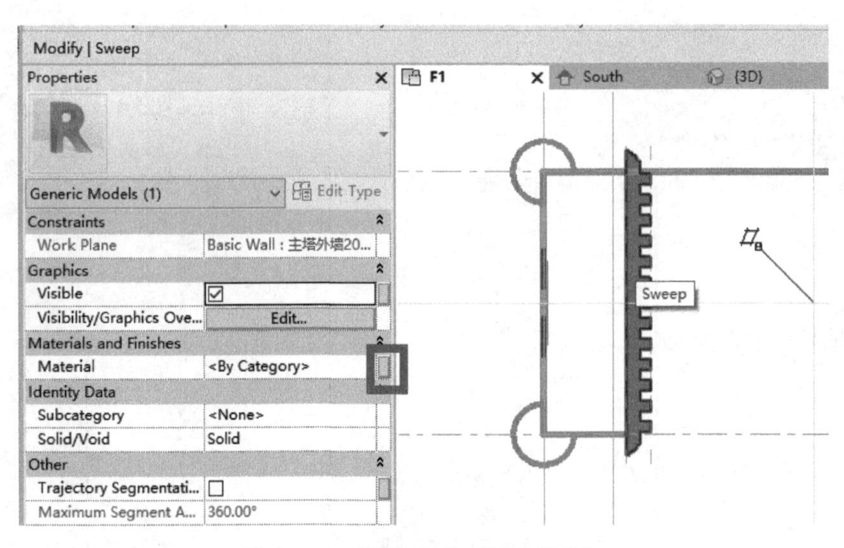

图 6-27 设置门洞的材质参数按钮

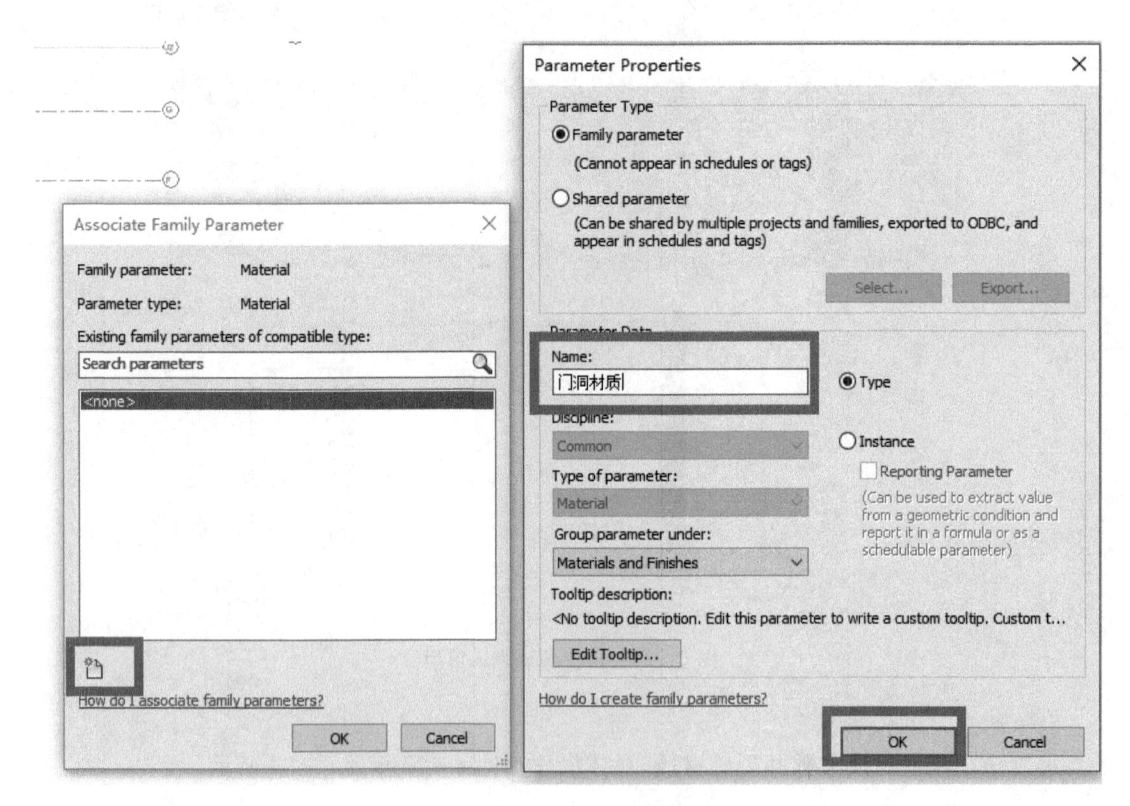

图 6-28 创建新材质参数

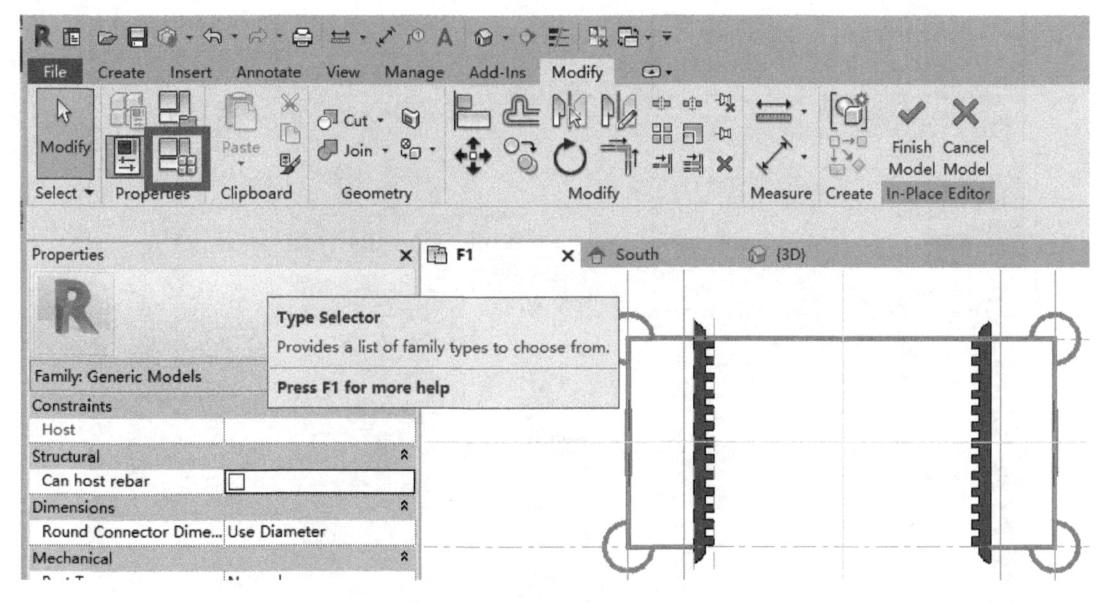

图 6－29　族类型按钮修改材质

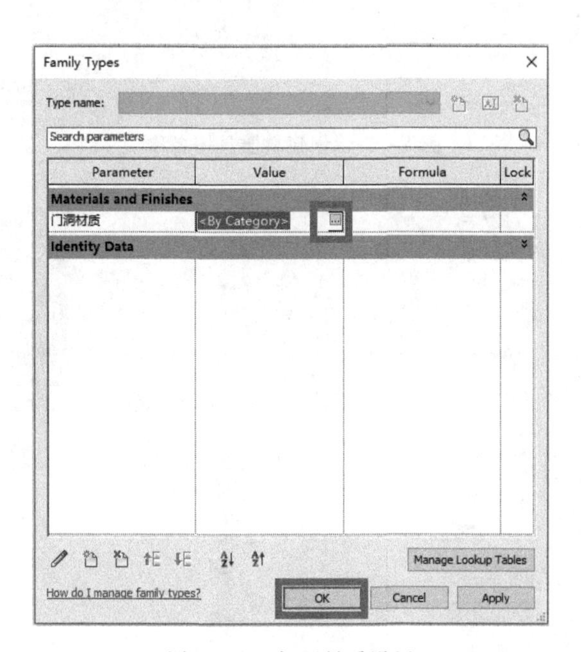

图 6－30　打开材质设置

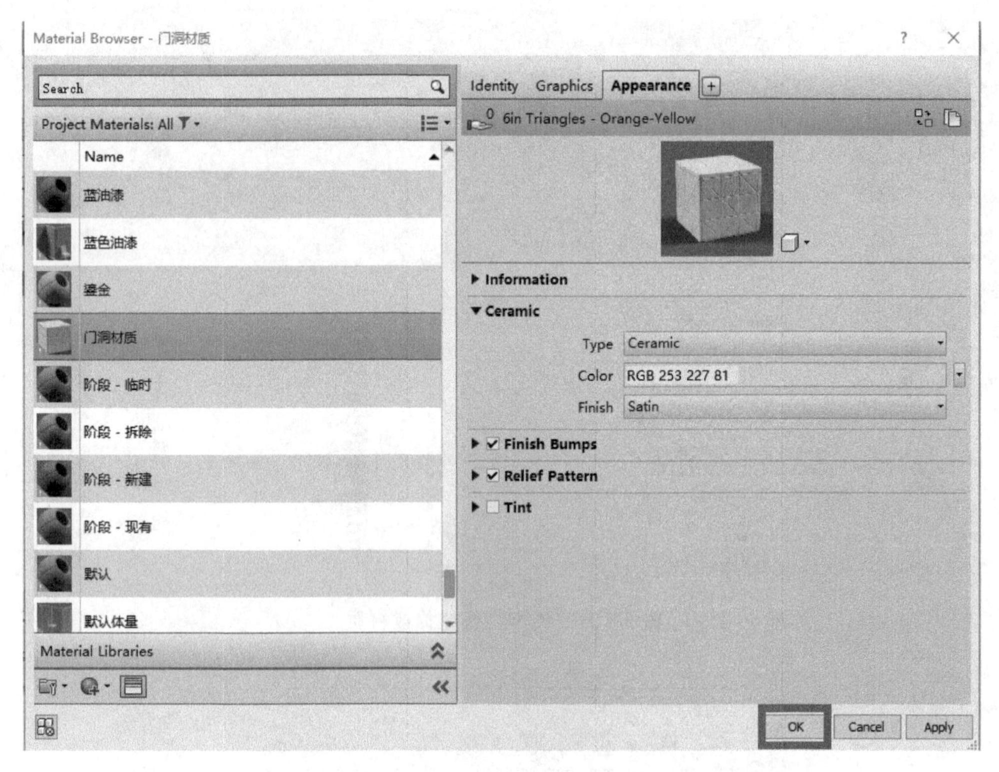

图 6 - 31　创建材质具体名称

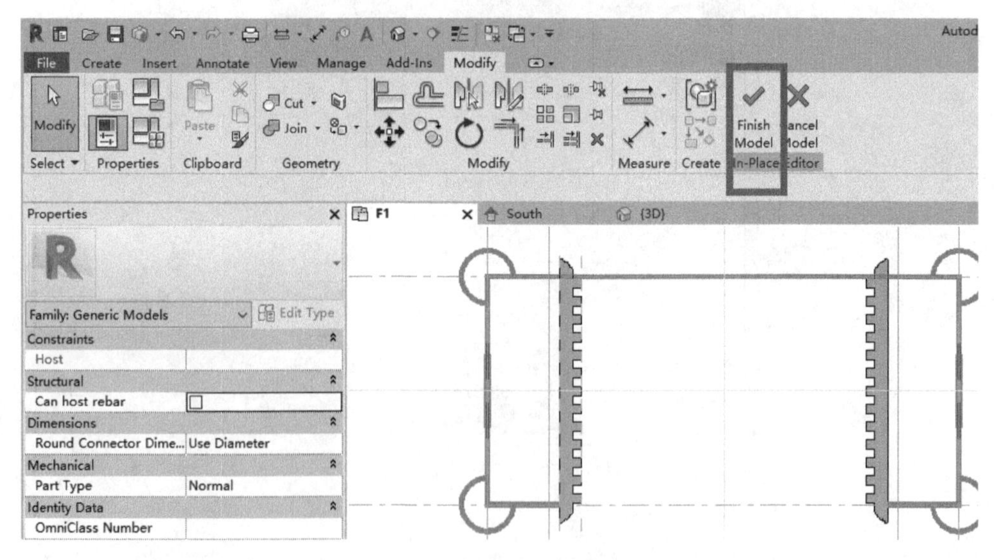

图 6 - 32　最终完成门洞模型

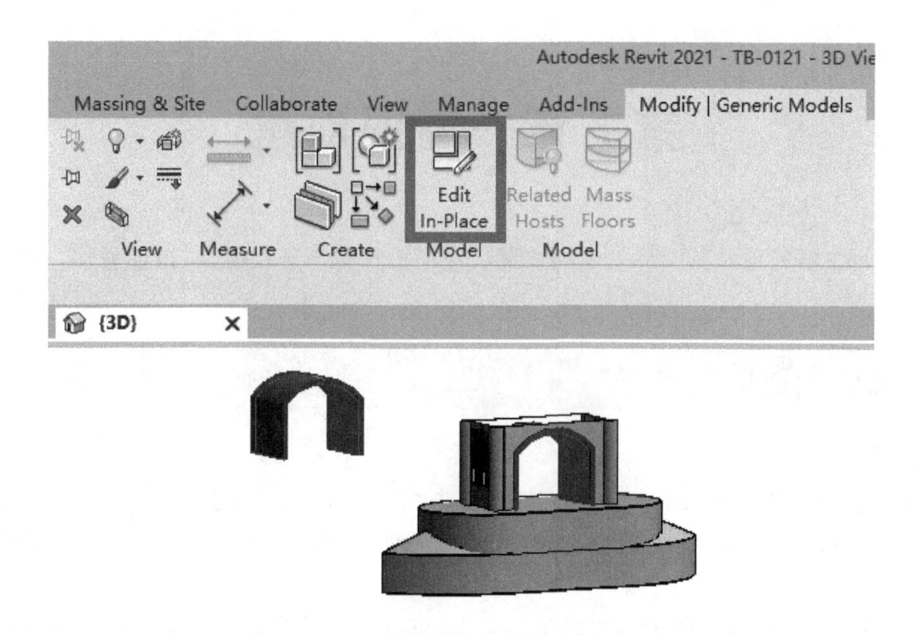

图 6-33　模型的在位编辑复制

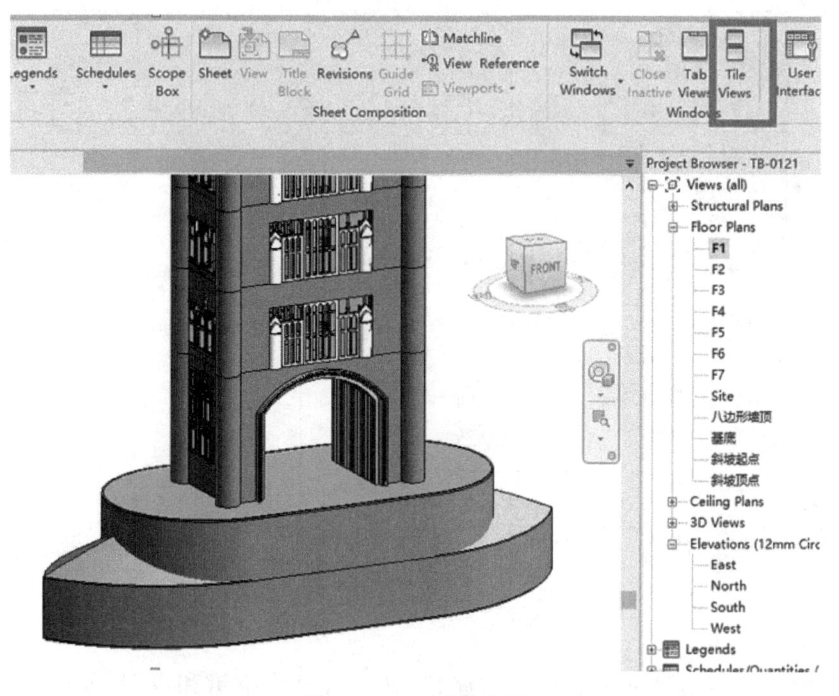

图 6-34　完成效果图

本章小结

本章介绍了主塔门洞的绘制过程、要点及内建模型的过程，此外还介绍了放样工具的使用要点、材质的设置，以及放样的修改。本章操作的难点在于选取放样工作平面。轮廓的绘制可以单独进行公制轮廓的创建并载入项目备用。轮廓族的创建详见本书第 11 章。

第 7 章　屋顶创建

本章进行主塔屋顶及其上部的造型创建。主塔屋顶包括迹线屋顶、拉伸屋顶、八角锥形屋顶等。

7.1　迹线屋顶的创建

Step 1

切换至平面视图中的“Floor Plan：F5”，点击“Architecture”（建筑）→“Roof”（屋顶）→“Roof by Footprint”（迹线屋顶），创建迹线屋顶类型，如图 7－1 所示。具体过程可以参考第 4 章。

注：如果“F5”平面视图中没有出现下层轮廓，可以找到属性框中“Underlay”→“Base Level”，将选项“None”切换为“F4”或其他平面。

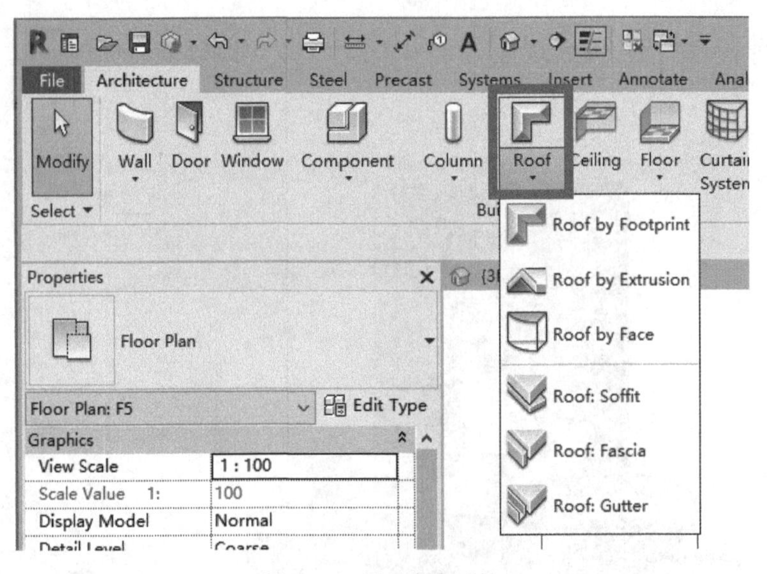

图 7－1　屋顶命令图标

Step 2

屋顶类型的编辑：创建屋顶名称为大屋顶，并进行材质编辑和设置，如图 7－2、图 7－3 所示。

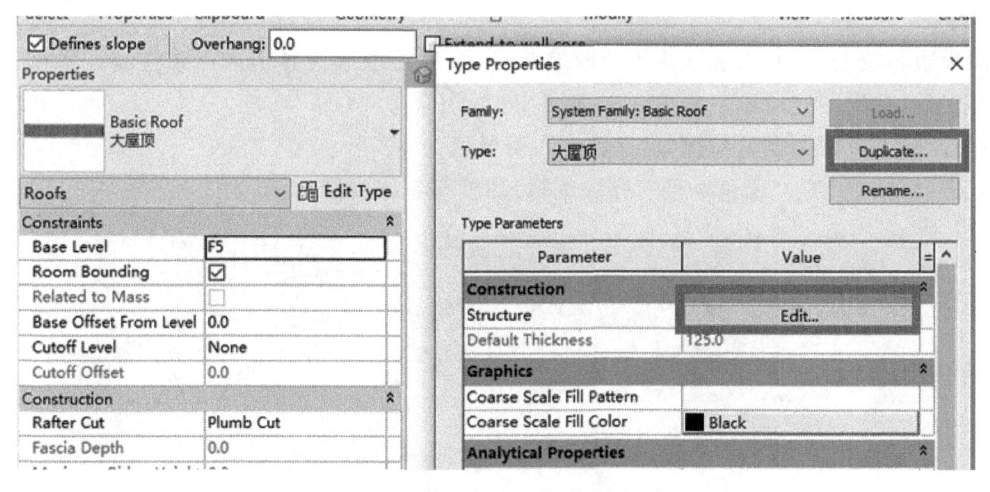

图 7－2　创建屋顶新类型

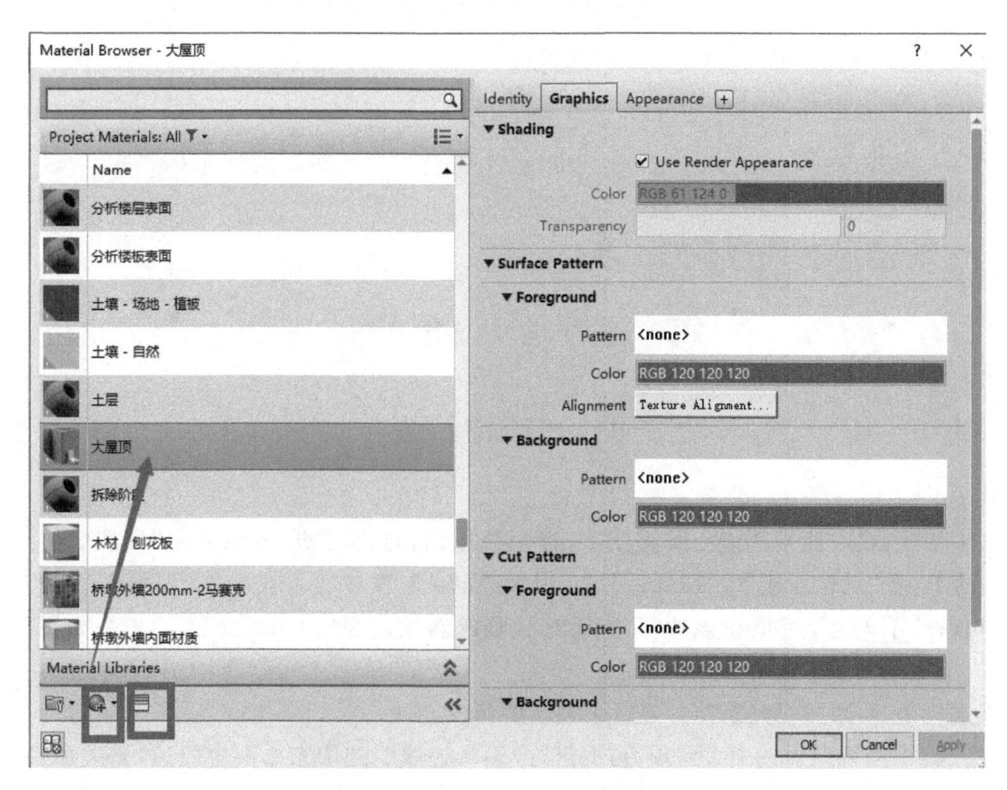

图 7－3　编辑屋顶材质名称

Step 3

屋顶边界绘制:绘制面板默认为拾取墙工具,可以拾取墙边界形成屋顶迹线。举例:点击“矩形”工具,在绘图区域绘制长 10000、宽 8000 的闭合边界(图 7-4)。

注:此时工具栏为默认勾选“定义坡度”,悬挑值为 0。

点击“Mode”中的 “绿色对号”,完成编辑,切换至三维视图。

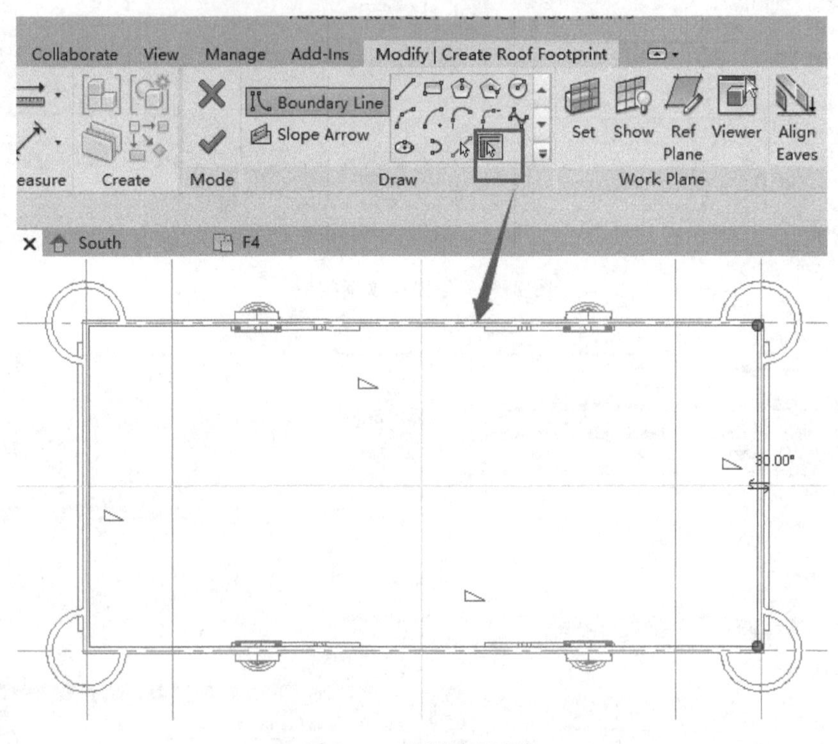

图 7-4 绘制屋顶迹线

Step 4

坡度修改:在平面视图或三维视图下,选中该屋顶,点击“Edit Footprint”即编辑迹线,选择所有边界,在“属性面板”中“Define Roof Slope”定义屋顶坡度。若勾选,代表该边界将形成斜坡屋顶;若不勾选,屋顶在该边界方向将不形成斜坡。在“Slope”处输入 73°,如图 7-5 所示。

本案例中,可以根据建筑照片进行个别坡度修改。

在“F5”平面视图内选中大屋顶,再次进行“编辑迹线”,选中东西两个短边,修改属性框内的坡度为 70°,点击“确认”,退出“编辑迹线”,如图 7-6 所示,可以修改单个屋面迹线的坡度。此处在选中一条迹线后,可以用“Ctrl”键进行加选另外一根线,同时进行修改坡度值。此后双击“南立面”选中大屋顶,并调整其顶部高度至 F6 标高,如图 7-7 所示。三维视图如图 7-8 所示。

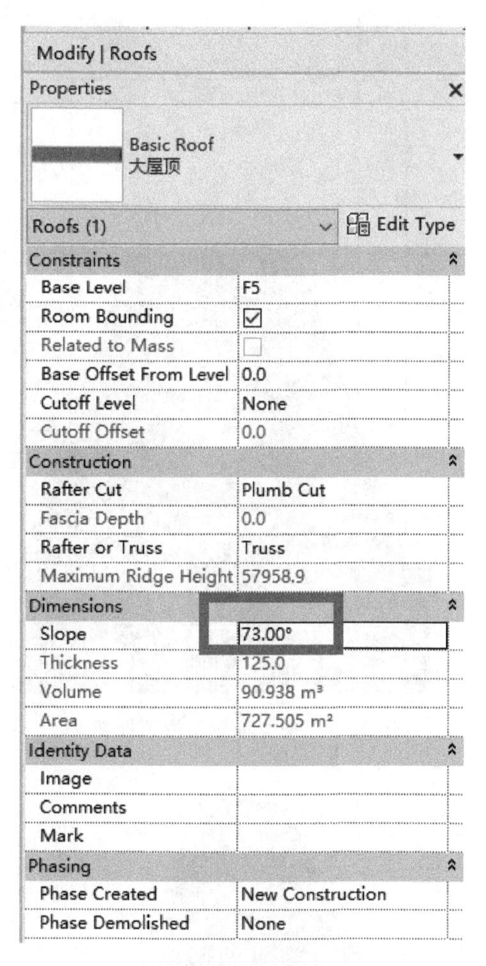

图 7－5　修改屋面坡度

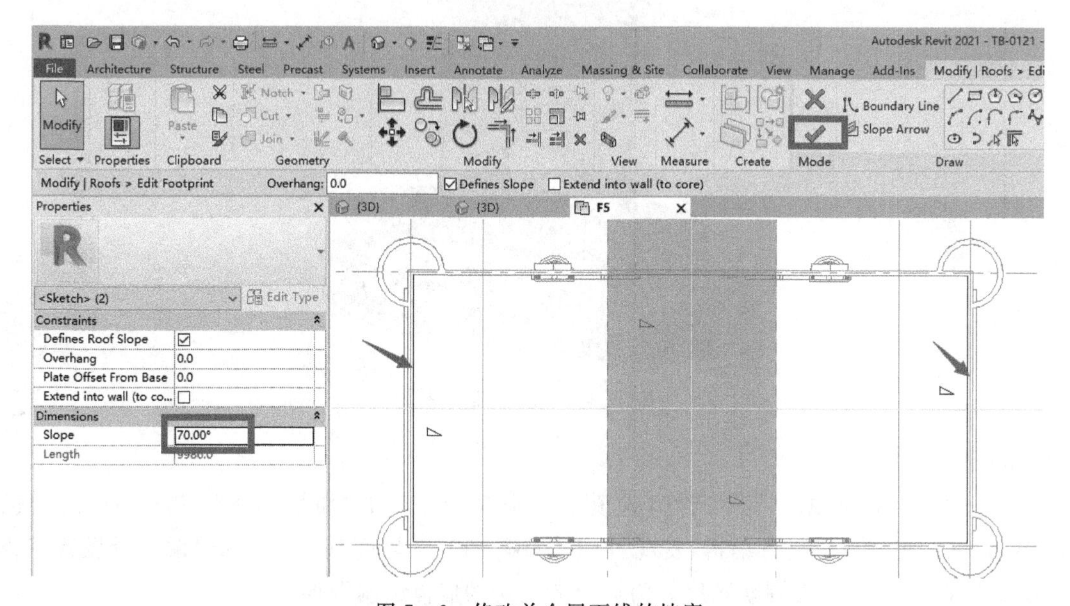

图 7－6　修改单个屋面线的坡度

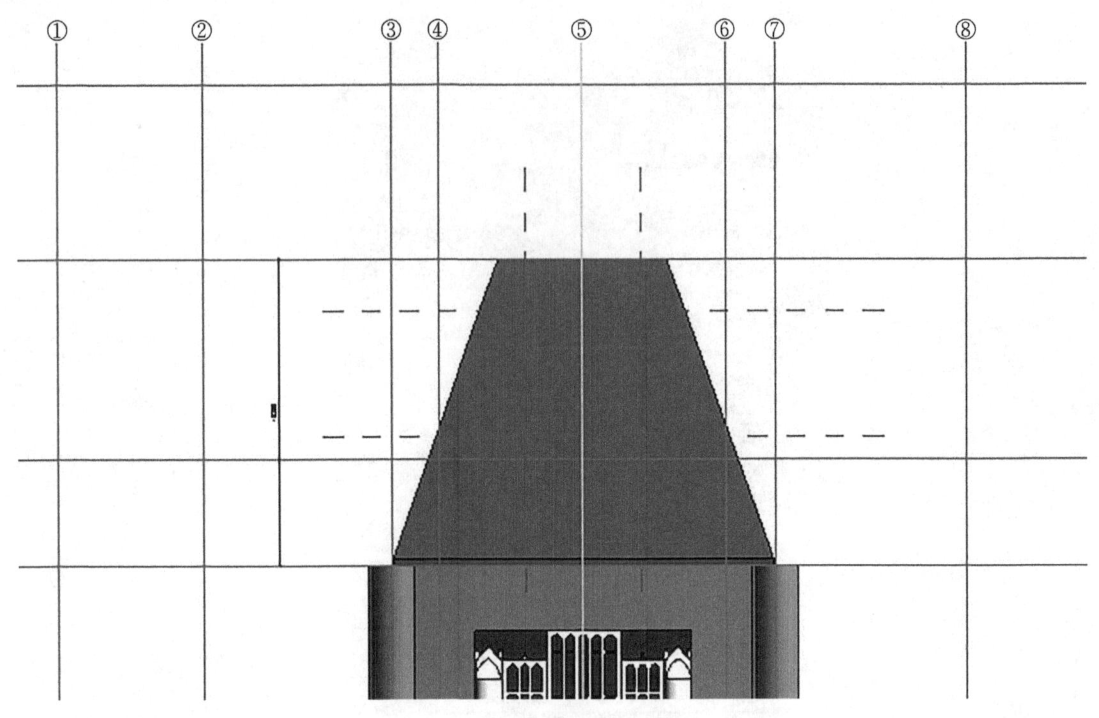

图 7-7　南立面调整屋顶标高

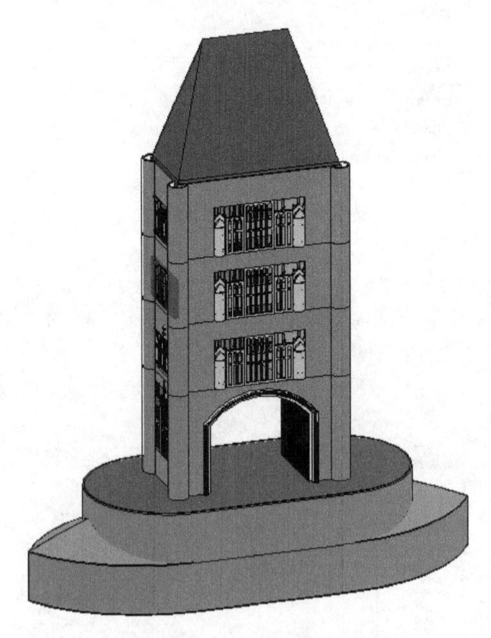

图 7-8　屋顶三维视图

Step 5

切换至“F5”平面视图，可以看到屋顶未完全显示。点击“属性面板”(Properties)中的“View Range”视图范围进行编辑，发现“顶部”(Top)和“剖切面”(Cut Plane)偏移量设置值较低，按照图 7-9 所示数据调整高度。为后续老虎窗的墙体绘制做准备。

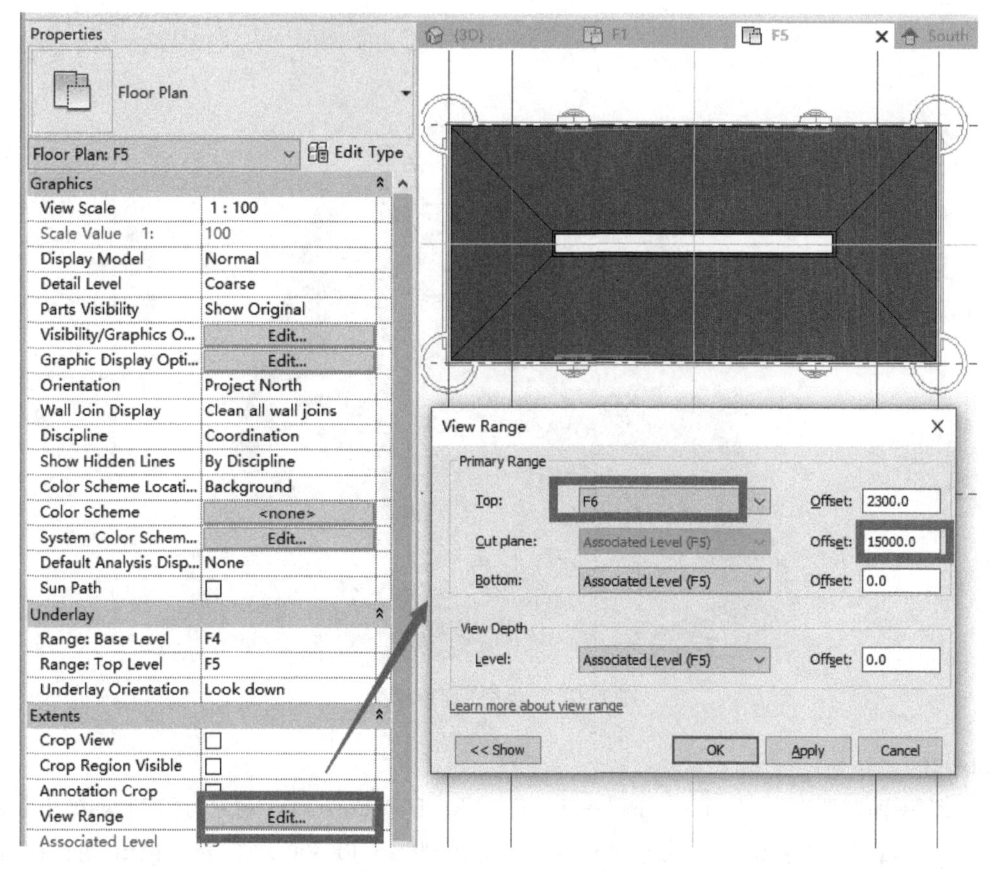

图 7－9　修改剖切平面高度

7.2　拉伸屋顶

Step 1

绘制参考平面，确定立面位置。在南立面上规划老虎窗的拉伸屋面的位置。点击建筑选项卡下的“Ref Plane”(参考平面)，如图 7－10、图 7－11 所示。

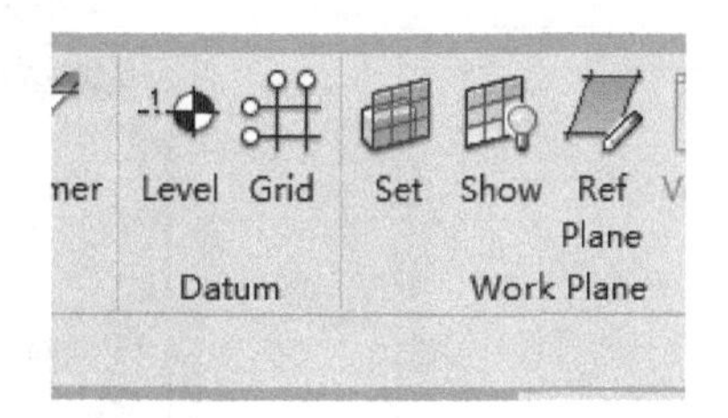

图 7－10　绘制参考平面

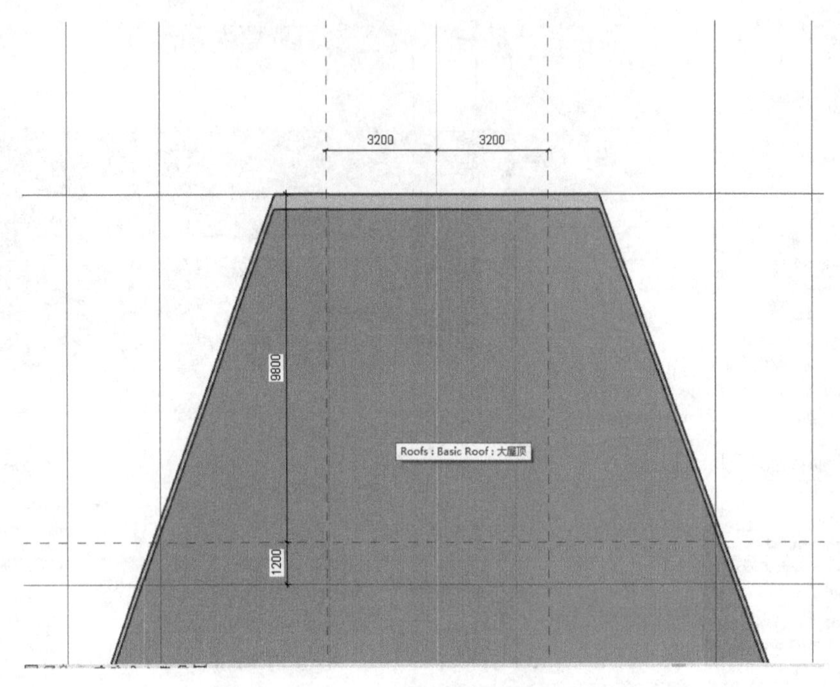

图 7－11　参考平面位置图

Step 2

在“F5”平面视图点击“Architecture”→“Roof”→“Roof by Extrusion”(拉伸屋面)，会弹出对话框提示选取工作平面，选择 G 轴，或者拾取 G 轴。此处出现“Go To View”即“转到视图”对话框，选择视图“Elevation:South”或“Elevation:North”。本例选择“Elevation:South”，即南立面，点击打开视图。如图 7－12 至图 7－14 所示。

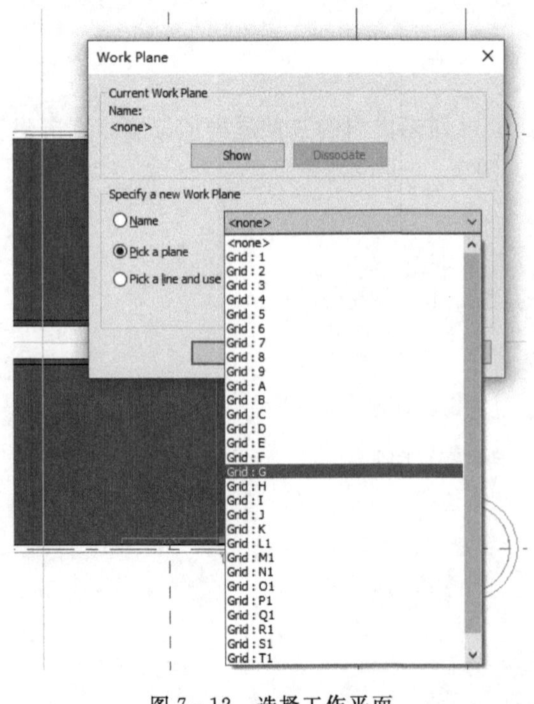

图 7－12　选择工作平面

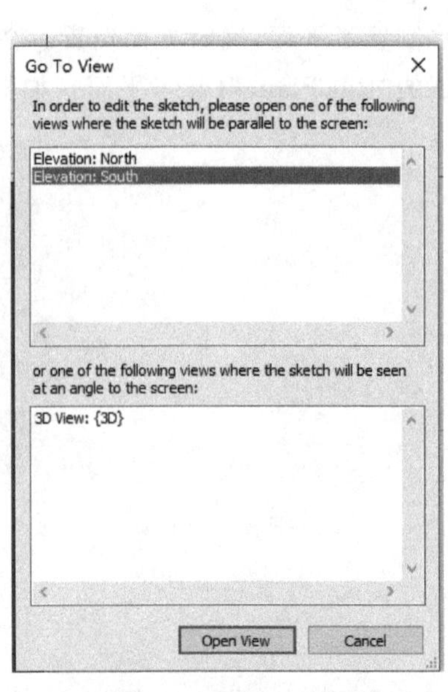

图 7－13　转到南立面视图

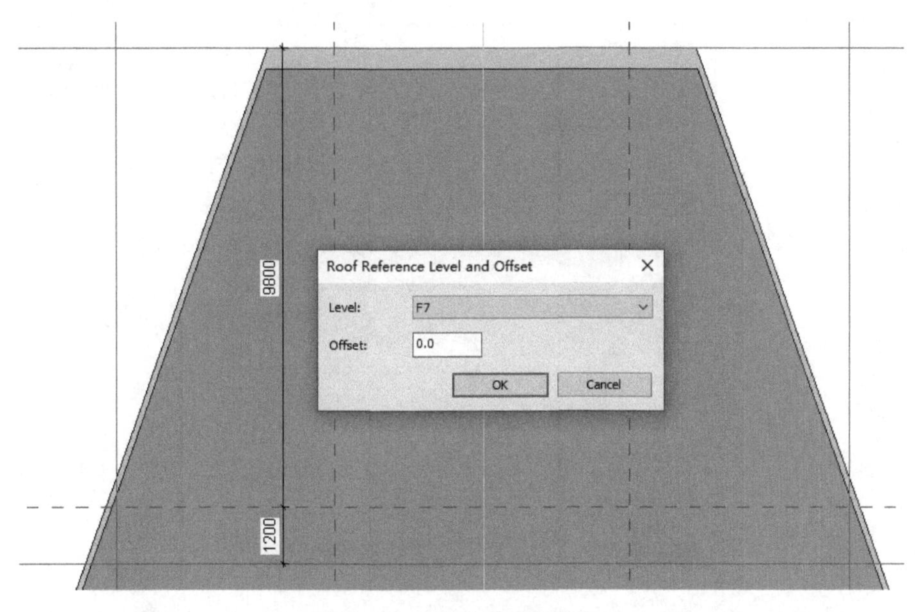

图 7-14 默认屋面的标高

Step 3

类型创建：进入绘制拉伸轮廓的绘制界面后，进行拉伸屋面的类型名称和材质的创建，如图 7-15 至图 7-17 所示。新创建的名称为“拉伸屋面 1”，然后新建该屋面的材质名称。

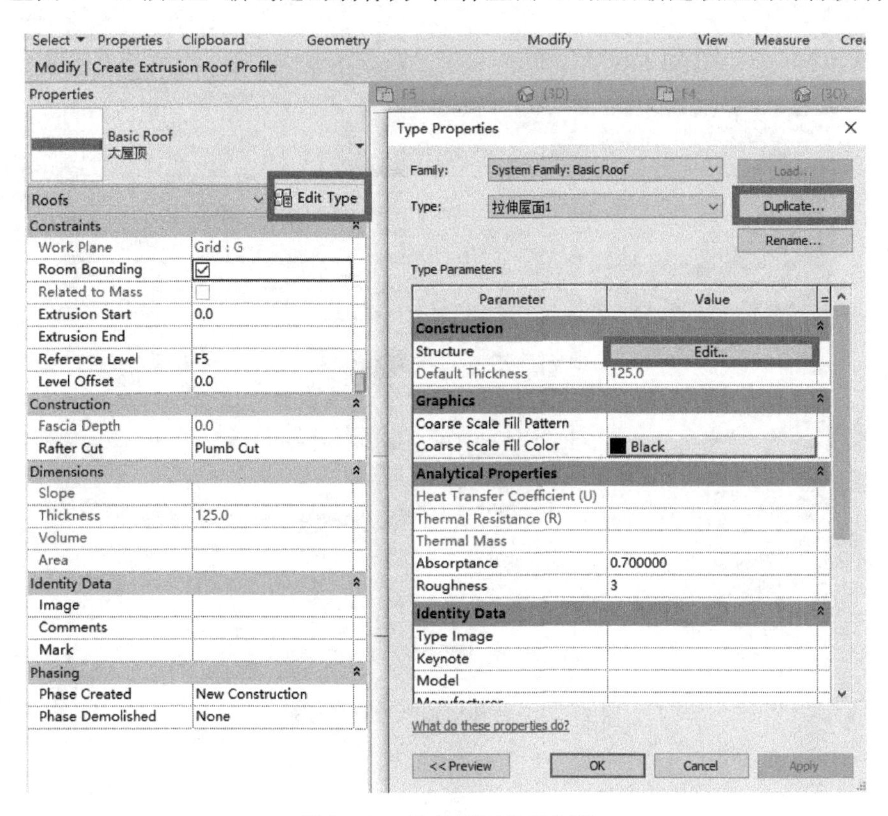

图 7-15 拉伸屋面类型创建

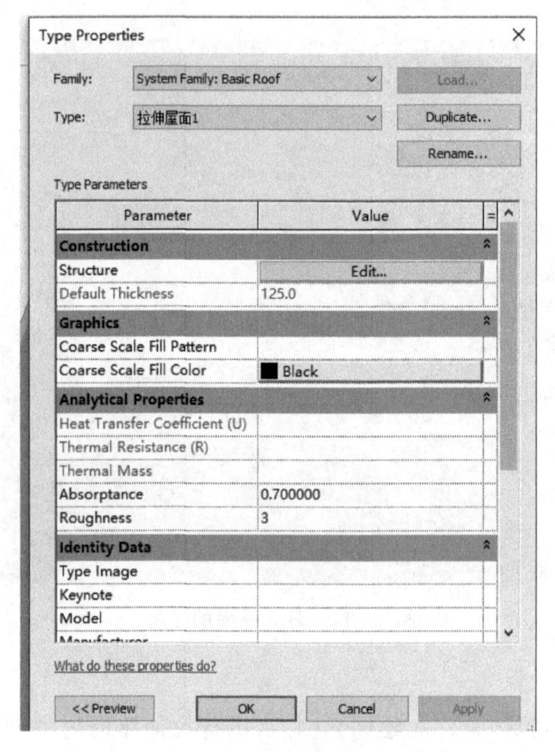

图 7－16　拉伸屋面名称创建

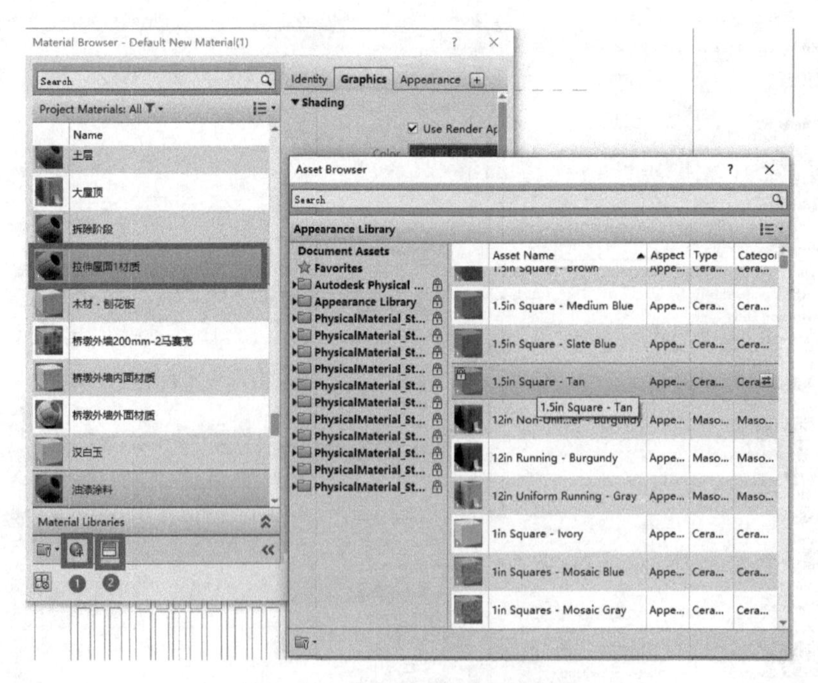

图 7－17　拉伸屋面类型材质创建

Step 4

绘制拉伸屋面的轮廓，轮廓绘制如图 7－18、图 7－19 所示。

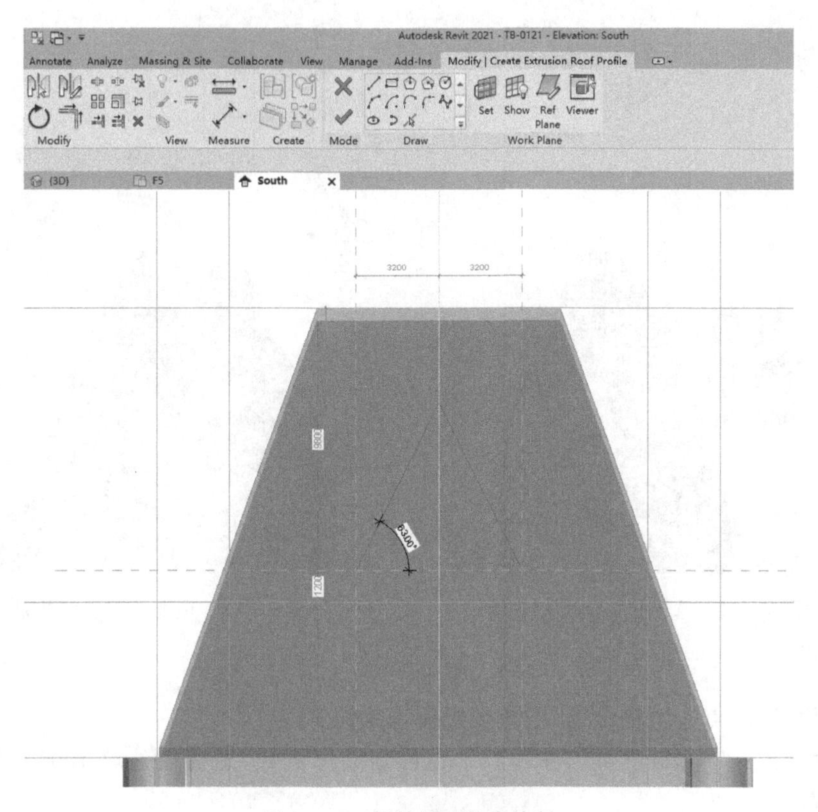

图 7－18　拉伸屋面轮廓绘制

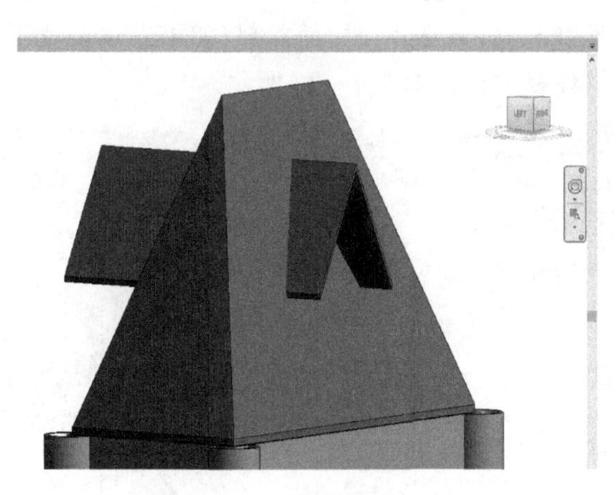

图 7－19　拉伸屋面绘制效果

Step 5

拉伸屋面与大屋面的连接。选择拉伸屋面的边线之一，再点击大屋面，使得二者相连，如图 7－20 至图 7－22 所示。

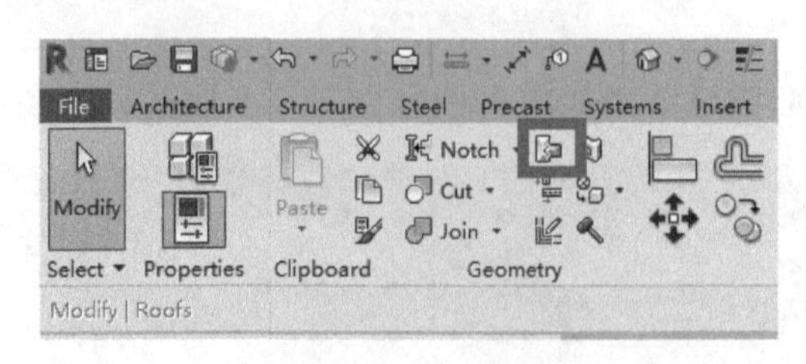

图 7－20　屋面连接

图 7－21　选择拉伸屋面的边线

图 7－22　屋面连接后的效果

Step 6

绘制三面墙体：点击墙体命令，进入老虎窗墙体的创建。

点击“属性面板”中墙的“类型选择器”，创建新墙体例如“老虎窗外墙 100”。材质设置过程参照先前的章节。

完成上述墙体材质设置后，即可进入绘制。切换到“F5”平面视图，并选择线框模式进行绘制。墙体顶部约束选择“F6”，并且选择面层面内部（如果发现设置不合理，此处可以用空格键进行反转），绘制时的墙体参数设置如图 7－23 所示。

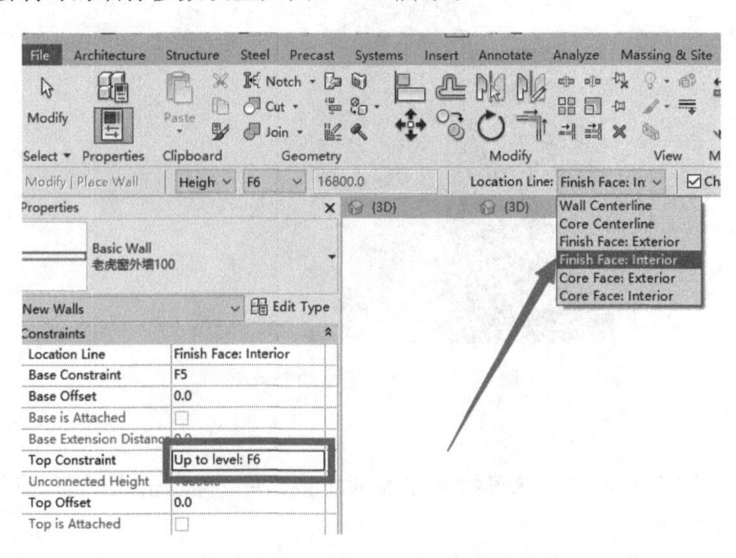

图 7－23　老虎窗墙体的绘制参数

为了增强绘制墙体显示效果，可以在输入“VV”快捷命令后出现的可见性设置对话框中设置墙体截面颜色和填充图案。但此处不可直接在“View”视图选项卡下，应用设置好的视图样板，因为视图剖切面的高度不同。确保此时平面视图范围内的剖切面高度已经按照图7-9修改完毕，否则因为拉伸屋面在平面视图范围内不能显示边界而无法找到墙体绘制起点。

注意：墙体的绘制起点不能超出屋面的边界，如图7-24、图7-25所示，并且三面墙体均在拉伸屋面的水平投影范围内，否则后续不能进行墙体和屋面的连接。

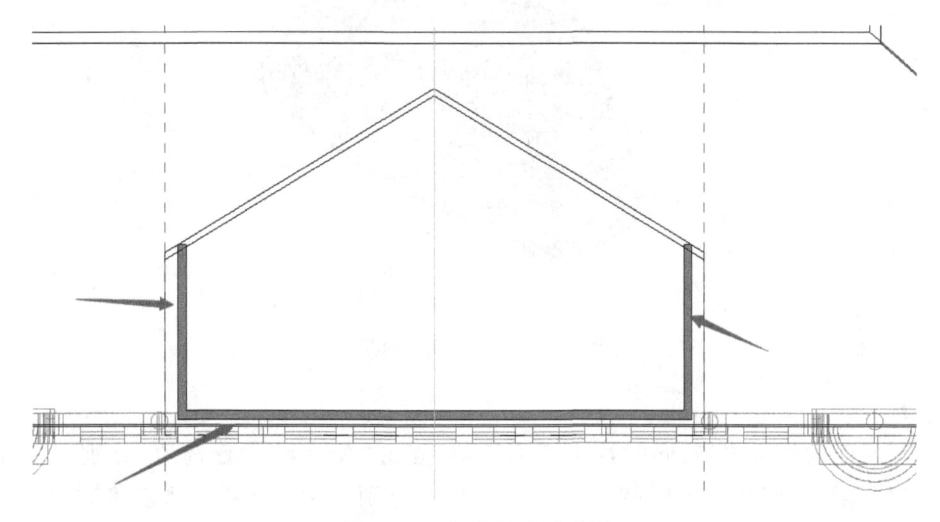

图7-24 绘制的边界范围

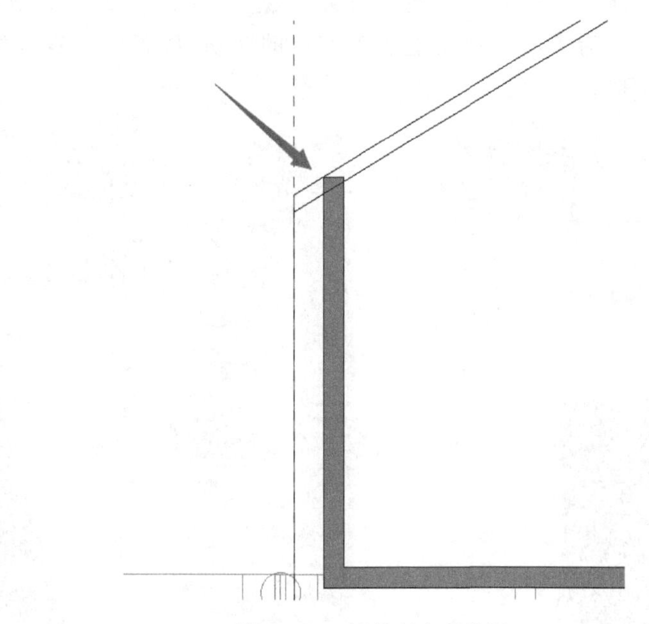

图7-25 墙体起点的位置

绘制时，可以先绘制西侧的墙体，再进行镜像到东侧，并且选中屋面和三面墙体，单独隔离，绘制完成效果如图7-26所示。

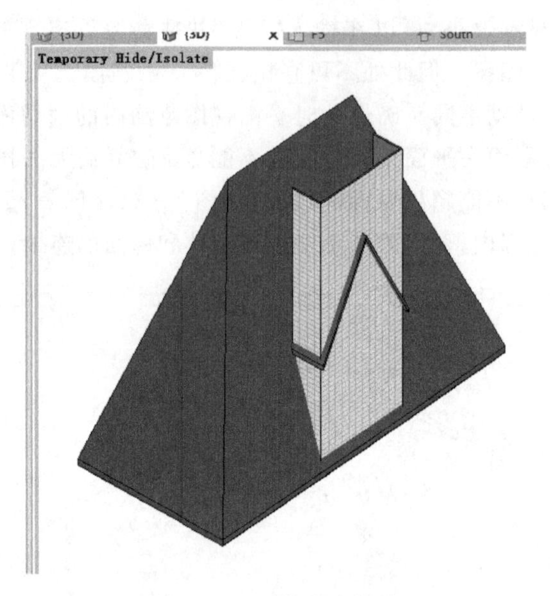

图 7 - 26　墙体完成效果

Step 7

墙体与屋面的附着连接：同时选中三面墙体，点击“Attach”附着选项，分别对墙体的上部和拉伸屋面附着，而墙体的底端和大屋面相连。分别选中“Top”顶部连接和“Base”底部附着两种模式（图 7 - 27）。前者为墙体与小屋面连接墙体在选中状态下，点击拉伸屋面，完成顶部附着，如图 7 - 28 所示。完成后切换为“Base”，点击大屋面，即可完成底端与大屋面的附着，如图 7 - 29 所示。为了便于观察老虎窗洞口的剪切，放置一面观察窗，如图 7 - 30 所示，完成后可以将其删除。

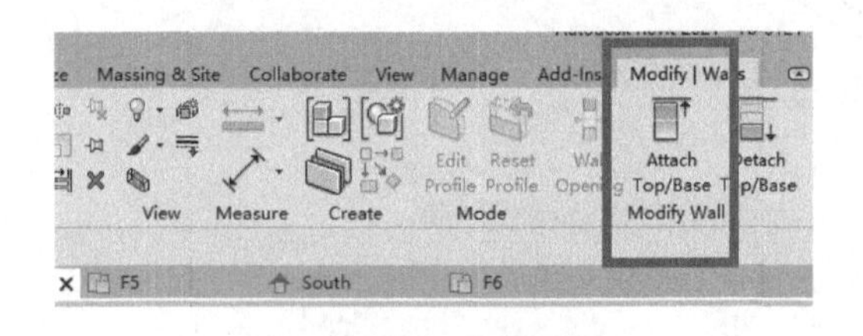

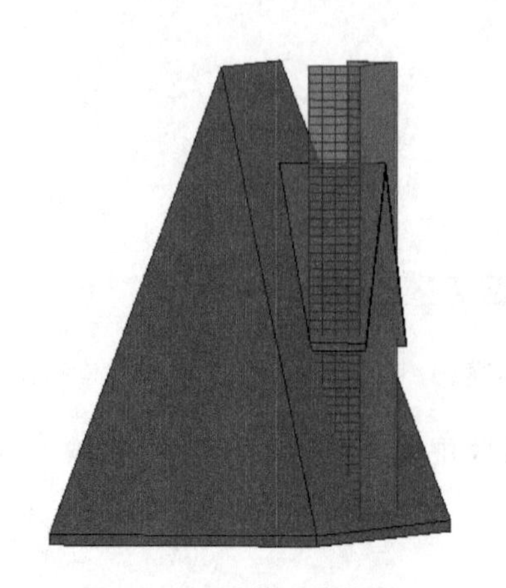

图 7 - 27　墙体连接按钮

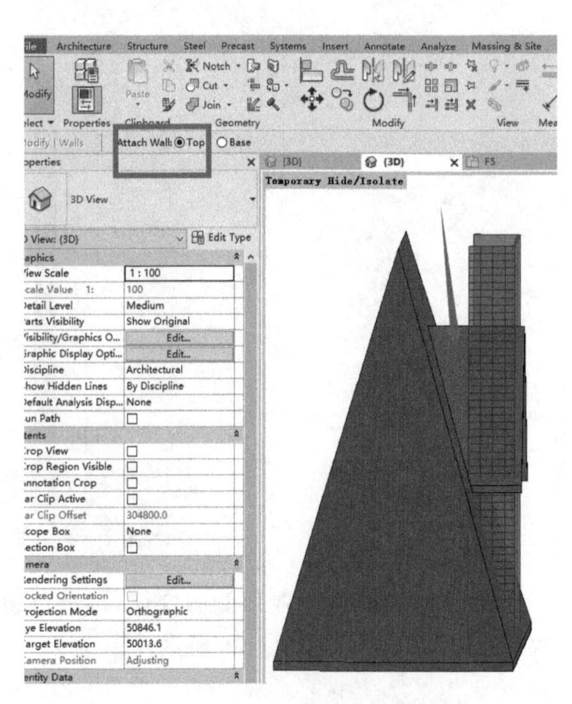

图 7 - 28　墙体顶部和拉伸屋面连接

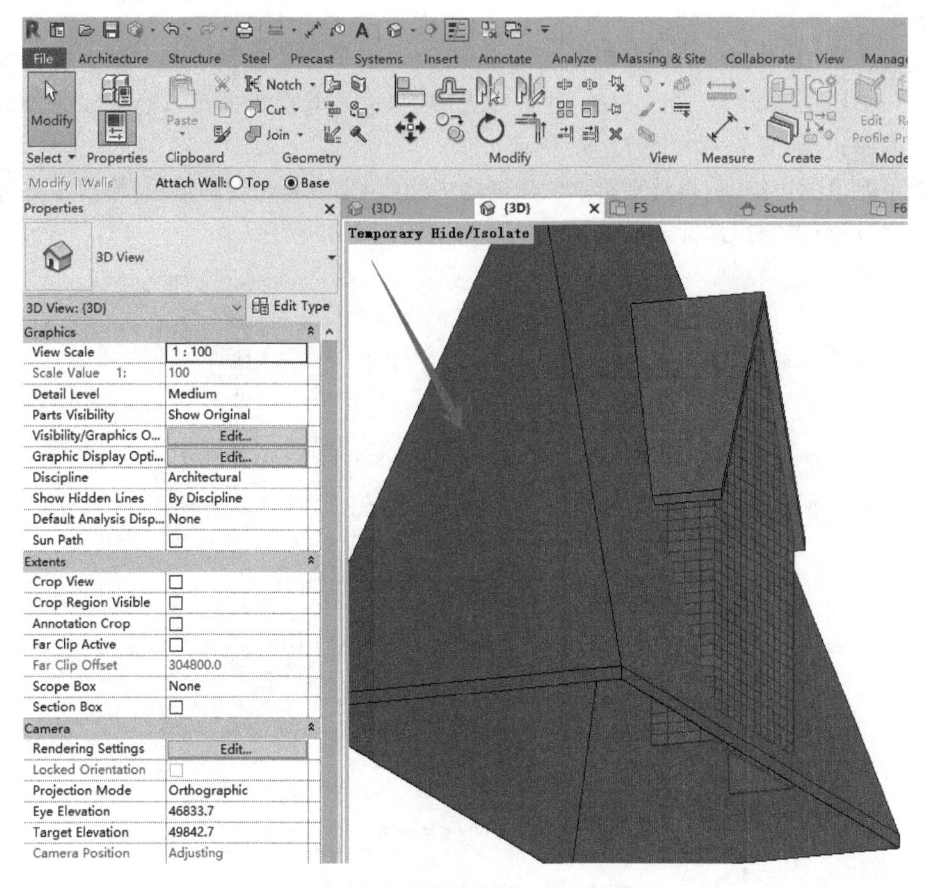

图 7－29　墙体底部和大屋面连接

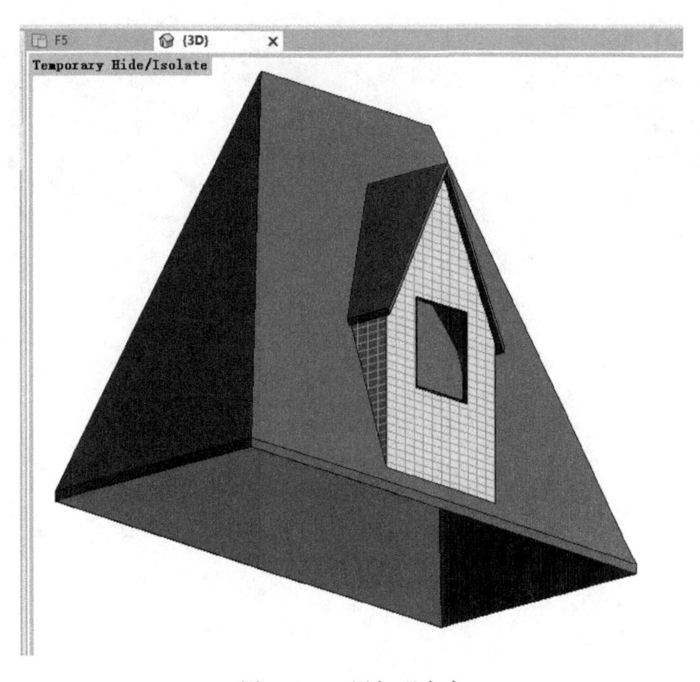

图 7－30　添加观察窗

Step 8

老虎窗剪切:老虎窗的剪切过程在三维视图中完成,调整合适的视角,在建筑选项卡下,找到"Dormer Opening",点击该按钮,并选择大屋面,进入老虎窗的洞口边缘线的拾取模式。切换至线框模式,如图 7-31、图 7-32 所示。

拾取小屋顶的边缘线,再分别拾取三面墙的内边线,出现粉色的边缘线,修剪这些边缘线,使之闭合,然后点击"对号"标志确认,如图 7-31 至图 7-33 所示。

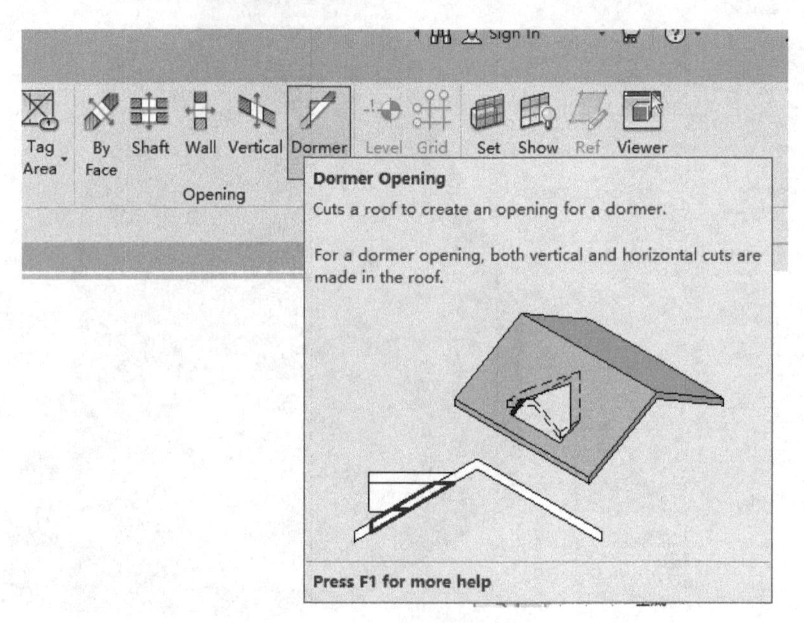

图 7-31 老虎窗洞口命令按钮

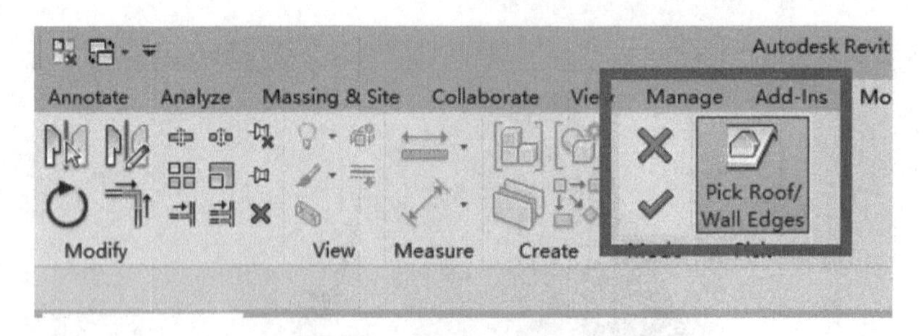

图 7-32 拾取屋顶和墙边线按钮

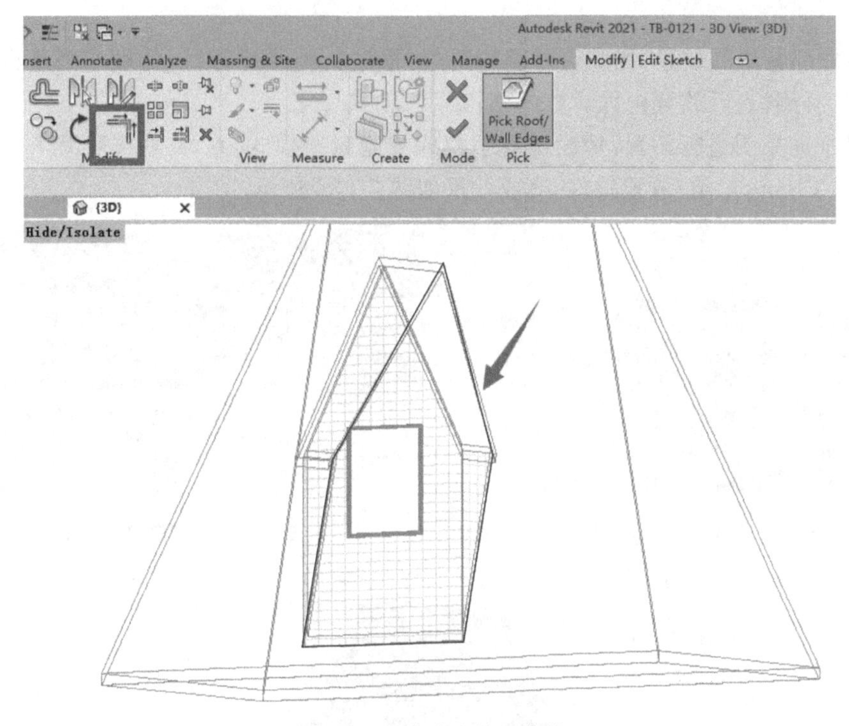

图 7－33　拾取边线并修剪

完成老虎窗的剪切(图 7－34),切换为着色模式。

点击状态栏中的"小眼镜"图标,重设临时隐藏和隔离,退出隔离状态,显示全部模型。

通常存在的问题和难点,在于拾取墙体的内线,否则会出现错误提示。

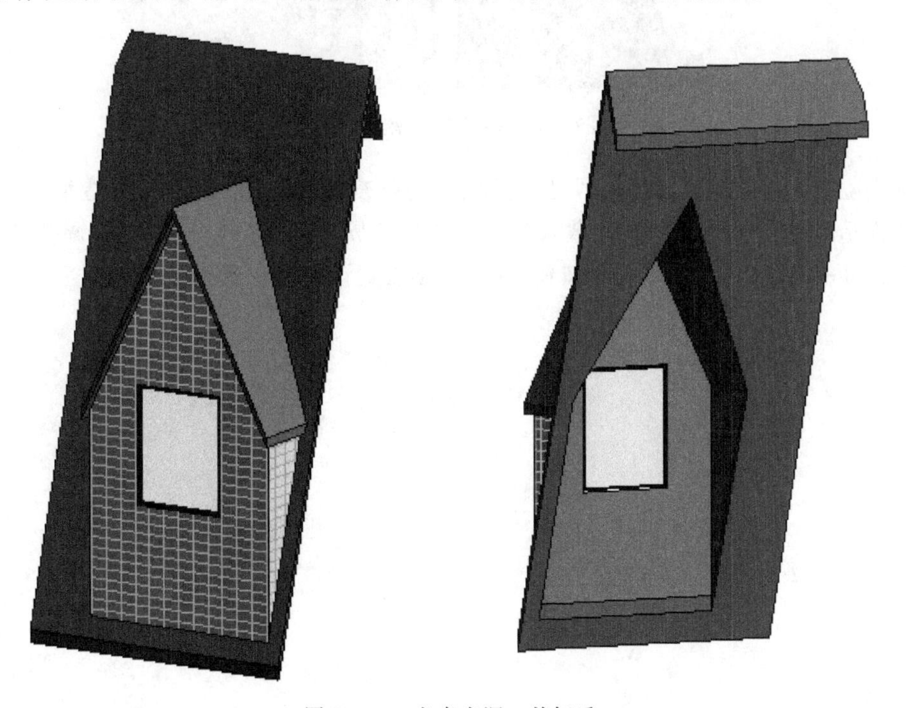

图 7－34　老虎窗洞口剪切后

Step 9

老虎窗外部造型的放置：老虎窗外部的造型，根据实体照片，可以仿做一个造型的族。按照图 7－35 进行载入后放置构件。族的创建参考第 11 章。

在“F5”平面视图进行放置，切换至着手模式或隐藏线模式，在 G 轴按照图 7－36 的命令按钮“Place a Component”放置构件，完成效果如图 7－37 所示。

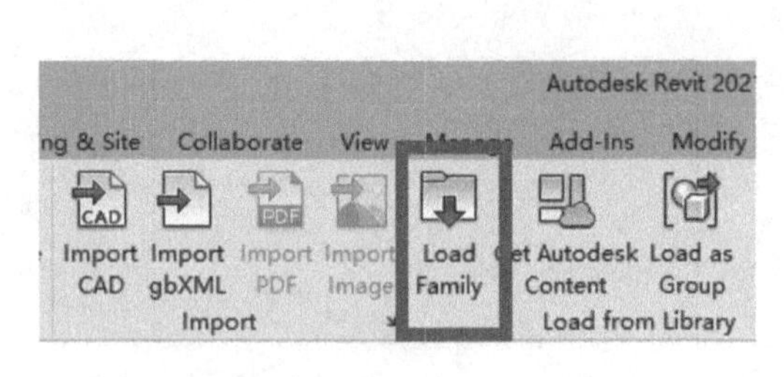

图 7－35　载入南立面造型

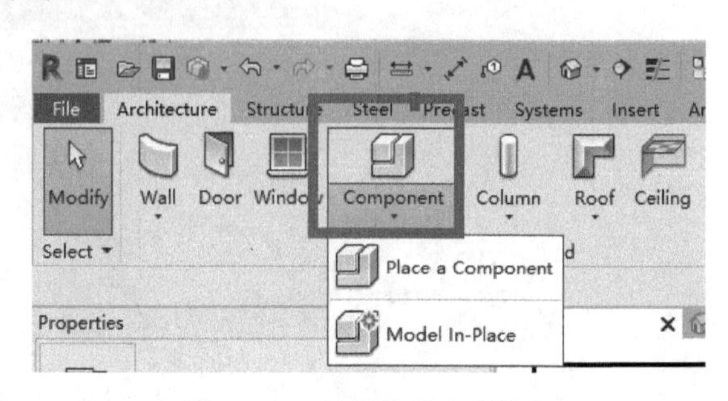

图 7－36　放置构件命令按钮

图 7－37　老虎窗外南立面造型

完成南立面的老虎窗造型放置，可以类似地进行东、西立面的老虎窗和造型的创建与放置。西立面造型如图 7－38 所示。载入最高塔造型的族文件，打开平面视图，调整基线，如图 7－39 所示，并按照图 7－36 的命令按钮，在大屋顶放置该造型。模型成果如图 7－40 所示。

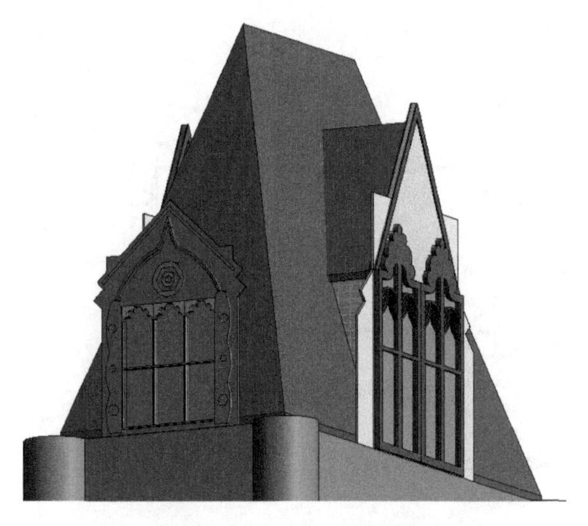

图 7-38 西立面造型

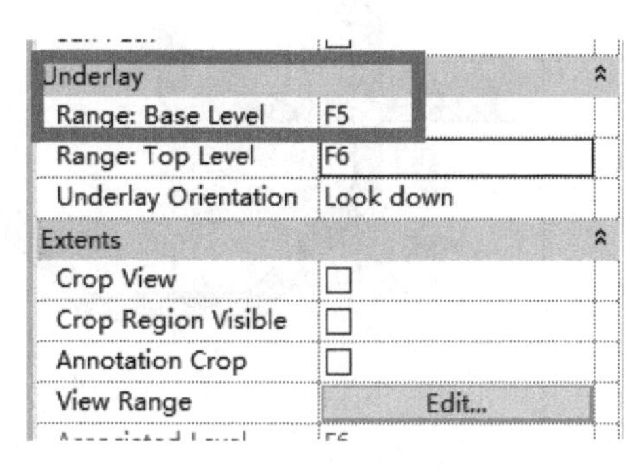

图 7-39 基线调整

图 7-40 最高塔造型

7.3 八角锥形屋顶

Step 1

修改八边形墙体(图 7-41),自 F4 起,由圆形墙体变为八边形墙体。其内切圆半径为 1500 mm(图 7-42),墙体的约束为自 F4 至 F5,并整体复制到 F5,顶部约束为八角锥墙顶标高处,绘制成果如图 7-43 所示。

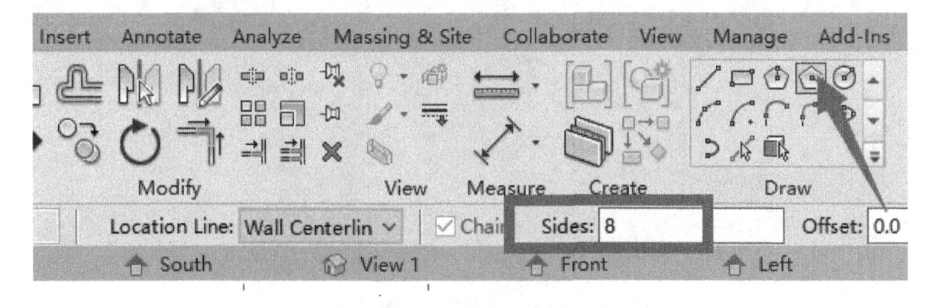

图 7-41 多边形墙体绘制命令

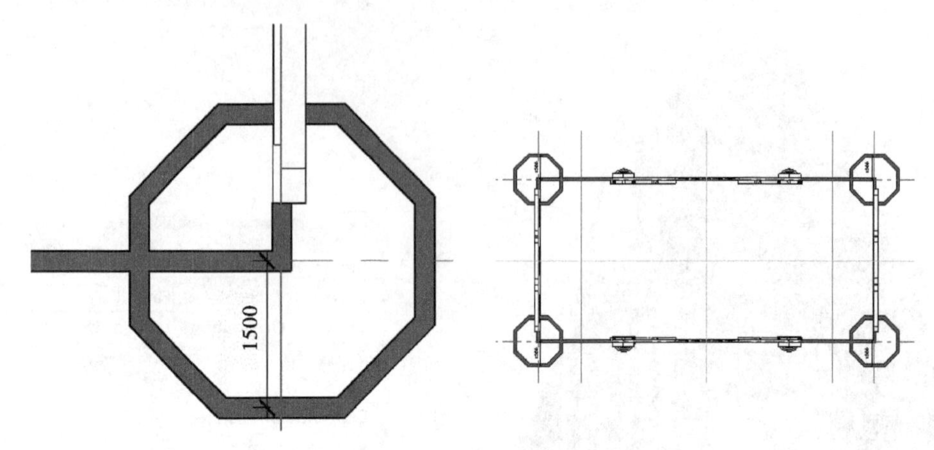

图 7-42　八边形墙体绘制

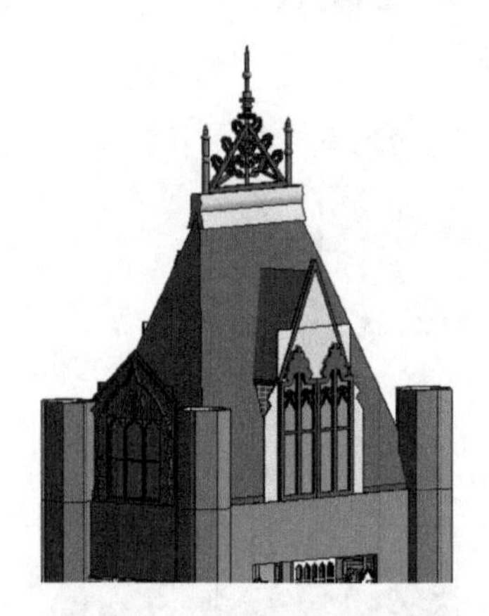

7-43　八边形墙体绘制成果

Step 2

八角锥形屋顶的创建，切换到“八边形墙顶”标高平面，调出 F5 的基线。创建新的迹线屋顶类型，修改属性面板中的坡度为 76°，绘制迹线轮廓，具体操作及绘制成果如图 7-44 至图 7-46 所示。

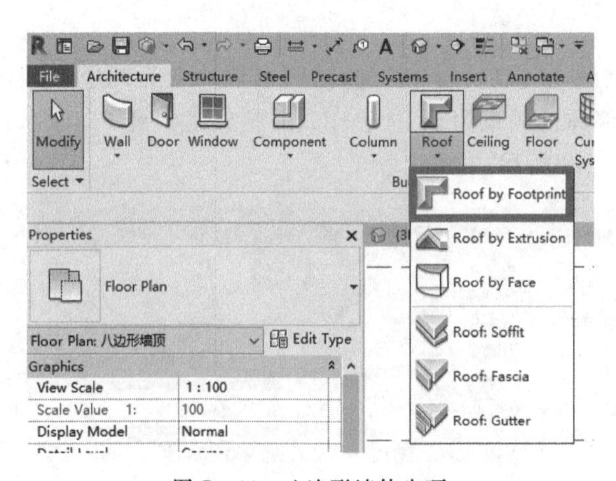

图 7-44　八边形墙体尖顶

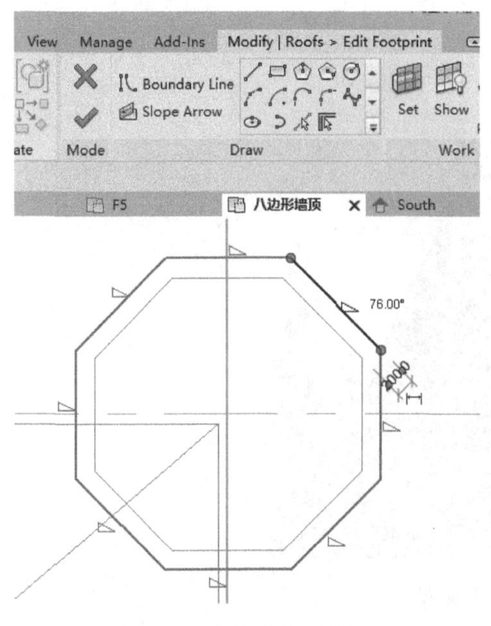

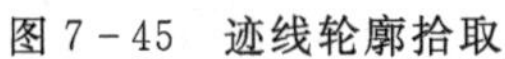
图 7-45　迹线轮廓拾取

图 7-46　八角锥形屋顶

Step 3

八角锥形屋顶的造型放置，载入该造型族文件，并且在"F6"平面利用构件放置命令按钮进行放置。切换到东立面或南立面调整其到合适的标高，再进行镜像或复制，具体操作及小尖塔造型如图 7-47、图 7-48所示。八角锥的装饰细节可以通过设置墙饰条等方法实现。

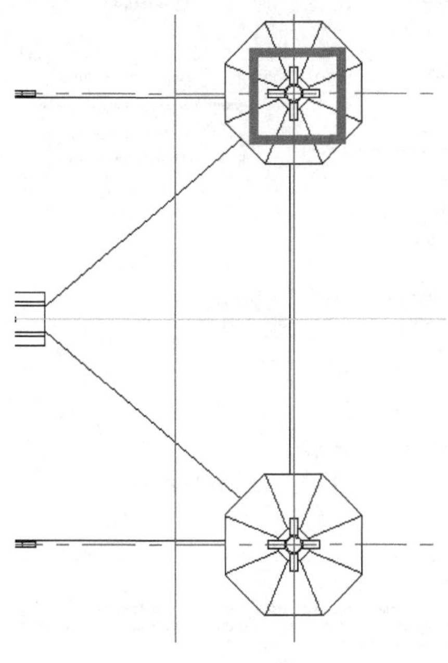
图 7-47　平面放置

图 7-48　小尖顶造型

Step 4

柱帽的放置：切换至“F4”，在圆形墙与八边形墙体的交汇处，以柱帽进行连接。载入该柱帽族，在“Place a Component”(放置构件)命令按钮下进行放置，并镜像复制到其他位置，如图7-49至图7-52所示。

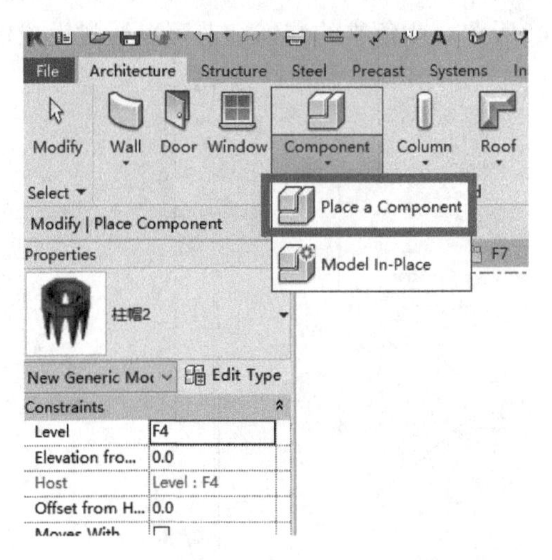

图 7-49　放置构件

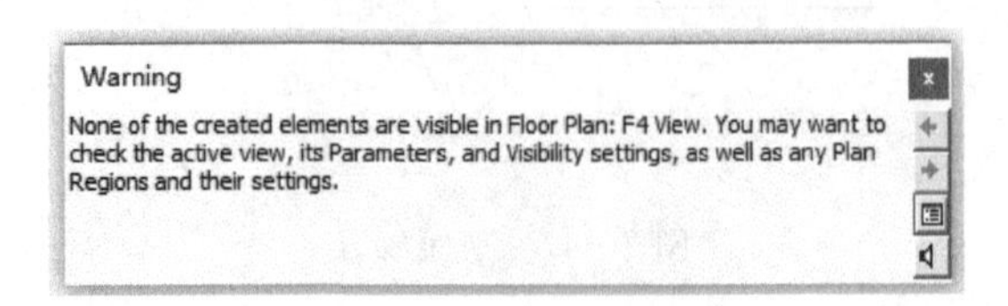

图 7-50　不可见提示

常见问题为放置时的不可见，首先可以将视图样式切换为着色模式。然后，调整视图范围的底部标高，如图 7－51 至图 7－53 所示。

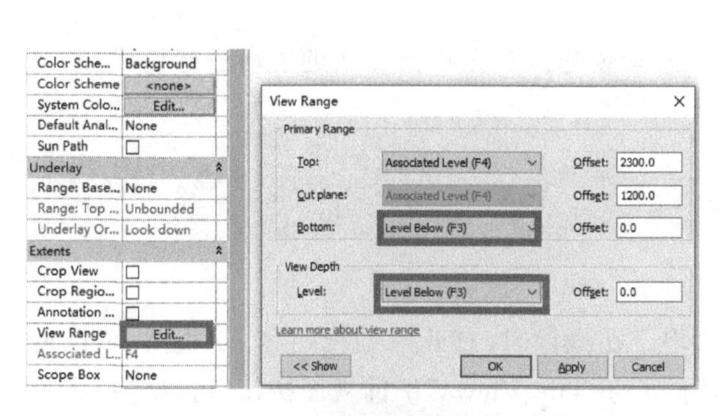

图 7－51　视图范围调整方法

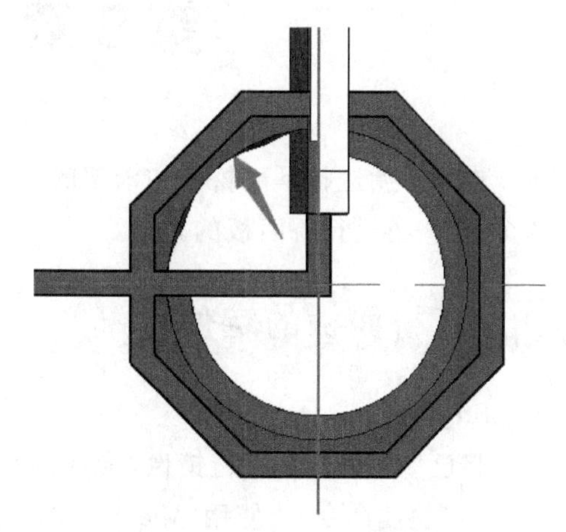

图 7－52　平面布置结果

图 7－53　柱帽三维视图

本章小结

本章讲述了迹线屋顶、拉伸屋顶、老虎窗、柱帽、屋顶造型的放置，难点在于老虎窗的绘制，其涉及多种屋面的连接及墙体的上下附着。

第 8 章 桥面与桁架

本章开始进行下部桥面和桁架的创建及悬索创建。首先将已完成的主塔进行镜像，形成两个主塔；再进行桥面板的布置。

8.1 桥面板的定位

Step 1

将已完成的主塔进行镜像，形成两个主塔。在镜像时，打开三维视图和 F1 视图，可以使用“WT”快捷命令，或使用“View”视图选项卡下的“Tile Views”平铺视图按钮，可以将打开的视图同时排列在窗口内(图 8-1、图 8-2)。在三维视图内选中所有南主塔构件，随即点击一下 F1 平面，此时，F1 内的所有构件还是选中状态，再点击“镜像”按钮，点击南北对称轴，即可完成镜像复制。而“Tab Views”选项卡视图按钮则恢复为窗口层叠模式。

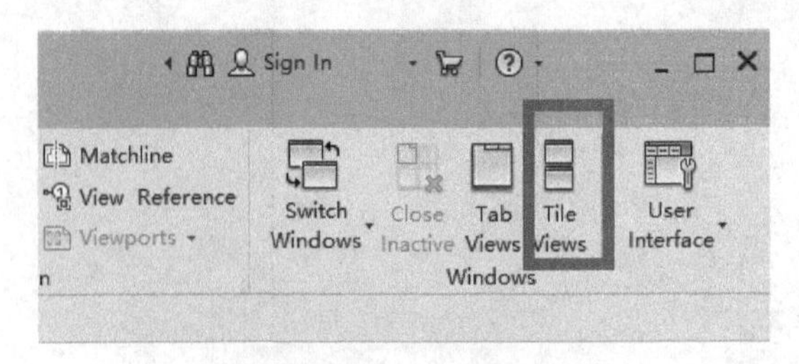

图 8-1 视图选项卡下的窗口排列按钮

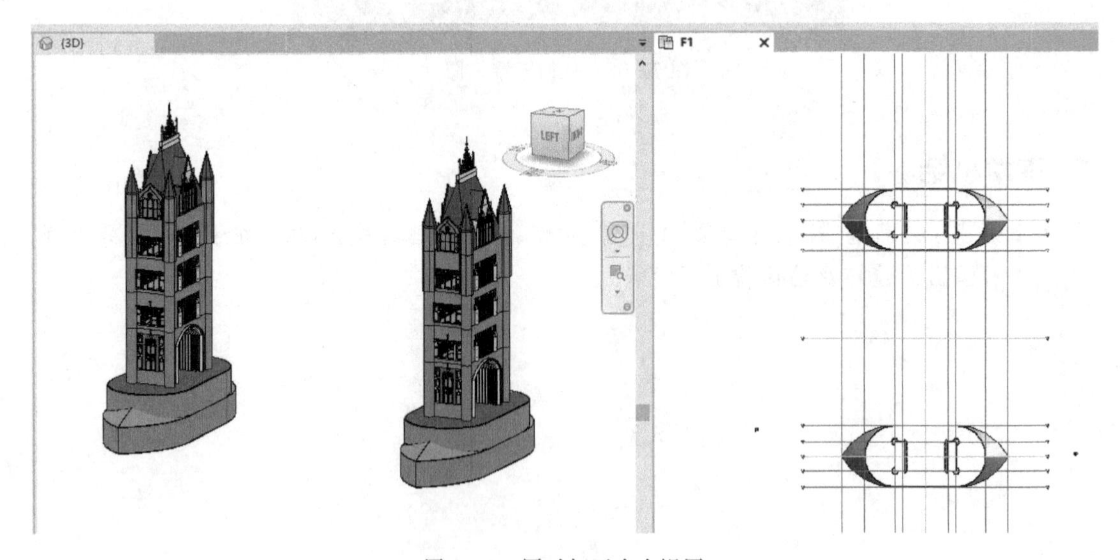

图 8-2 同时打开多个视图

Step 2

进入“F1”平面视图，进行桥面板的布置，中段桥面板宽 16000 mm。创建“桥面板 02”，板厚为 200 mm，在 4～6 轴之间进行绘制。如果绘制的板不可见，可以通过“VV”快捷命令检查可见性设置，如图 8－3 至图 8－7 所示。绘制完成后的附着提示通常选择默认的“不附着”。此处桥面板可以分为两块板进行布置。

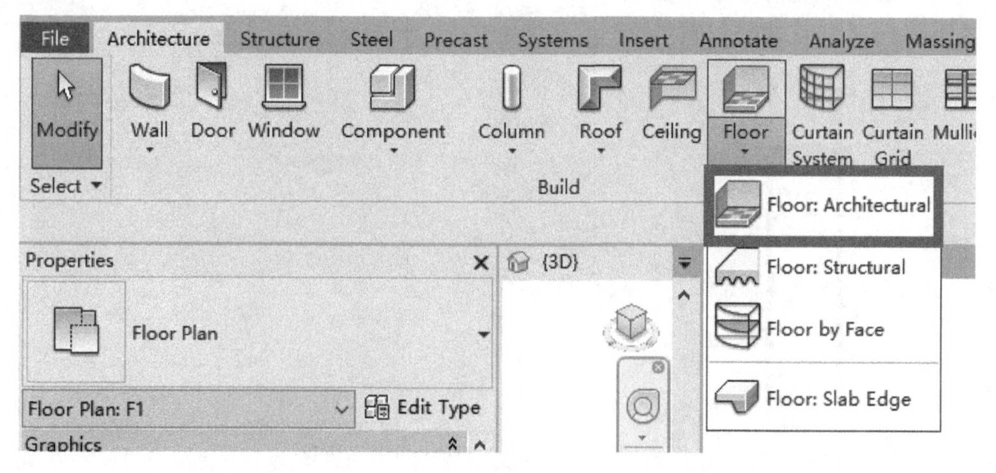

图 8－3　创建桥面板 02

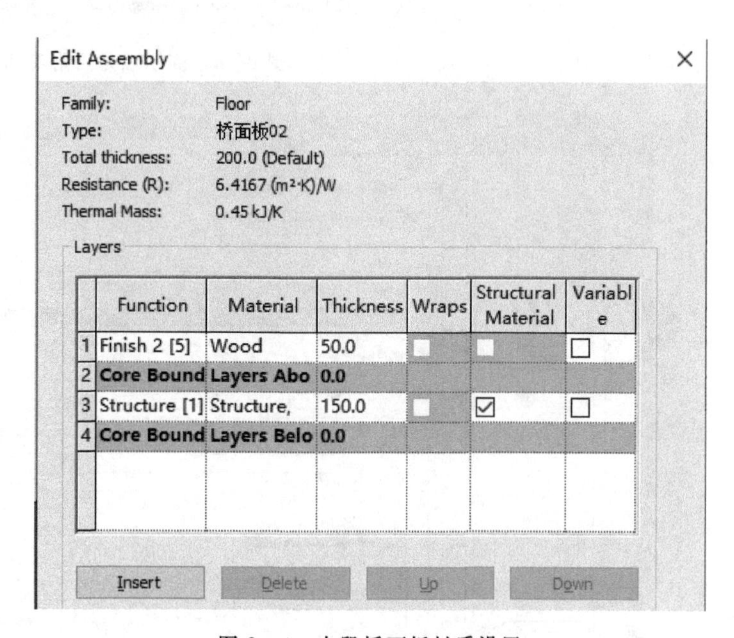

Edit Assembly

Family: Floor
Type: 桥面板02
Total thickness: 200.0 (Default)
Resistance (R): 6.4167 (m²·K)/W
Thermal Mass: 0.45 kJ/K

Layers

	Function	Material	Thickness	Wraps	Structural Material	Variable
1	Finish 2 [5]	Wood	50.0	☐	☐	☐
2	Core Bound	Layers Abo	0.0			
3	Structure [1]	Structure,	150.0	☐	☑	☐
4	Core Bound	Layers Belo	0.0			

Insert　Delete　Up　Down

图 8－4　中段桥面板材质设置

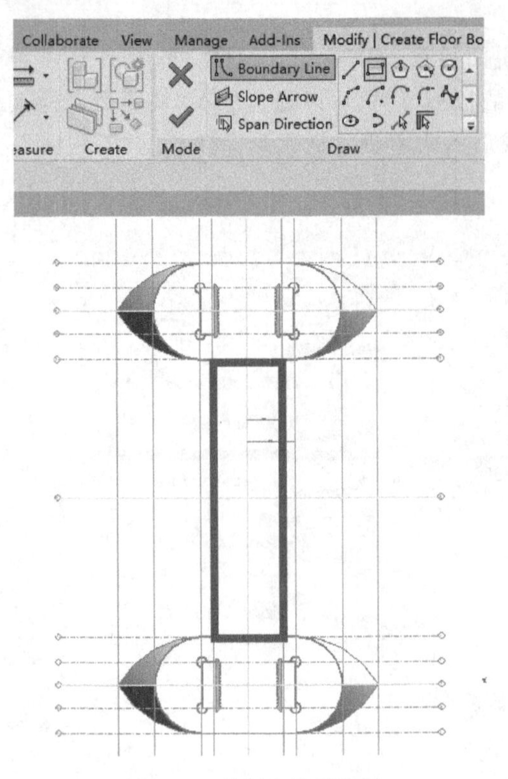

图 8-5 绘制中段桥面板

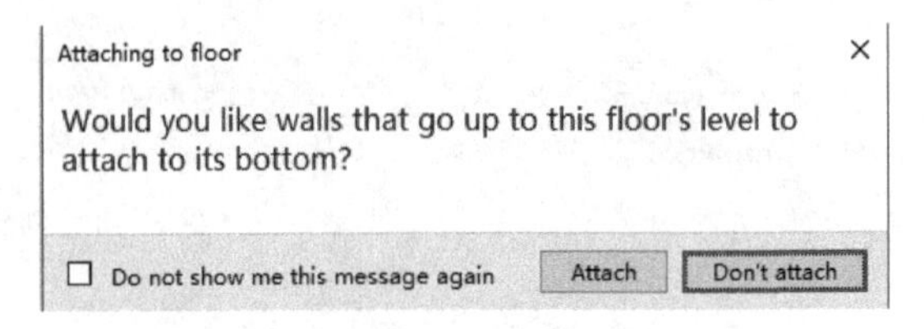

图 8-6 提示墙是否附着到该板标高

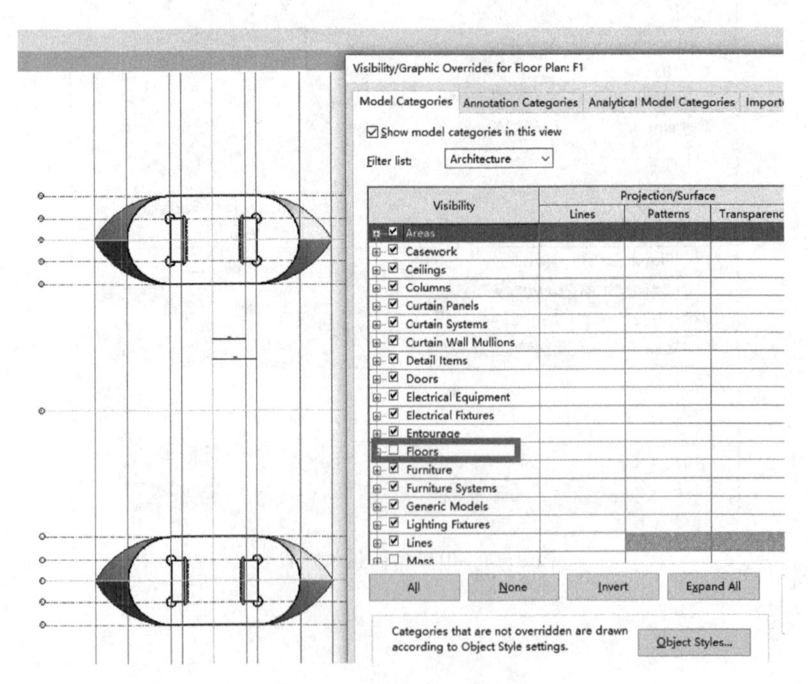

图 8-7 板的可见性设置

Step 3

两侧的桥面板，两侧宽为 22400 mm，创建“桥面板 03”(图 8－8)，板厚为 200 mm，在 F1 平面视图内将 5 轴线左右复制 11200，便于绘制板边缘线。完成绘制后可以将两侧轴线删除。完成桥面板后，应将桥底桁架顶标高下降，以免两个平面重叠，选中桥底桁架，在属性框中修改偏移值为－200 mm，如图 8－9 所示。

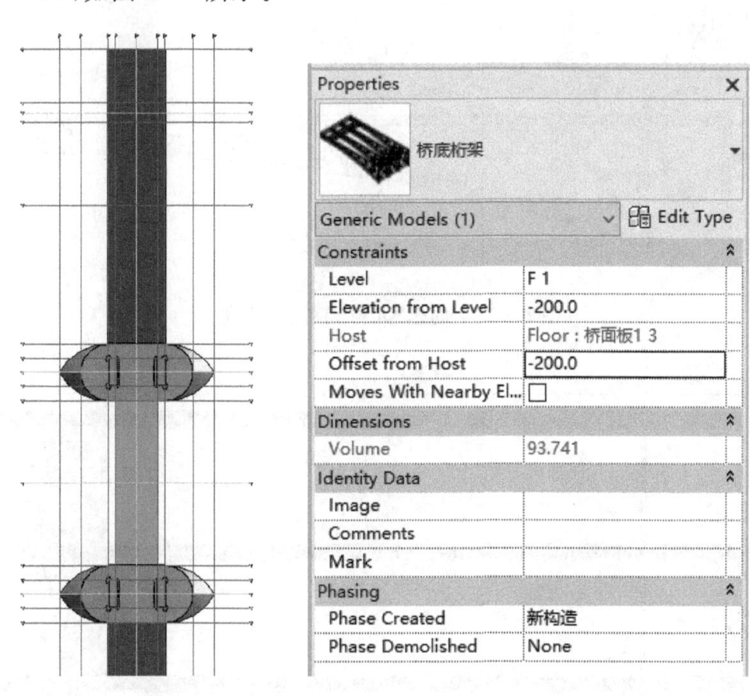

图 8－8　桥面板 03　　　　图 8－9　桥底桁架偏移

Step 4

桥面中段的桥底桁架的放置。载入桥底桁架族，点击放置，并设置顶部标高向下的偏移(－200)，以免和桥面重叠。放置时点击“Architecture”→“Component”→“Place a Component”进行放置。可以用空格键调整桁架族的方向，如图 8－10 所示。

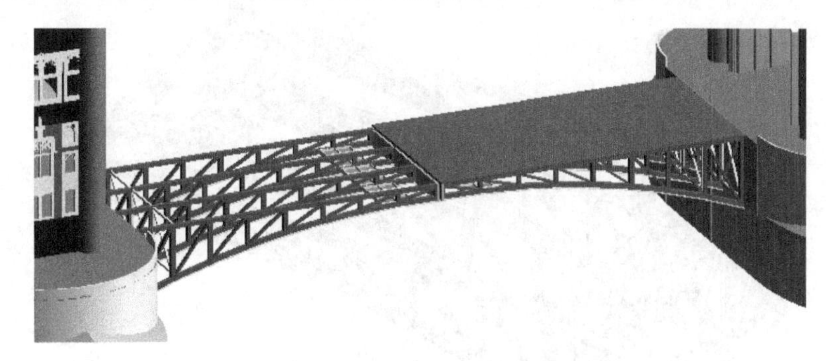

图 8－10　桥底桁架的放置

8.2 桥底桁架的创建

创建桥底桁架是基于公制常规模型来创建族样板，按照图 8－11、图 8－12 的尺寸进行拉伸，然后复制，并且在不同方向上拉伸其他构件，三维视图如图 8－13 所示。载入项目中，放置构件如图 8－10所示。

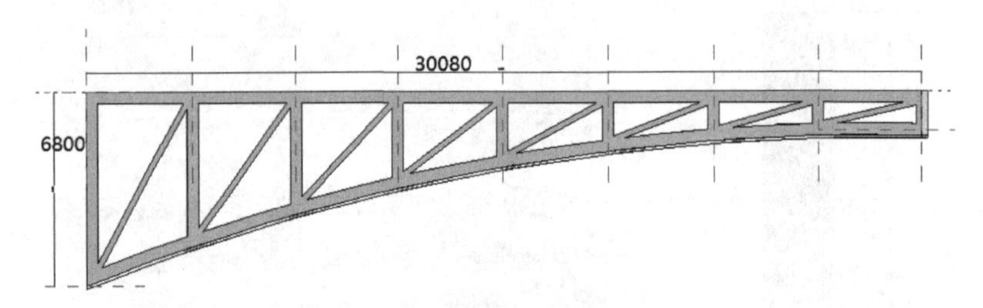

图 8－11 创建“人行天桥底”标高

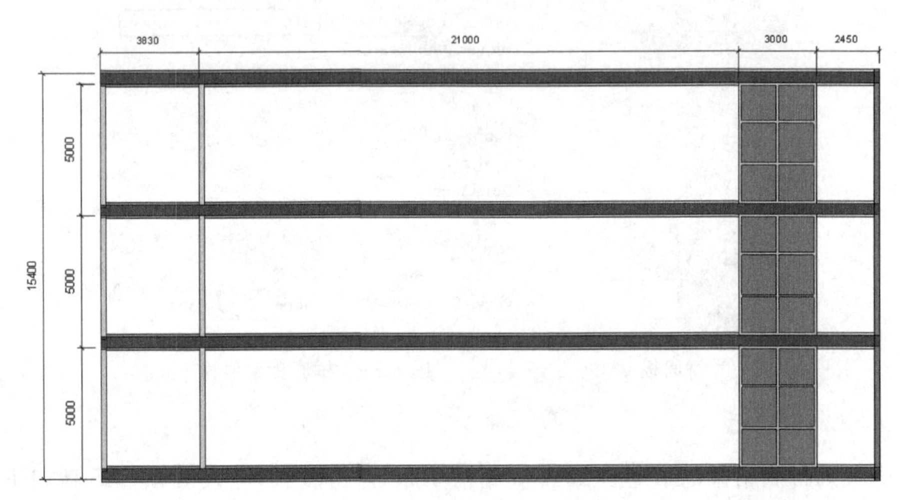

图 8－12 桁架顶视图

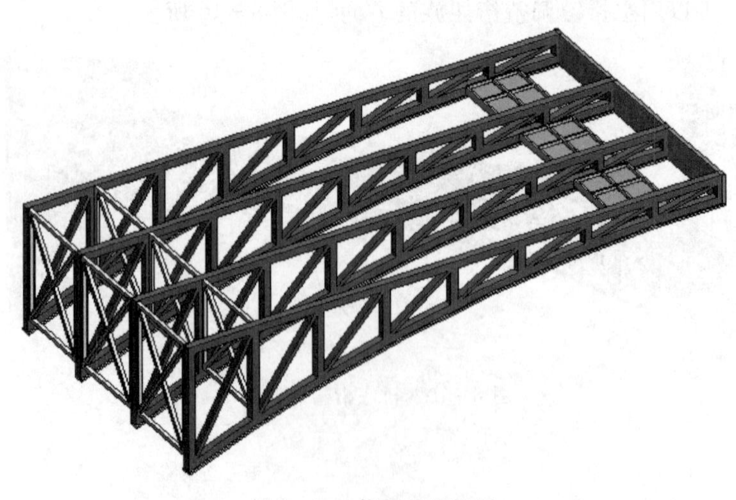

图 8－13 桁架三维视图

8.3 南侧小塔和北侧小塔的定位

北侧小塔楼以 S 轴为对称轴，总宽度为 7000 mm，长度为 25000 mm，绘制一层墙体，如图 8－14所示。南侧小塔楼以 C 轴为对称轴，总宽度为 7000 mm，总长度为 32000 mm，如图 8－15所示。南北侧小塔楼定位后可以进行悬索的绘制。

北侧小塔楼的具体建模可以在主体构件完成后进行，如图 8－16 所示。具体样式可以参考相应图片(图 8－17)。

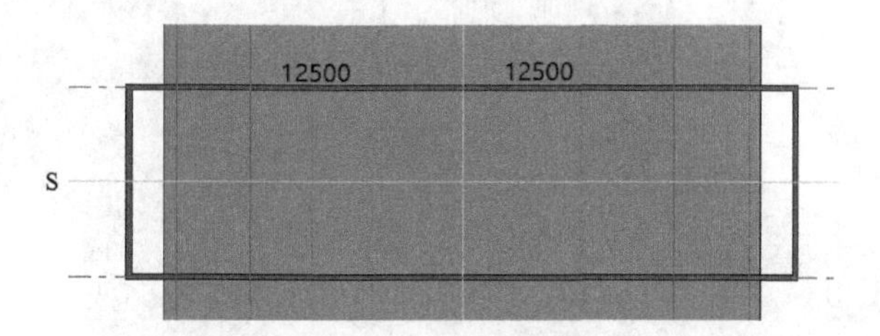

图 8－14　北侧小塔楼定位

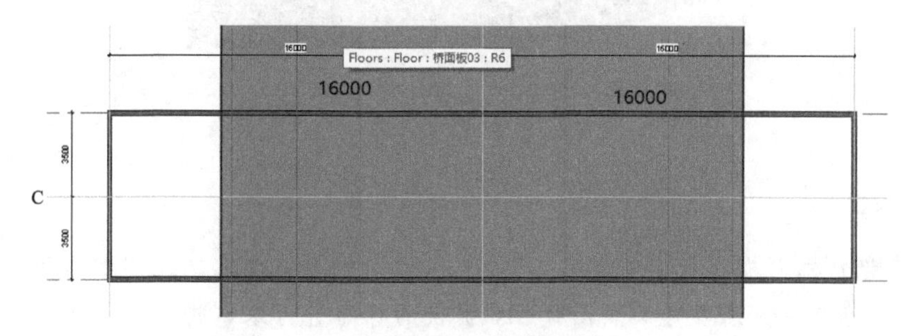

图 8－15　南侧小塔楼定位

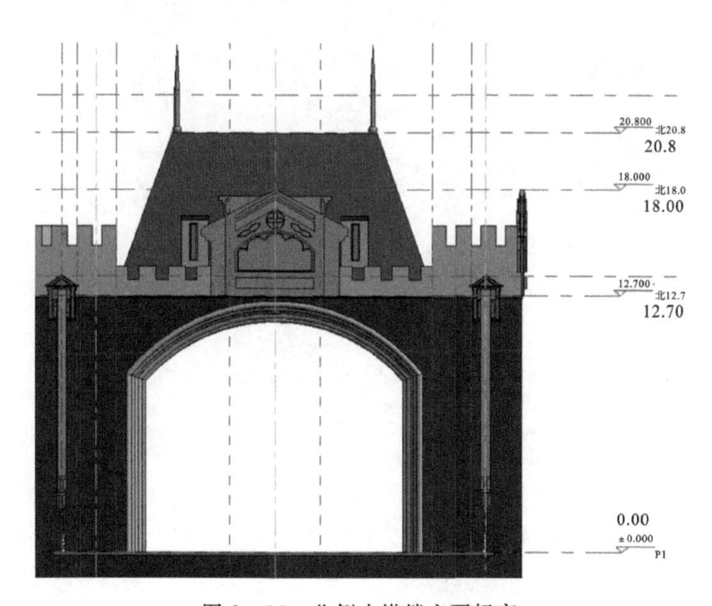

图 8－16　北侧小塔楼主要标高

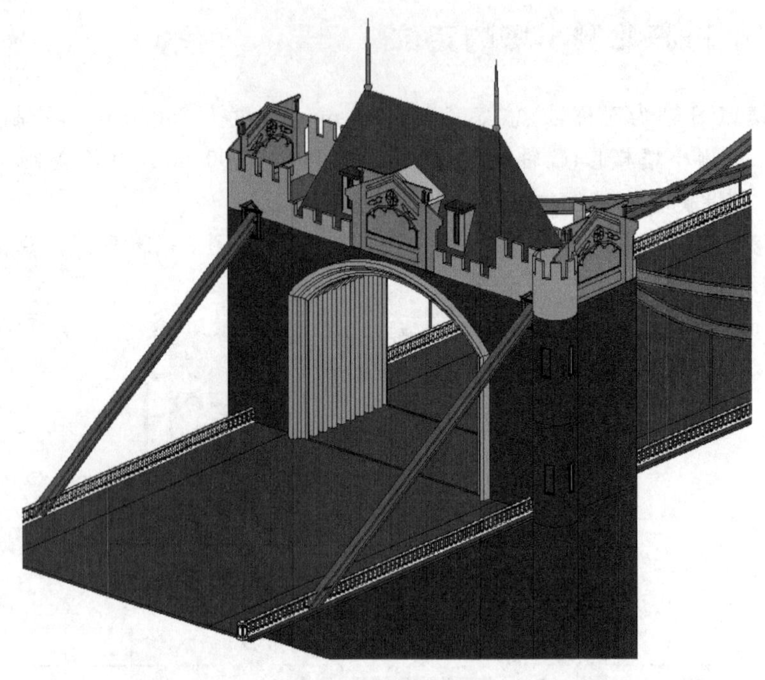

图 8－17　北侧小塔楼

本章小结

本章内容包括桥面板和桁架的创建，主要应注意工作面的确定。北侧塔体量不大，难度不大，但是屋顶内容较多。读者可参照图 8－16 提供的标高进行基本构件的创建。

第9章　悬索创建

9.1　悬索的拉杆

Step 1

双击浏览器的 F1 平面，先以结构柱创建栏杆上的拉杆。首先在 E 轴和 3 轴的悬索交汇处绘制一根柱子，柱子采用圆形截面，直径暂定为 800 mm，便于识别操作，待完成后再修改为 300 mm，具体操作如图 9－1 至图 9－3 所示。如果绘制时柱子不可见，可以通过图 9－4，打开视图范围，进行剖切面的设置。为了增加识别效果，可以输入“VV”快捷命令，进行可见性设置，设置柱截面的颜色和图案，如图 9－5 所示。每根柱子的底部约束可以设置为 1300 mm，顶部约束暂设为 3000 mm，悬索完成后再修改柱子的顶标高。

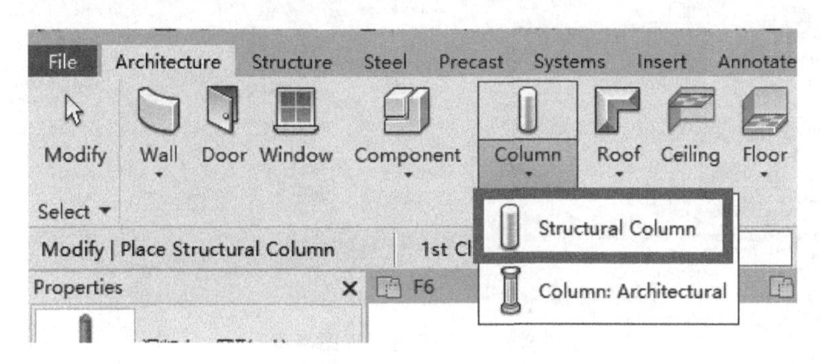

图 9－1　创建结构柱

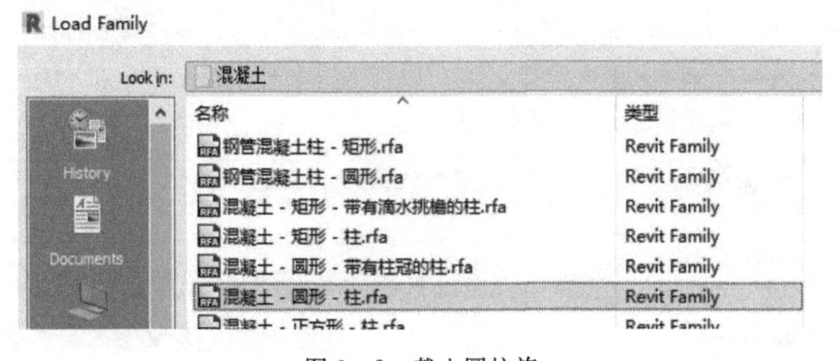

图 9－2　载入圆柱族

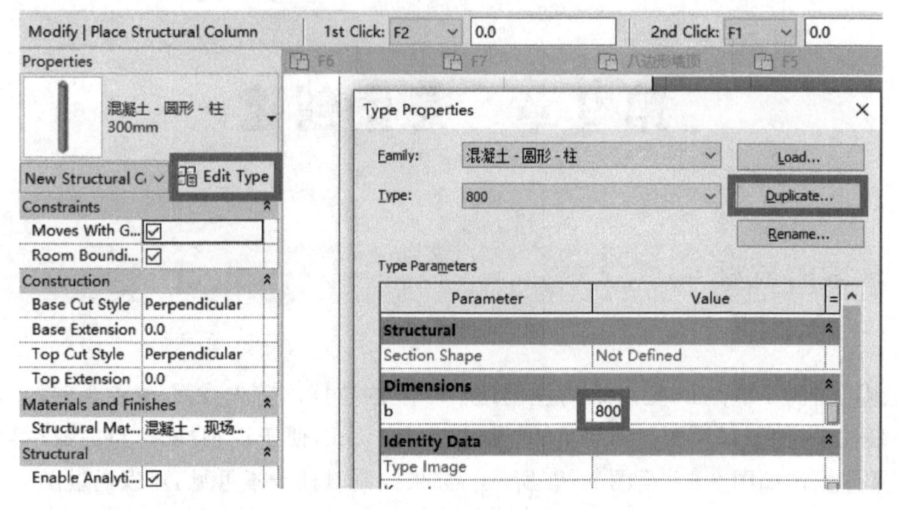

图 9－3　创建新柱子

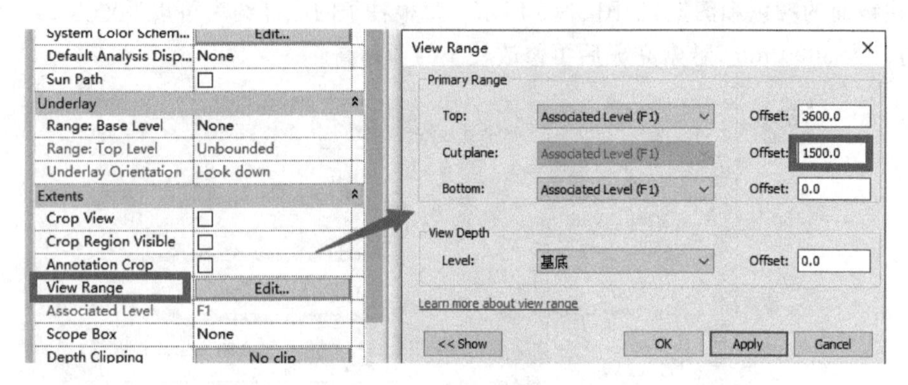

图 9－4　改变剖面视图高度

Visibility/Graphic Overrides for Floor Plan: F1

Model Categories　Annotation Categories　Analytical Model Categories　Imported Categories　Filters

☑ Show model categories in this view　　If a category is u

Filter list: Structure

Visibility	Projection/Surface			Cut	
	Lines	Patterns	Transparency	Lines	Patterns
☐ Parts					
☑ Ramps					
☑ Raster Images					
☑ Roofs					
☑ Shaft Openings					
☑ Signage					
☑ Stairs					
☑ Structural Area Reinfor...					
☑ Structural Beam Systems					
☑ Structural Columns					
☑ Structural Connections					
☑ Structural Fabric Areas					
☑ Structural Fabric Reinfo...					

图 9－5　改变柱子截面显示颜色与图案

Step 2

柱子的底部约束和顶部约束如图 9－6 所示。

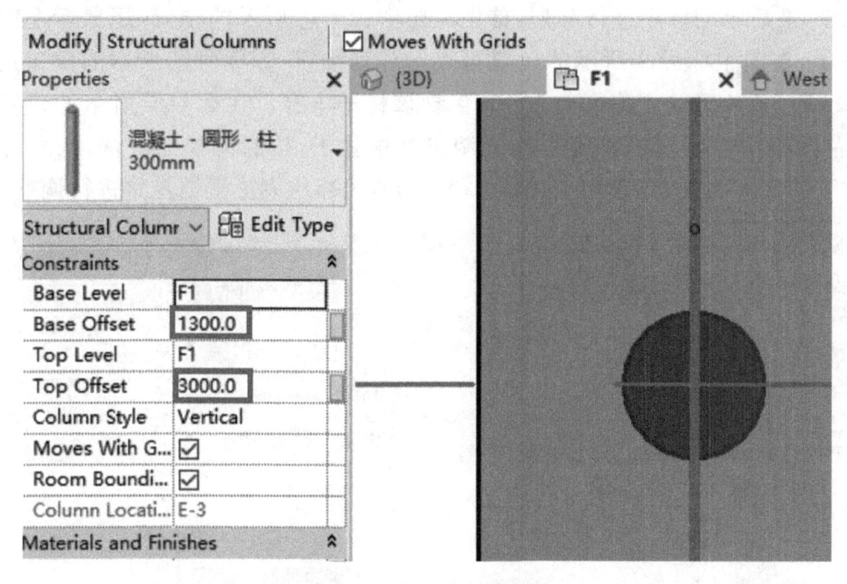

图 9－6　柱子的标高属性

Step 3

为了增加柱子在立面的视觉效果，可以键盘输入“VV”快捷键，打开构件的可见性设置，找到“Projection”投影下的“Patterns”图案选项，进行投影面的图案设置，如图 9－7 所示。

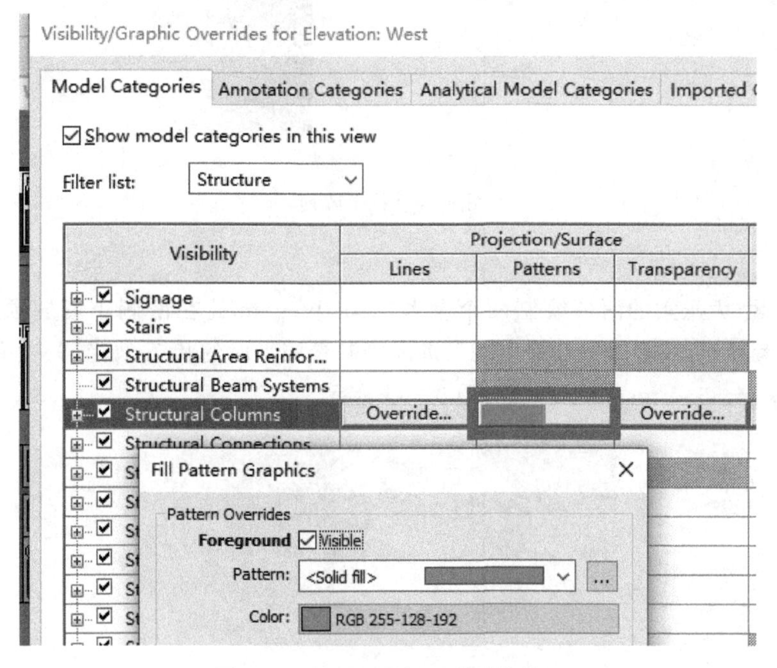

图 9－7　柱子三维视图可见性设置

Step 4

进入西立面，对以上柱子向左右进行阵列，间距为 5500 mm。左侧阵列 9 根，右侧阵列 6 根。按照图 9 - 8 所示的顺序进行阵列，首先在图中标号①所示的位置，用鼠标左键选中要进行阵列的柱子，在图中标号②所示的位置再点击阵列按钮，在标号③所示的位置选择线性阵列，在标号④所示的位置输入阵列个数 10，包含该柱子本身。在标号⑤所示的位置点击一条起始线，向左偏移，输入 5500，即可阵列复制出 9 根柱子，按照同样的方法，向右阵列 5 根柱子。这些柱子的底标高均为 F1 向上偏移 1300 mm，顶部约束待根据悬索进行调整。

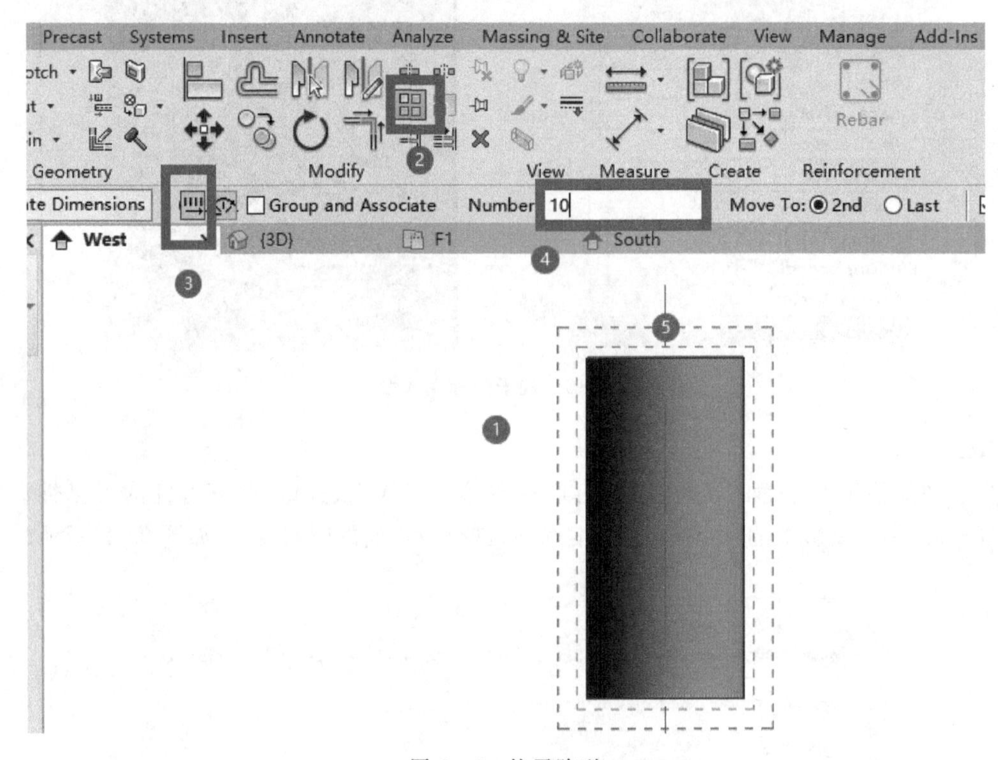

图 9 - 8　柱子阵列

Step 5

进入西立面，为悬索的两端绘制两个参考标高，12.7 m 处在南侧小塔的顶部，点击“Ref Plane”绘制参考平面，或者输入命令“RP”，进入绘制参照平面的状态，如图 9 - 9 所示。参照标高分别为 12.7 m、33.4 m，如图 9 - 10、图 9 - 11 所示。

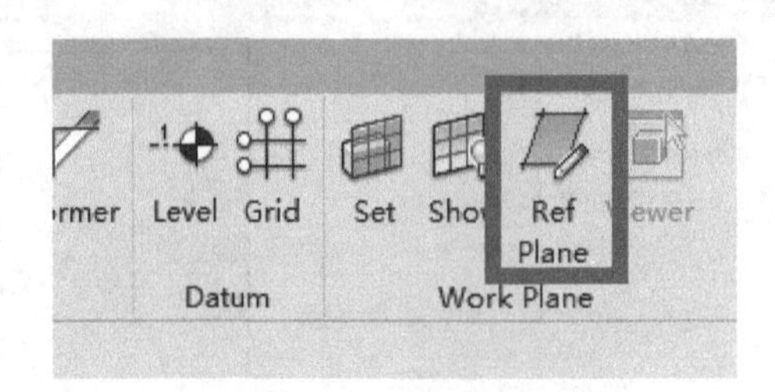

图 9 - 9　绘制参考平面

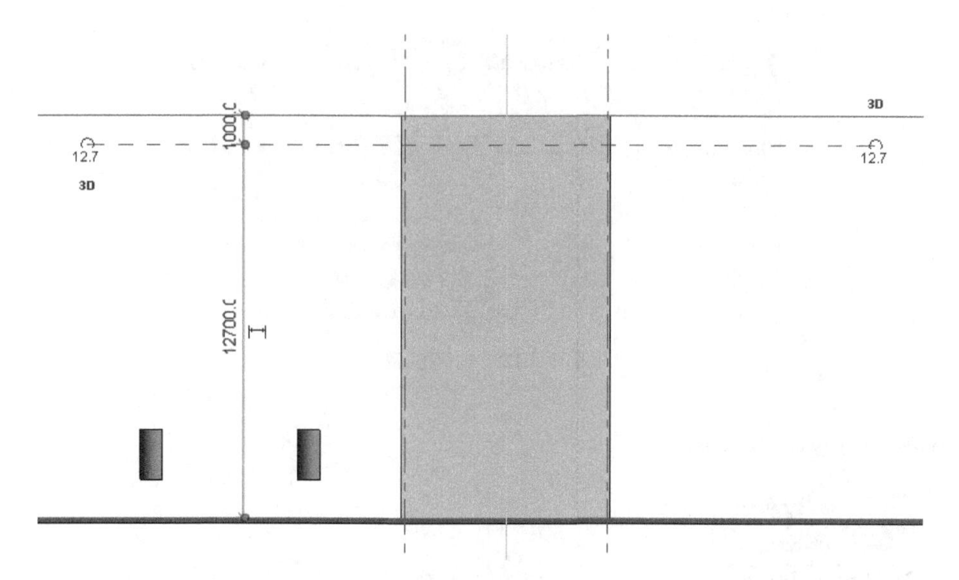

图 9－10　参照标高 12.7 m

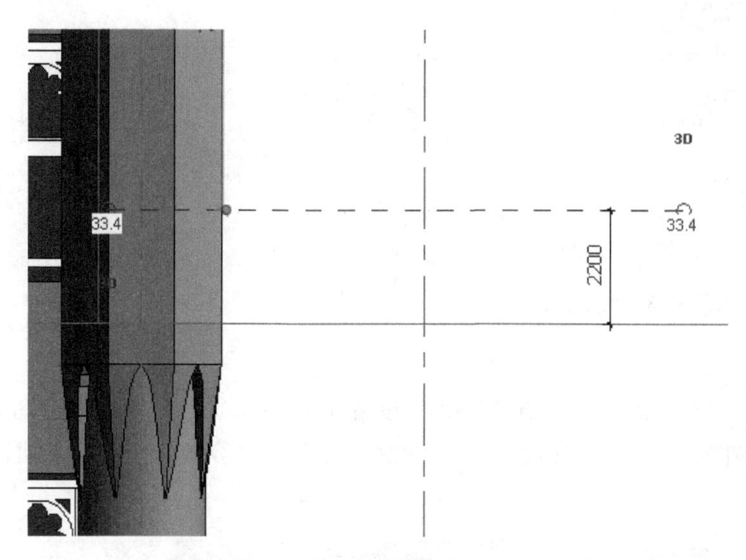

图 9－11　参照标高 33.4 m

9.2　悬索放样

Step 1

进入 F1 平面视图，点击建筑选项卡下的“Component”或“Model In－Place”进行内模创建，如图 9－12 所示。进入创建内建模型的对话框中，创建常规模型“悬索 1”，如图 9－13、图 9－14 所示。

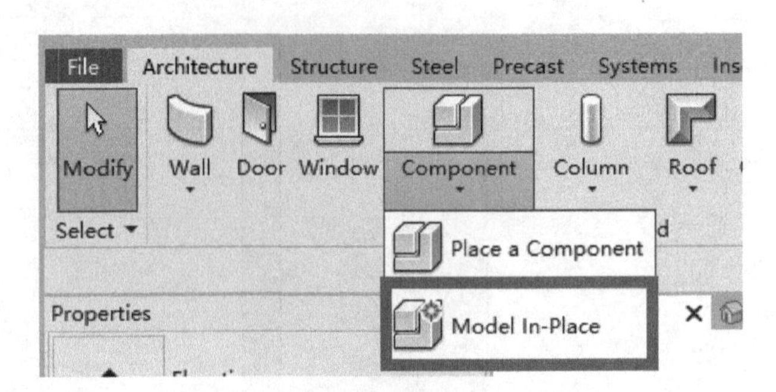

图 9－12　内建模型

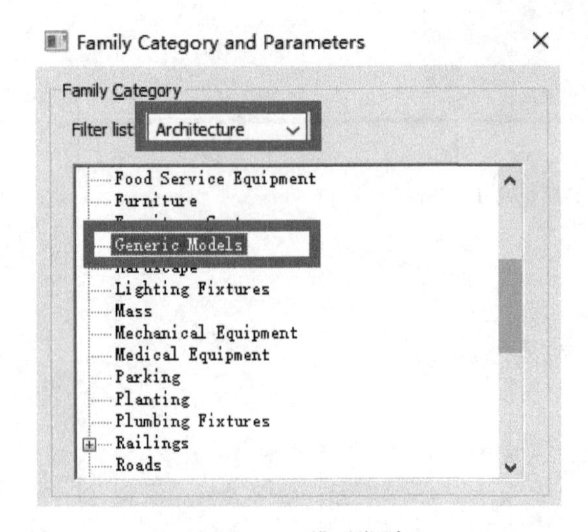

图 9－13　模型类别

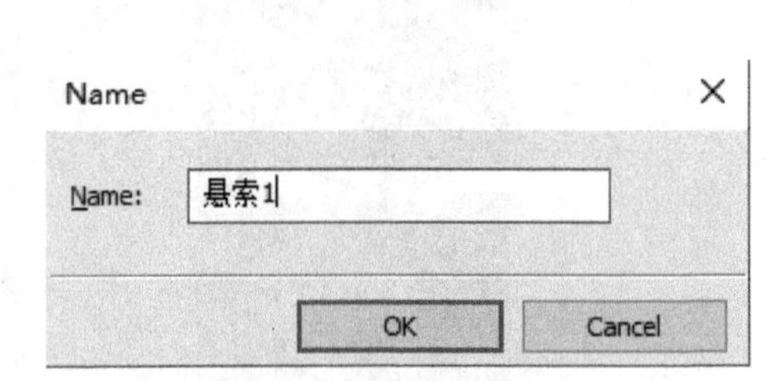

图 9－14　创建模型名称

Step 2

选择“Sweep”放样命令图标，点击“Set”(设置工作平面)命令按钮，选择轴网 3 为工作平面，转入立面视图对话框中，选择西立面，也可在点击放样命令前设置工作平面，如图 9－15 至图 9－18 所示。

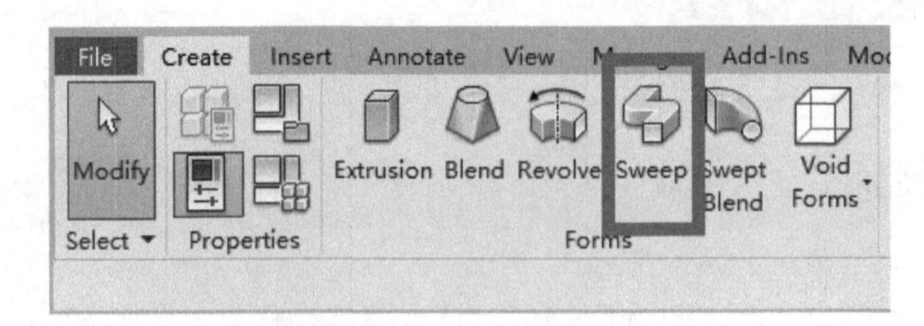

图 9－15　放样按钮

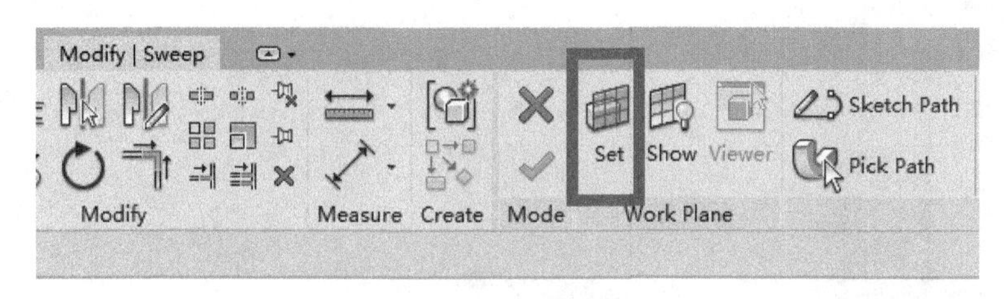

图 9－16　设置工作平面

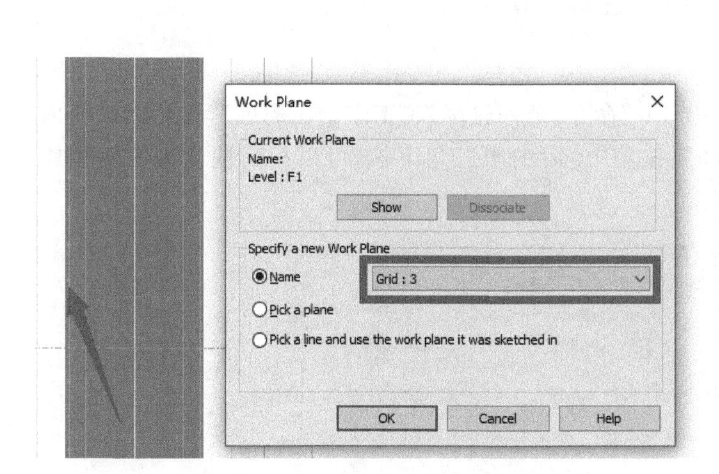

图 9－17　选择轴网 3 为工作平面

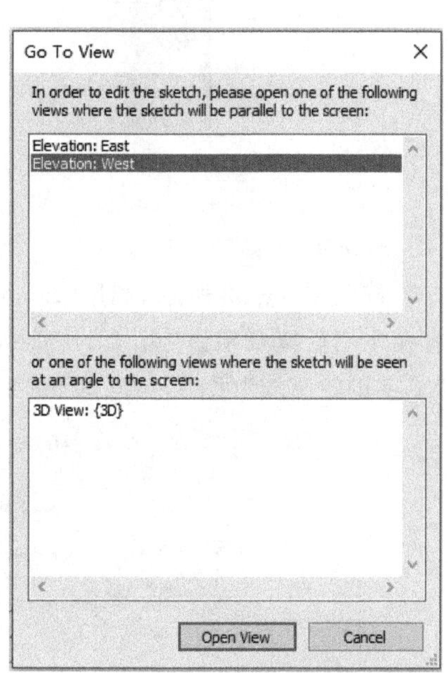

图 9－18　转到西立面视图

Step 3

编辑放样路径，绘制路径完成后，点击绿色的“对号”，进入轮廓编辑，如图 9－19 至图 9－21所示。

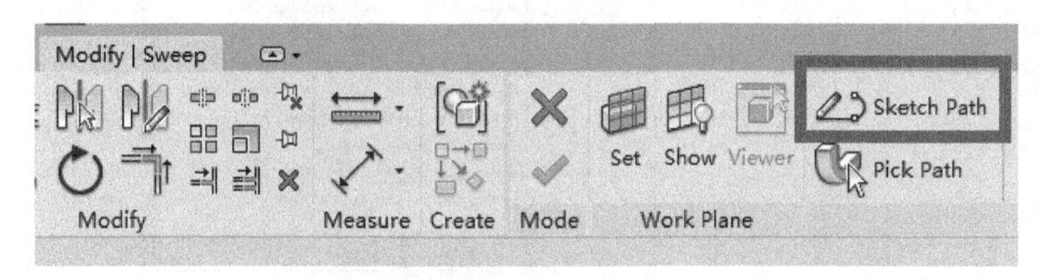

图 9－19　绘制路径

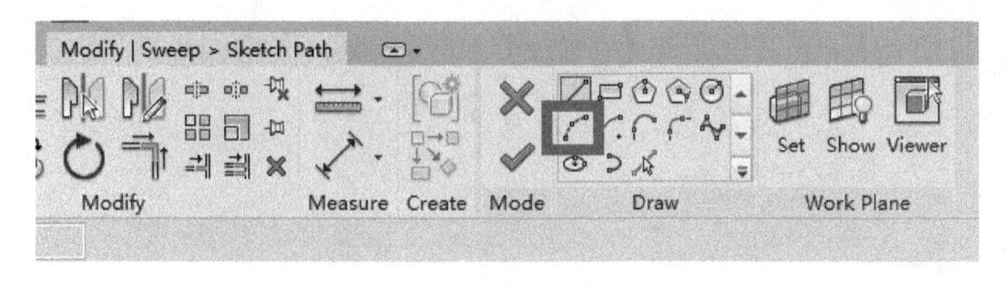

图 9－20　起点终点半径弧命令

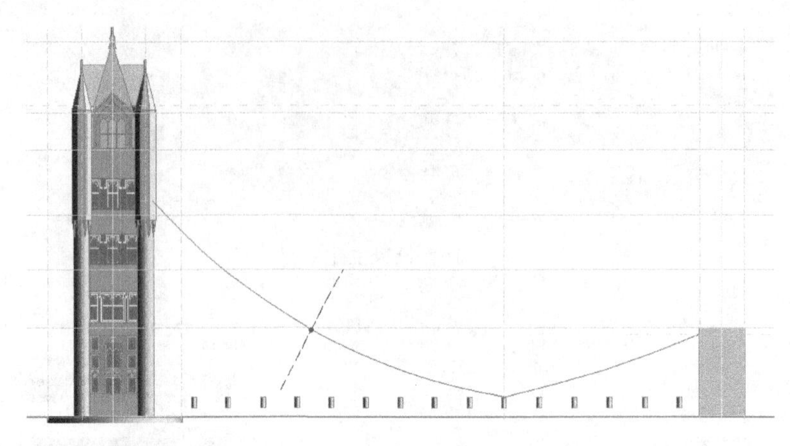

图 9-21　绘制路径

Step 4

按照图 9-22 所示，利用“Load Profile”命令，载入轮廓族“工字钢轮廓族”，该轮廓族的内容在本书后续章节讲解。“By Sketch”（按草图）后的黑三角下拉，可以找到被载入的轮廓族“工字钢轮廓族”（图 9-23、图 9-24）。

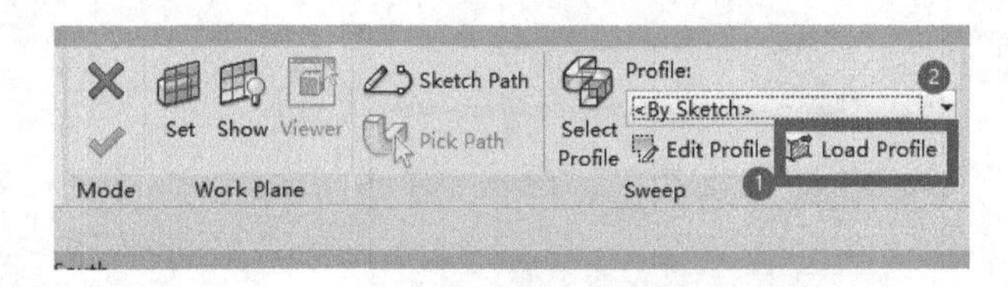

图 9-22　载入轮廓

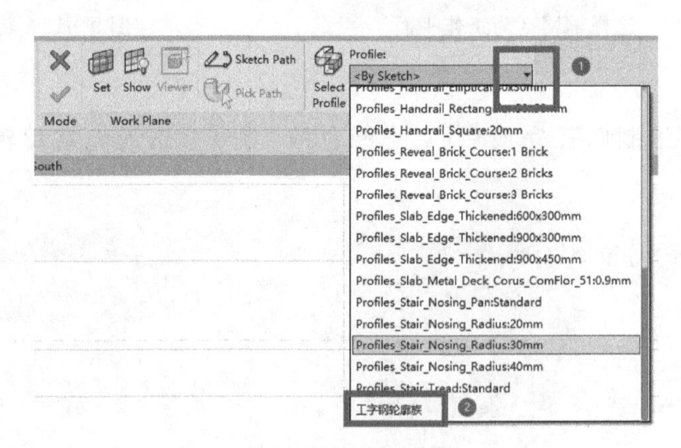

图 9-23　选择轮廓

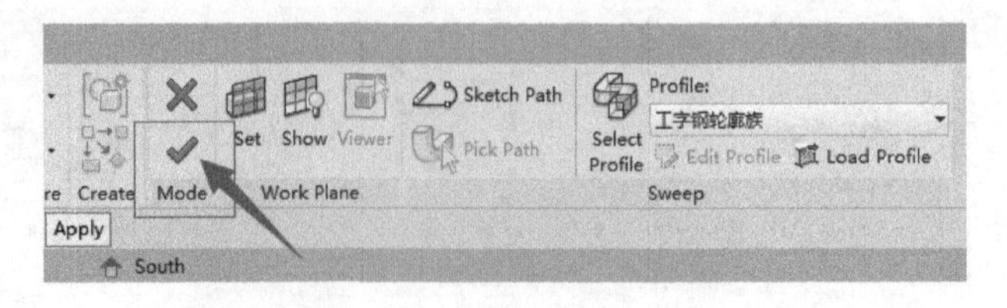

图 9-24　确认完成模型

Step 5

在选中状态下，编辑悬索的材质参数，并赋予新材质，如图 9－25 至图 9－30 所示。

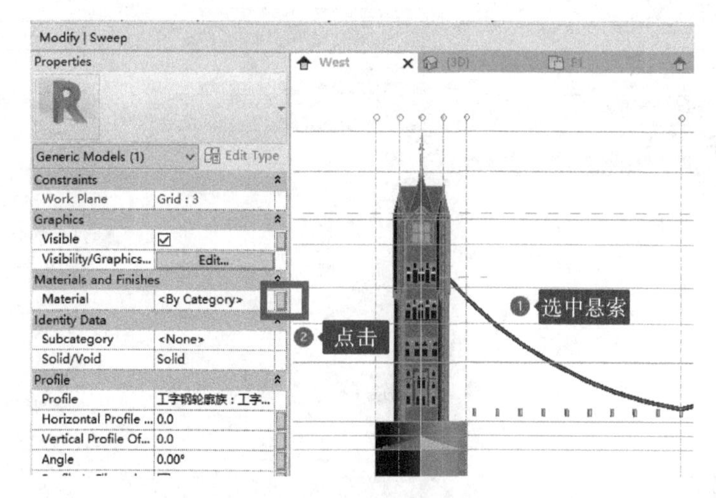

图 9－25　材质参数

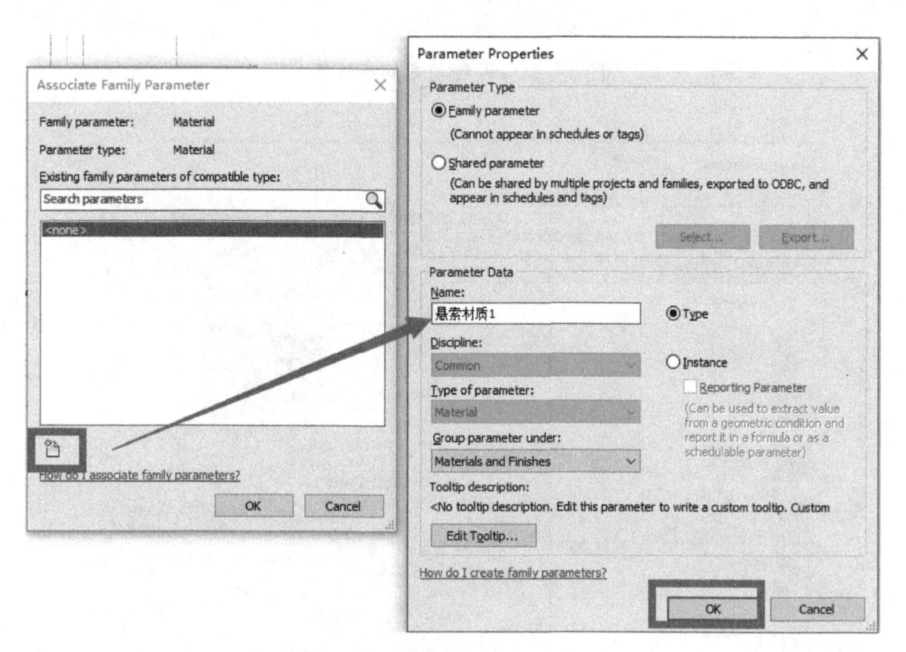

图 9－26　创建材质参数

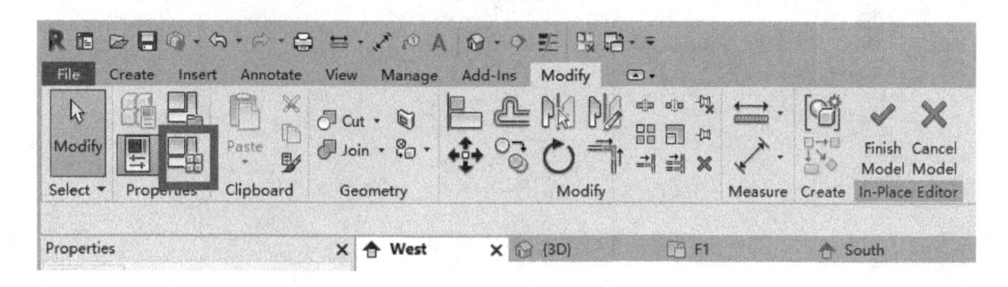

图 9－27　打开族类型

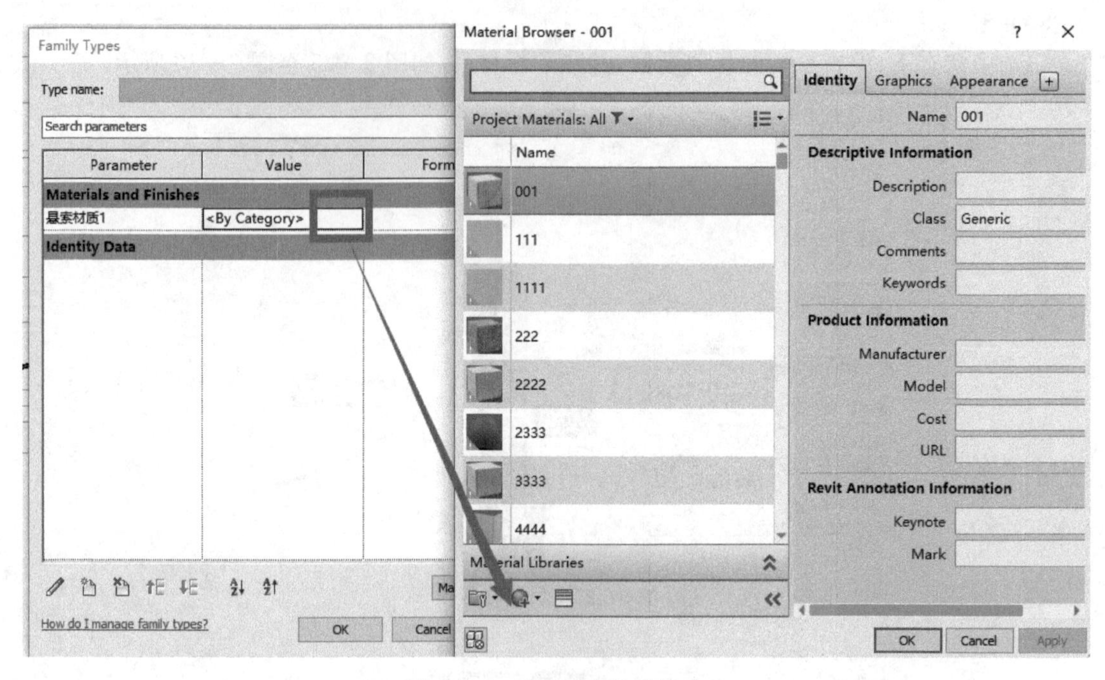

图 9-28　设置悬索的新材质

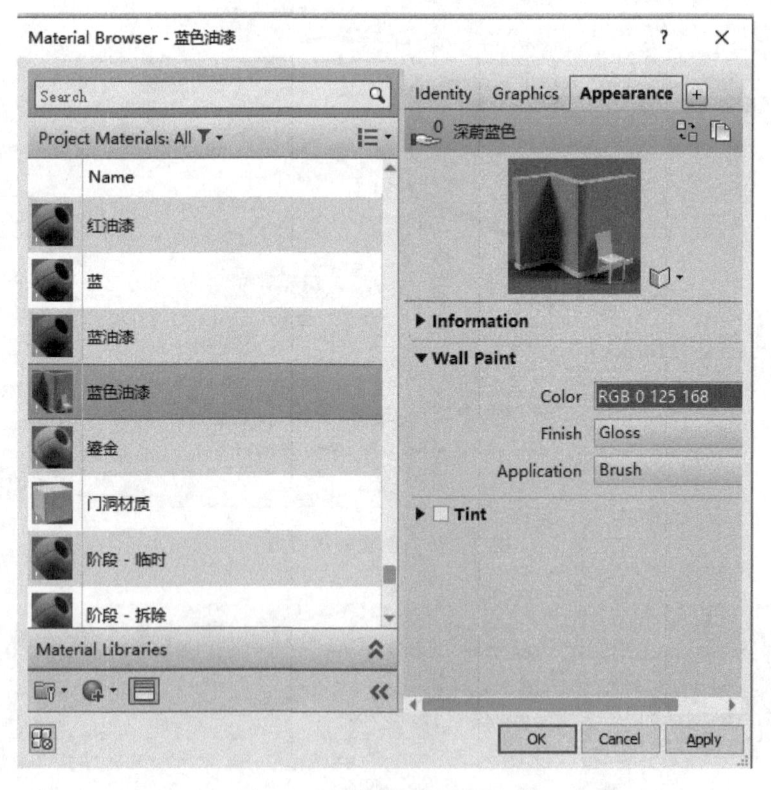

图 9-29　创建蓝色油漆材质

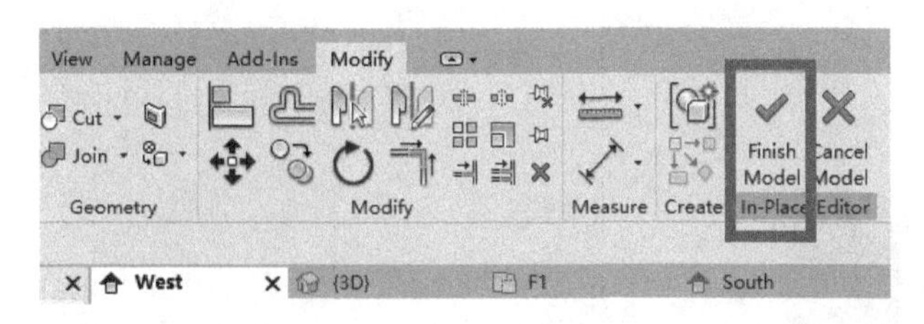

图 9－30　最终完成悬索的设置

Step 6

修改柱的直径和柱子顶部的偏移值，使之与悬索相连接（图 9－31、图 9－32）。完成后的效果如图 9－33、图 9－34 所示。其他位置的悬索可以据此复制。

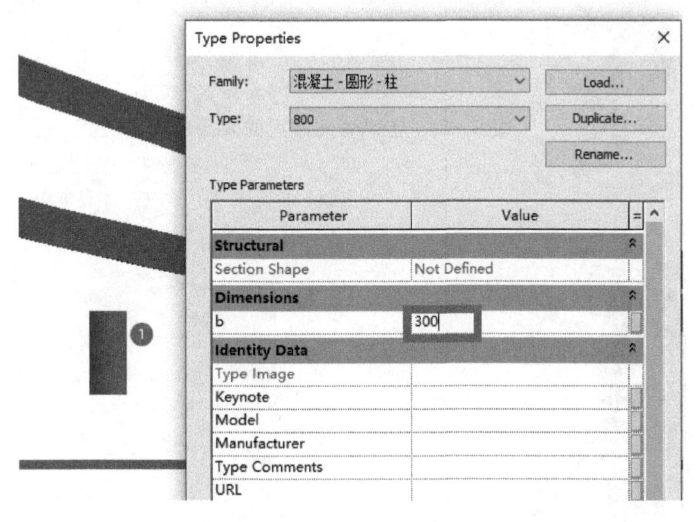

图 9－31　修改柱子直径

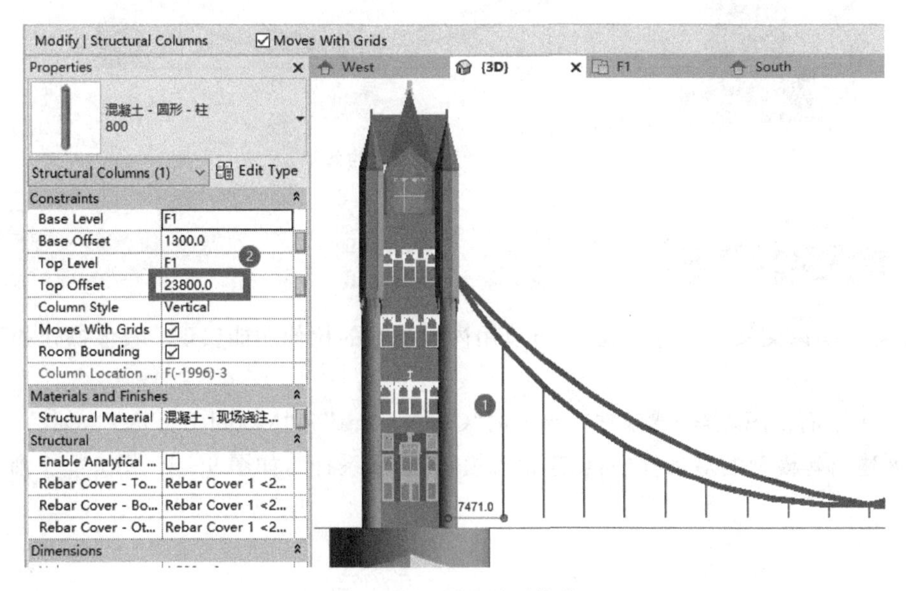

图 9－32　调整柱顶偏移

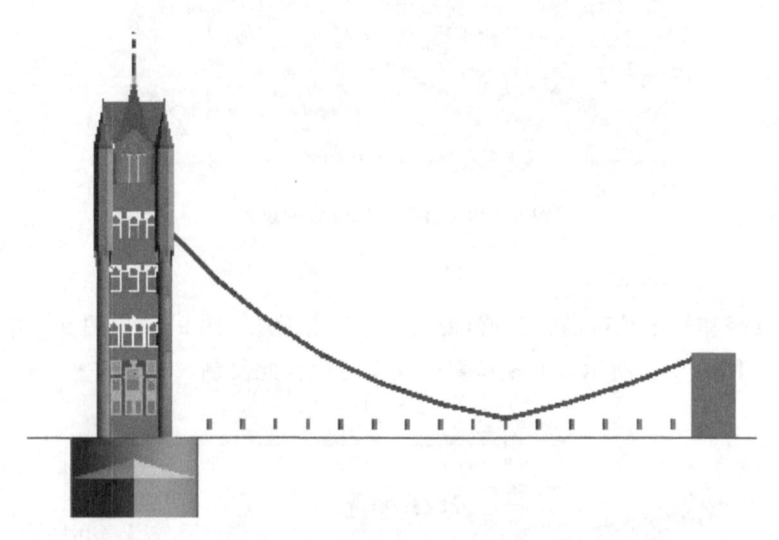

图 9－33　上悬索完成后的效果

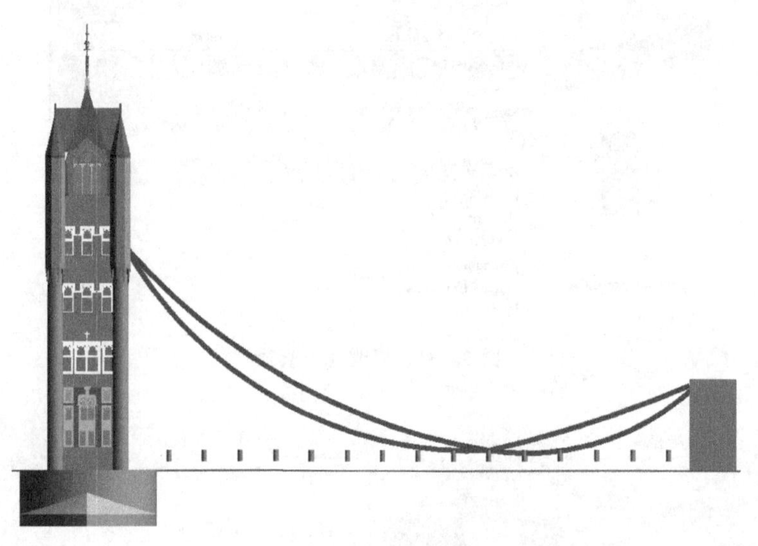

图 9－34　下悬索完成后的效果

9.3　悬索系杆拉伸

上下悬索间以交叉系杆进行连接，可以用内建模型的拉伸功能实现。具体操作如下。

Step 1

进入 F1 平面视图，点击建筑选项卡下的"Component"和"Model In-Place"，如图 9－35 所示；进入创建内建模型的对话框中，创建常规模型"悬索系杆"，如图 9－36、图 9－37 所示。

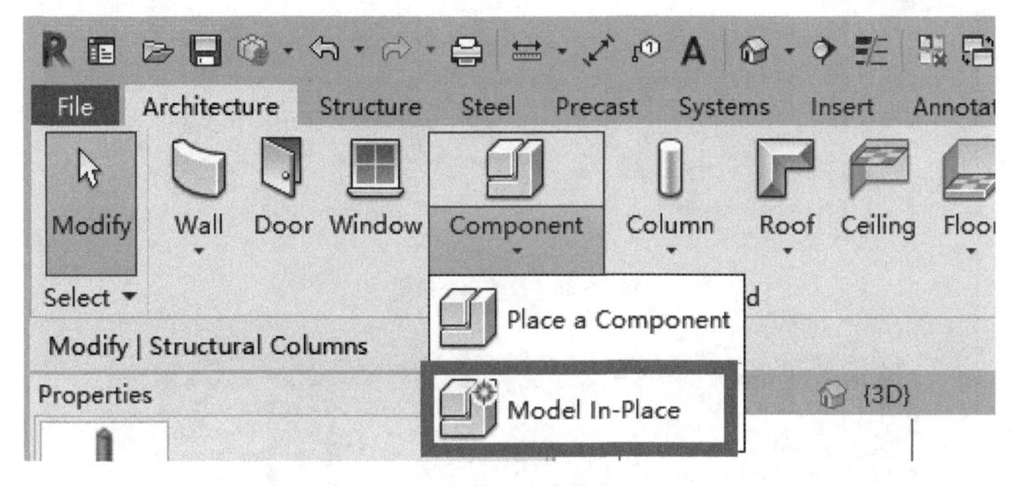

图 9 - 35　内建模型

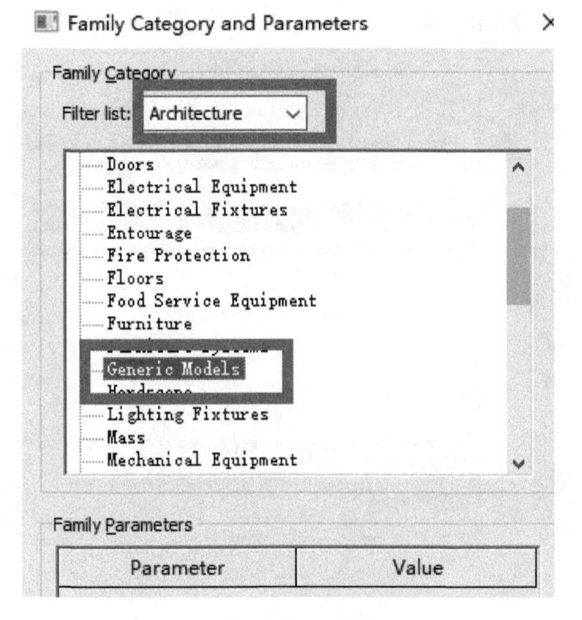

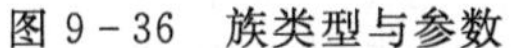
图 9 - 36　族类型与参数

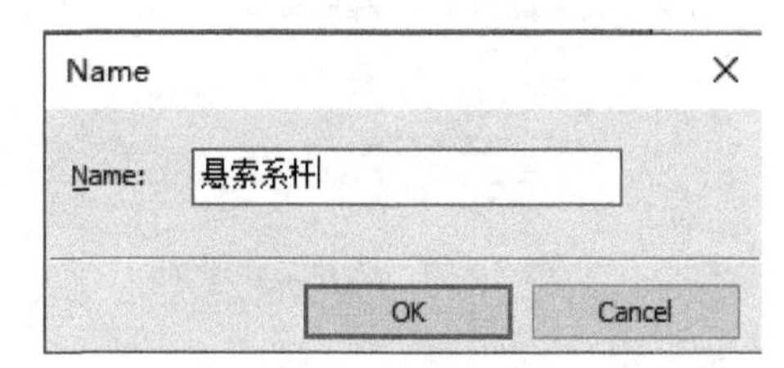

图 9 - 37　内建模型名称

Step 2

点击“Extrusion”拉伸命令按钮，进入编辑拉伸界面，点击“Set”设置工作面。具体操作如图 9 - 38 至图 9 - 41 所示。

图 9－38　拉伸命令按钮

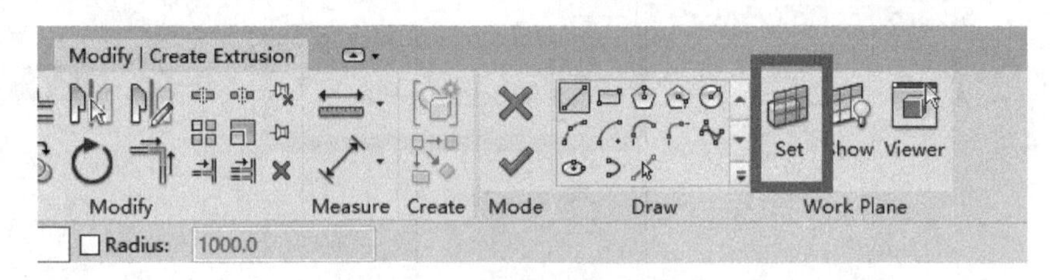

图 9－39　设置工作平面

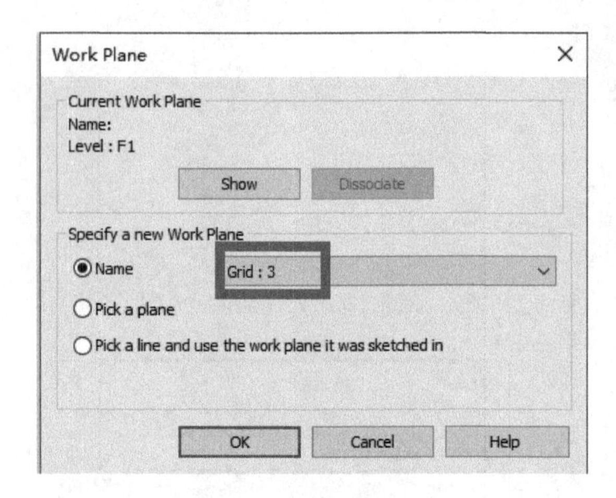

图 9－40　选择工作平面

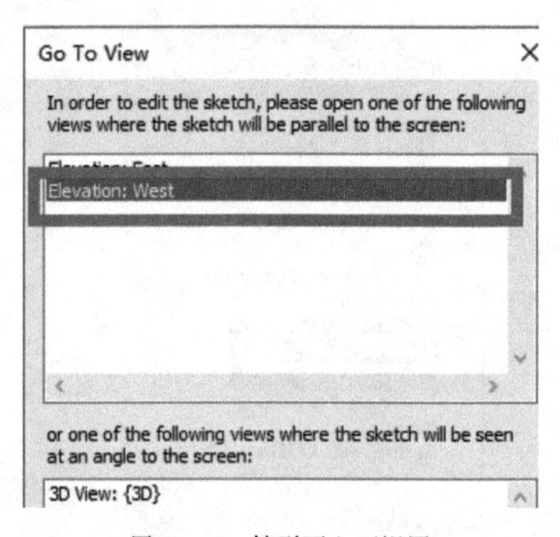

图 9－41　转到西立面视图

Step 3

点击“直线”和“拾取线”的图标按钮，编辑拉伸轮廓，点击“偏移”和“修剪”图标按钮，对轮廓进行偏移复制和修改。利用“打断”和“修剪”图标铵钮进行轮廓内部的连接，使之闭合，如图 9－42 至图 9－45所示。

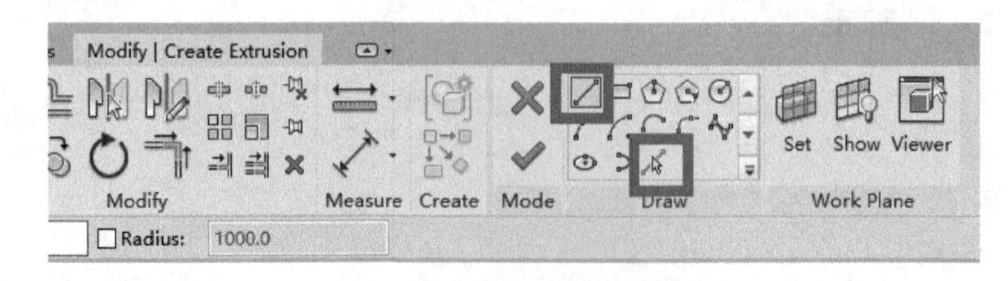

图 9－42　编辑拉伸工具

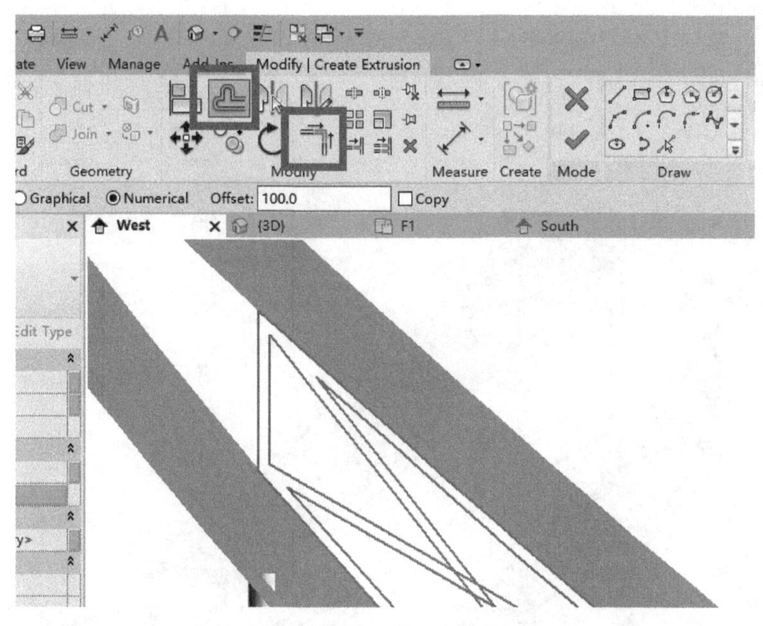

图 9－43　轮廓线常用工具

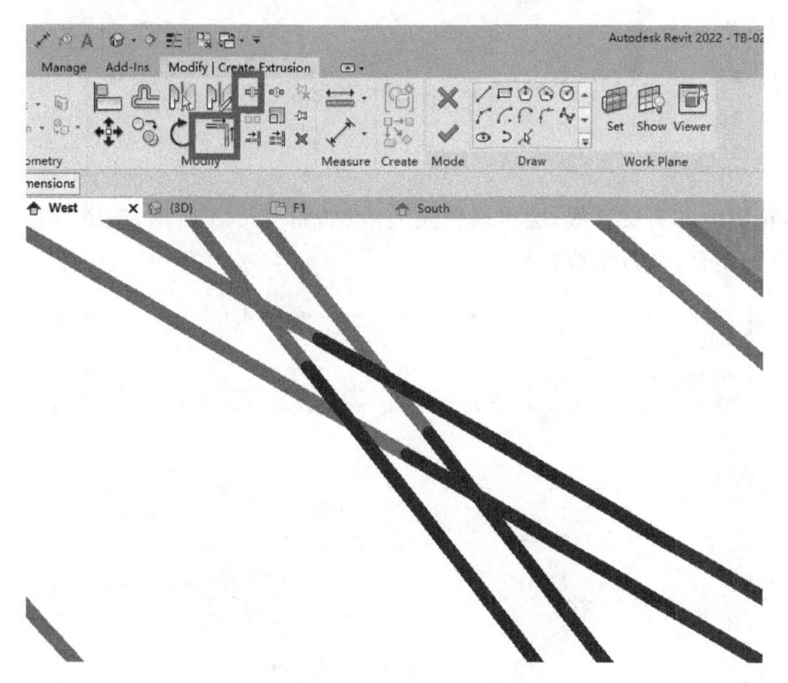

图 9－44　轮廓线打断与修剪命令

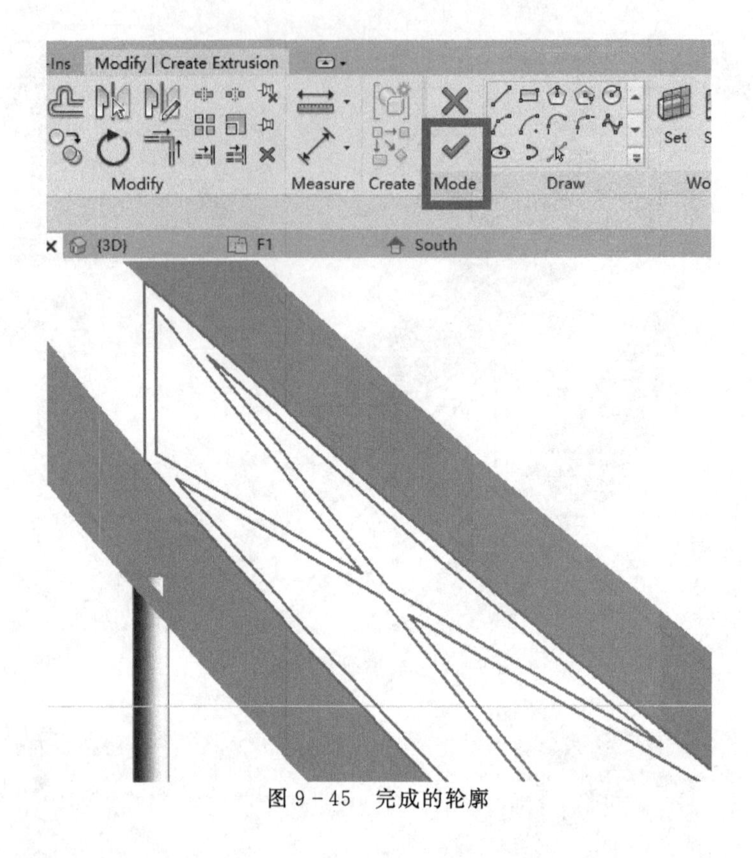

图 9－45　完成的轮廓

Step 4

如果拉伸轮廓内部有交叉线，会出现错误提示，如图 9－46 所示，应继续进行线条的闭合和修剪，直至全部闭合，才可生成拉伸。

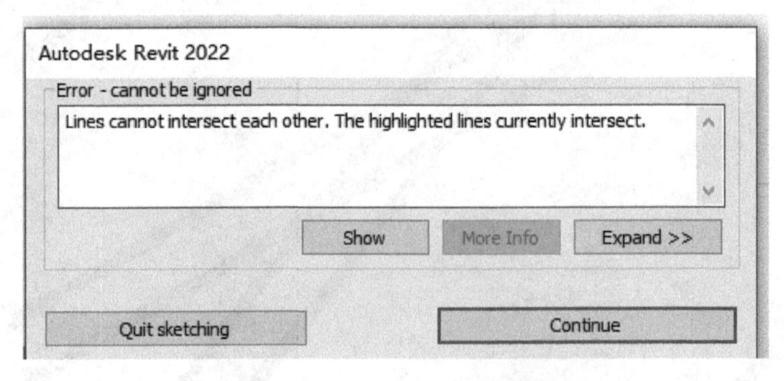

图 9－46　常见不闭合提示

Step 5

修改拉伸的起点与终点的厚度，如图 9－47 所示；创建拉伸的材质参数，并赋予材质，也可以在完成模型后在编辑类型中进行材质的替换，如图 9－48 至图 9－51 所示。完成部分拉伸后，再进行其他区域的系杆拉伸。亦可以一个总体进行创建拉伸。

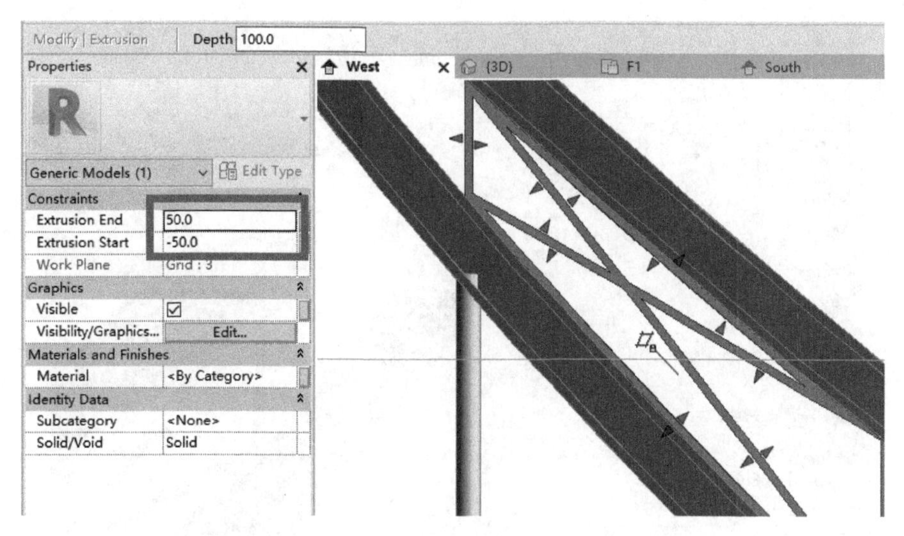

图 9－47　修改拉伸起点与终点

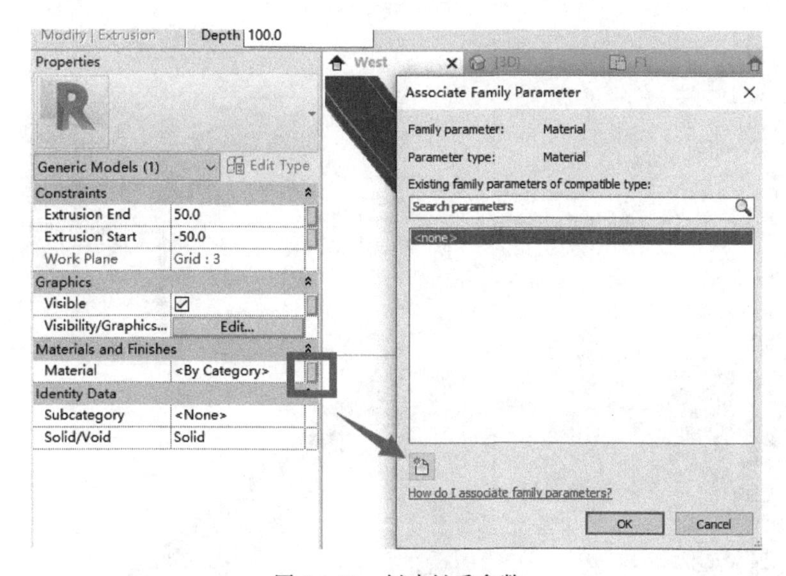

图 9－48　创建材质参数

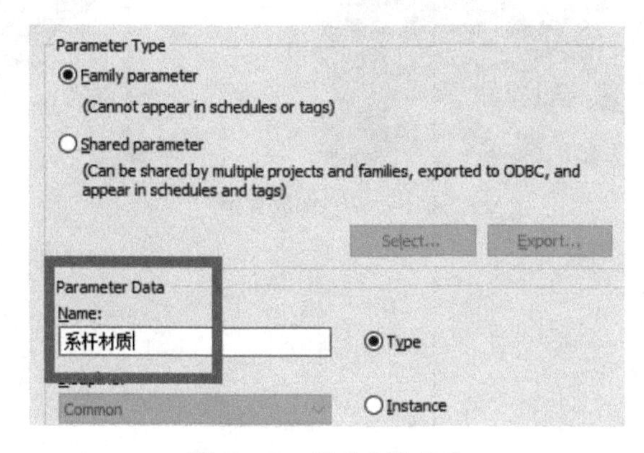

图 9－49　材质参数名称

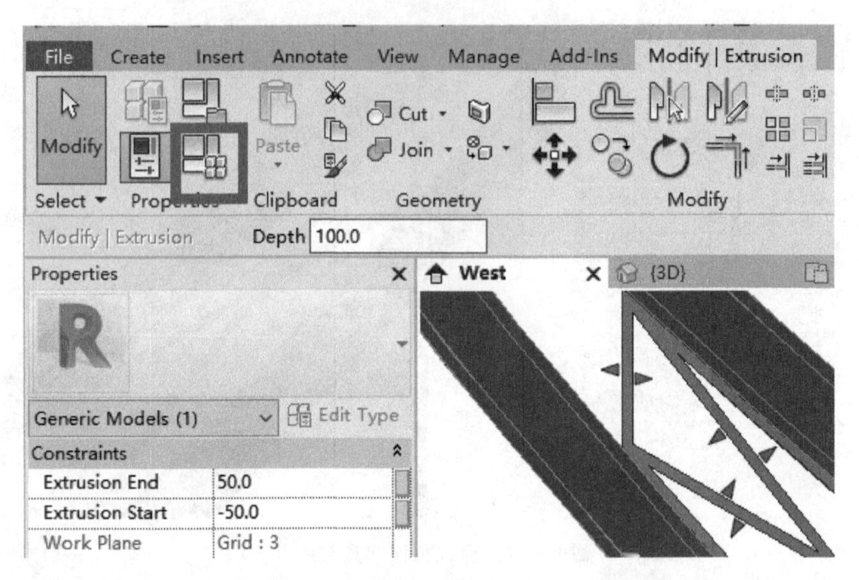

图 9－50　族类型按钮

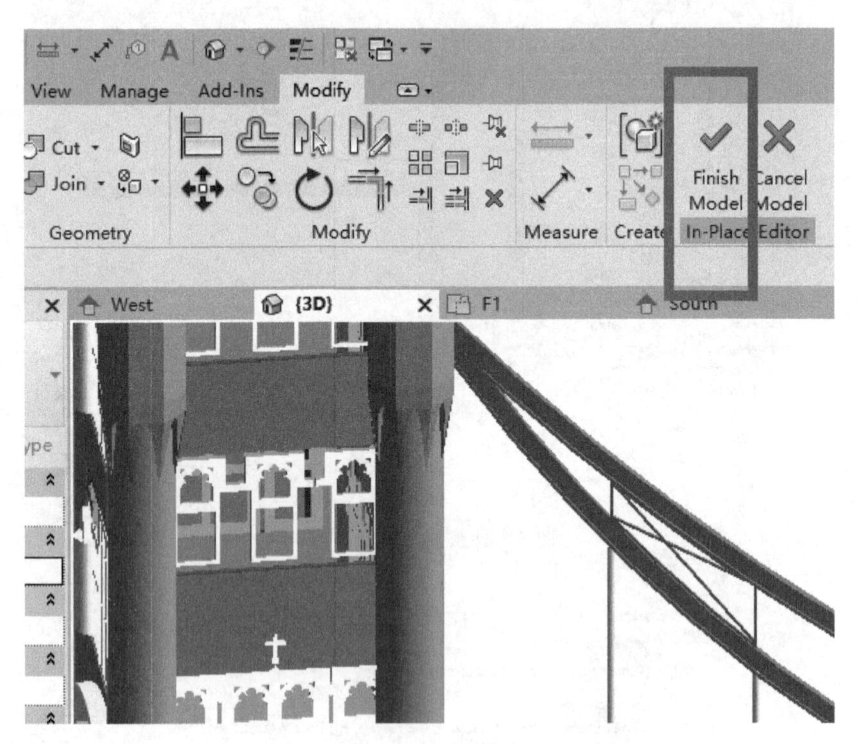

图 9－51　完成拉伸

Step 6

在全部的拉伸操作中，可以采用分段的方法进行编辑拉伸，如图 9－52 所示。

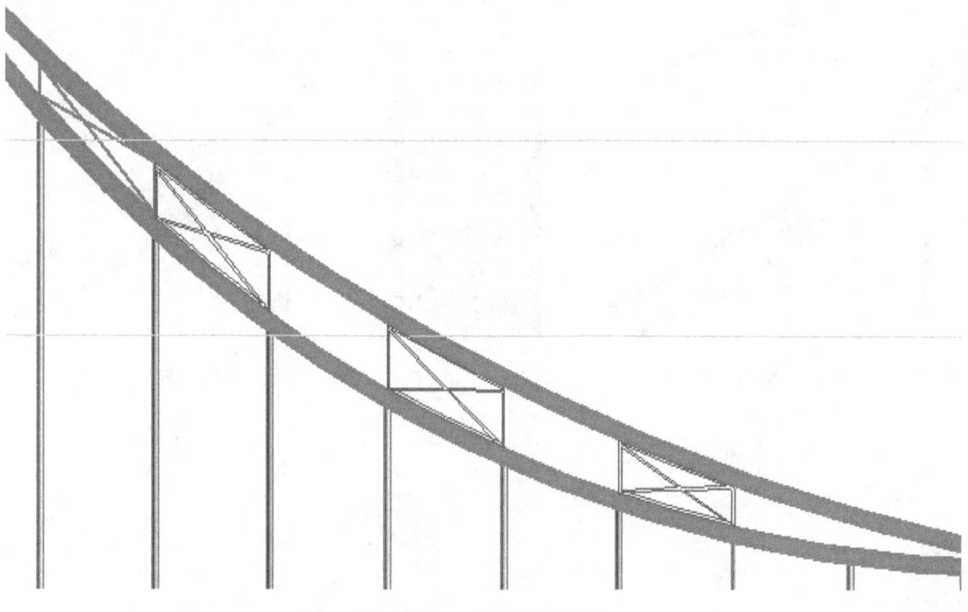

图 9－52　分段编辑拉伸

Step 7

拉伸内建模型的在位编辑和修改，拉伸模型的修改需要选中要编辑的拉伸，找到"Edit Extrusion"图标，再选中该拉伸，点击图标"Edit In-Place Model"再次回到图 9－53 所示的可编辑轮廓状态，进行修改（图 9－54 至图 9－57）。

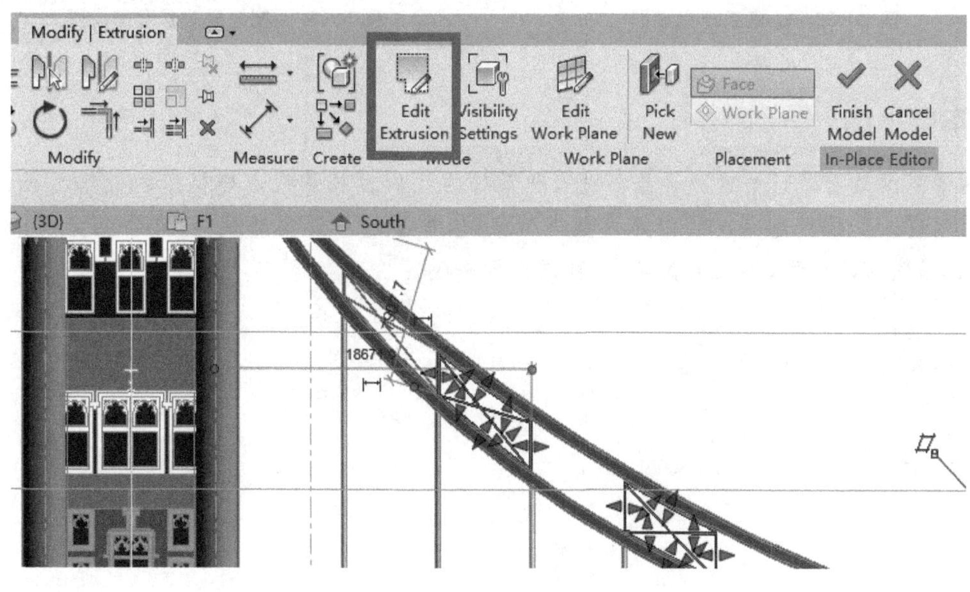

图 9－53　编辑拉伸

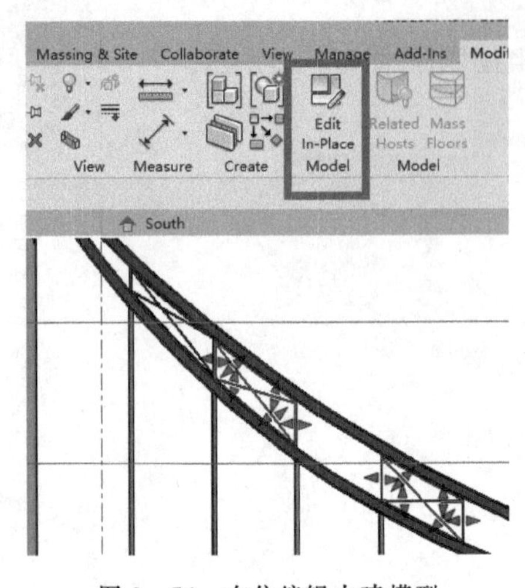

图 9－54　在位编辑内建模型

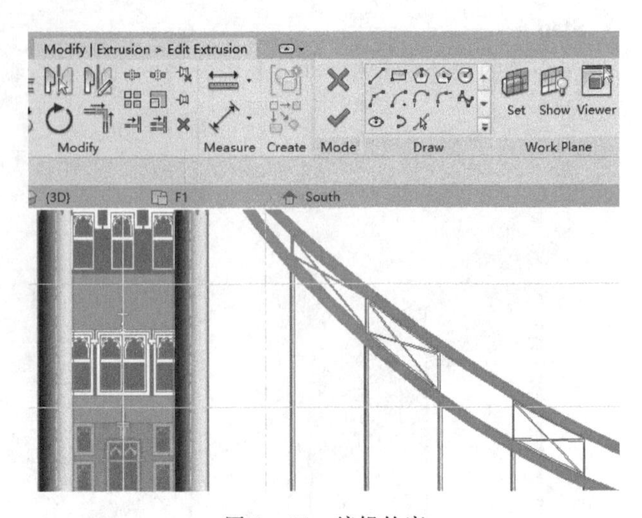

图 9－55　编辑轮廓

图 9－56　悬索系杆完成图

图 9－57　镜像后的悬索完成图

本章小结

本章要求读者通过悬索放样绘制过程和系杆的拉伸过程掌握内建模型的操作过程、材质参数的创建。如果想对完成的内建模型进行修改，需要选中该内建模型，点击相应的编辑按钮，再选择该内建模型，进入编辑模式，可以进行修改。

第10章　上部天桥

10.1　上部天桥底板

Step 1

双击浏览器西立面，创建35.2m高的上部人行天桥（图10－1）底部标高。可以通过标高命令直接绘制，或者以F4标高线为基础进行复制。“人行天桥底”平面可在“View”中“Plan View”选项下的“Floor Plan”中选择该平面视图进行创建，如图10－2、图10－3所示。

图10－1　人行天桥仰视图

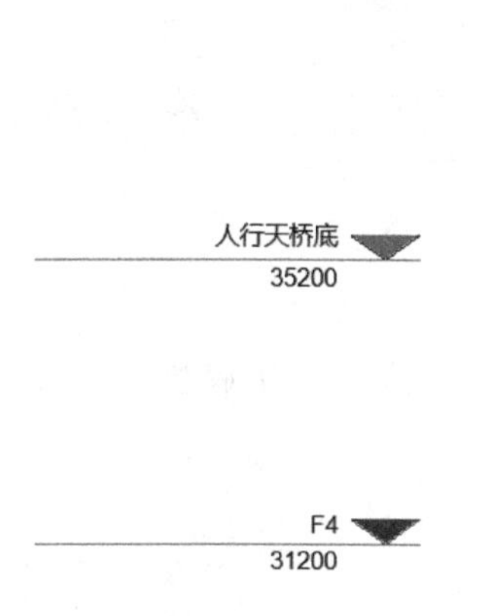

图10－2　创建“人行天桥底”标高

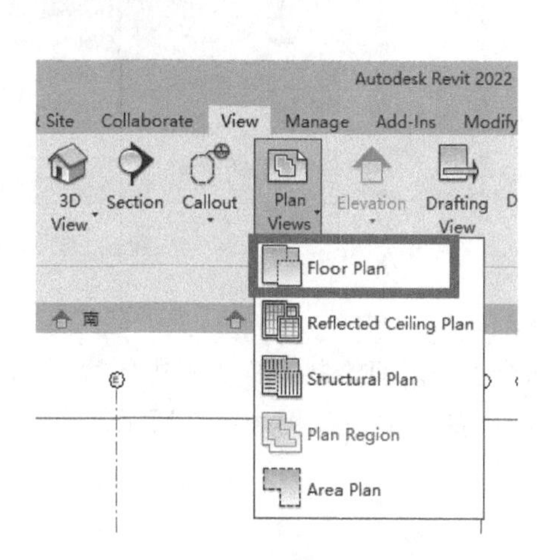

图10－3　生成平面视图

Step 2

双击项目浏览器的“人行天桥底”平面视图，对上部人行天桥进行平面定位。首先在“View”选项卡下的“View Templates”下选择“Apply Template Properties to Current View”(应用样板属性到当前视图)，并选择“一层样板 999”，为本层平面视图进行属性设置，如图 10－4、图 10－5 所示。

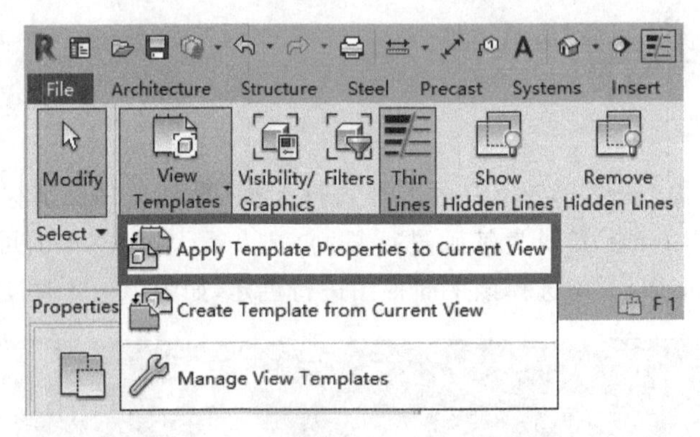

图 10－4　应用属性样板到当前视图

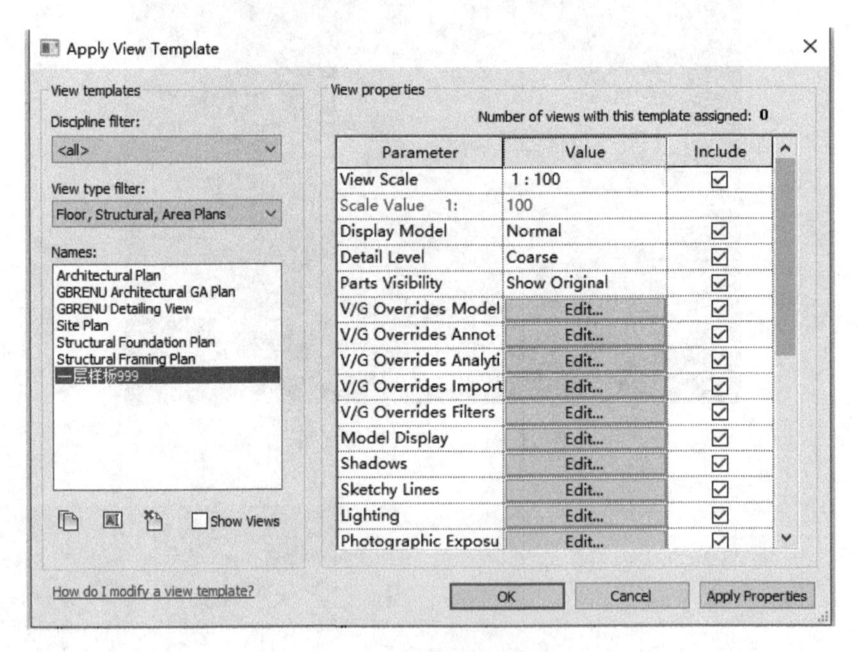

图 10－5　选择属性样板

Step 3

在两个主塔之间绘制天桥的板边轮廓，绘制轴线 1，为人行天桥底板的对称轴，两侧宽度为 1600 mm，如图 10－6、图 10－7 所示。

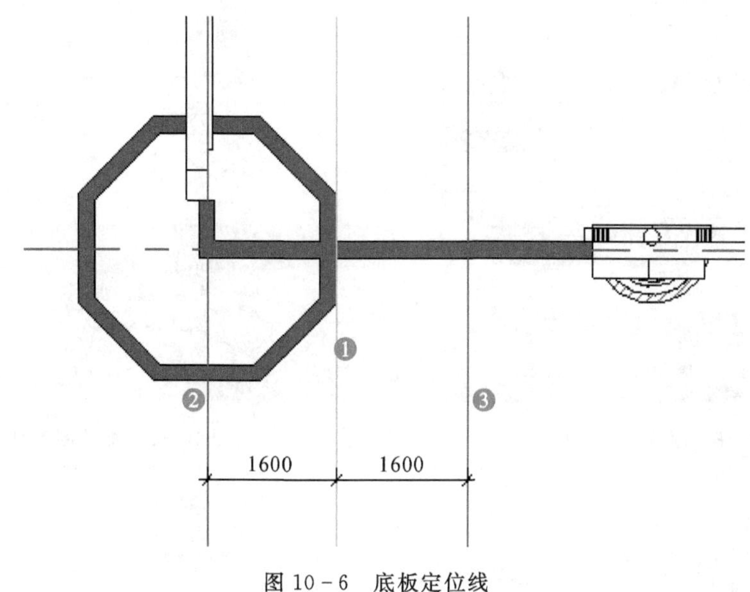

图 10-6 底板定位线

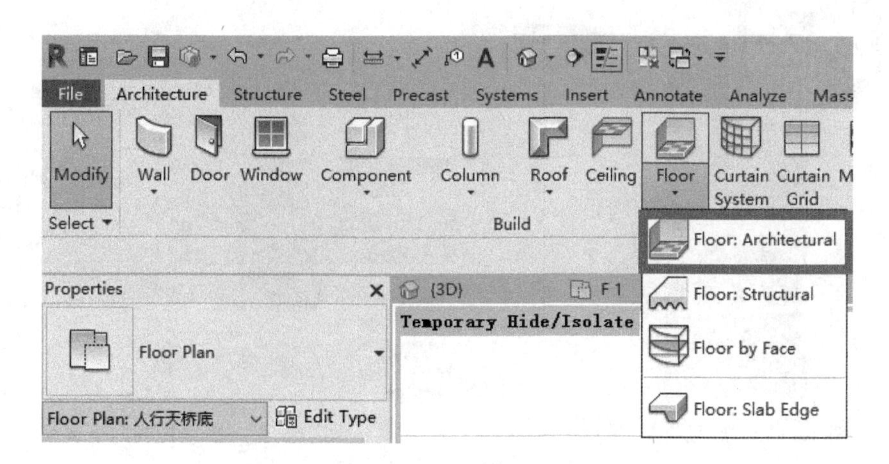

图 10-7 绘制底板

Step 4

绘制底板的米字格。方法一，以修改板的轮廓线进行创建；方法二，以内建模型的拉伸功能进行创建。本书以方法一为例。

在“人行天桥底”平面视图内创建“桥面板 04”，板厚为 200 mm，拾取线、绘制轮廓线如图 10-7至图 10-10 所示。在两个主塔之间绘制人行天桥底板，将板面选中，调整其标高，向下偏移 200 mm，如图 10-11 所示。

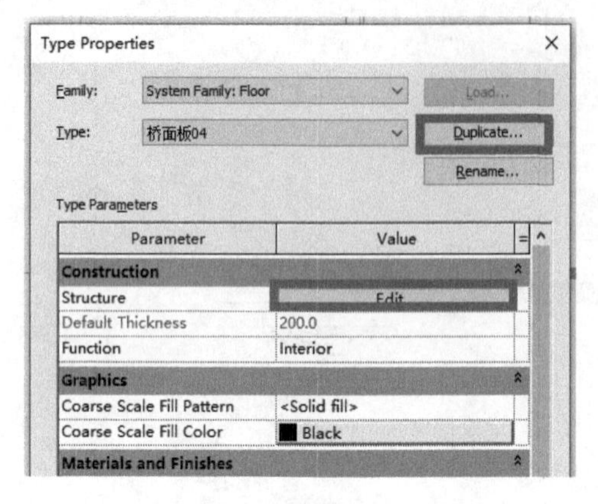

图 10－8　创建桥面板 04

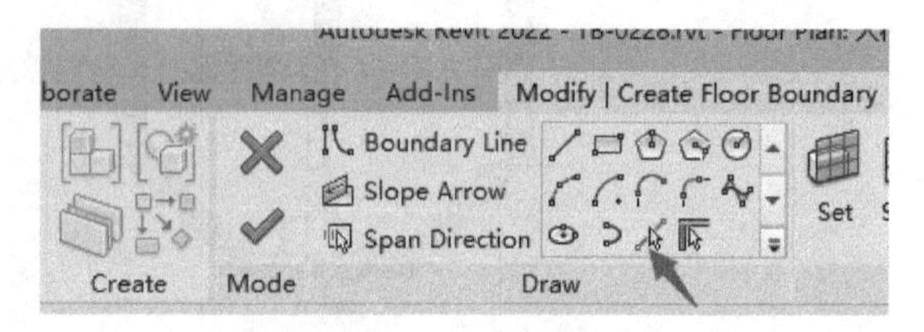

图 10－9　板绘制工具

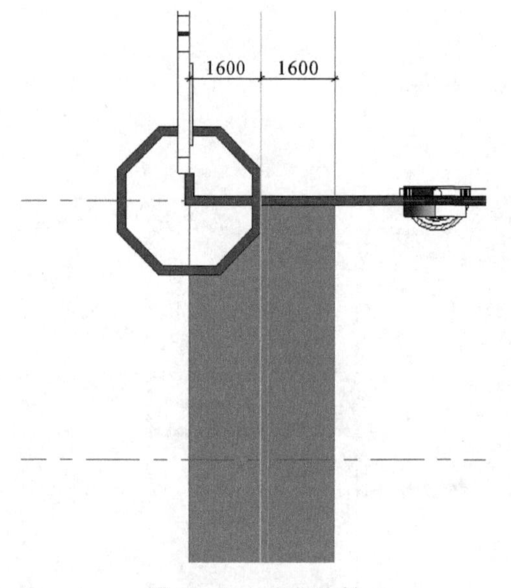

图 10－10　底板绘制

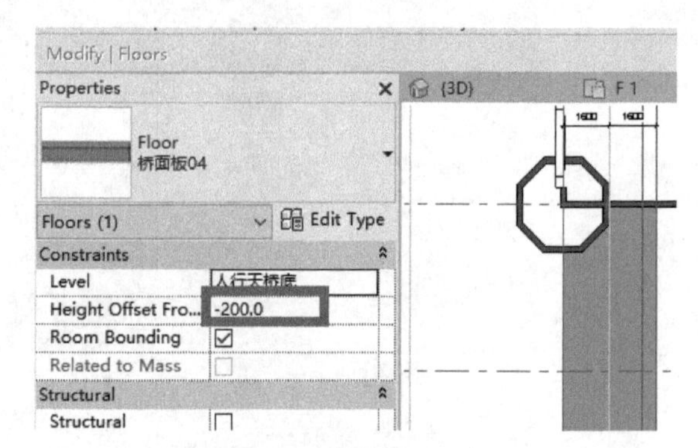

图 10－11　板面标高向下调整

Step 5

选中上述底板，进行轮廓编辑，使之成为米字格的形状，并复制多个，赋予合适的材质，如图 10－12、图 10－13 所示。

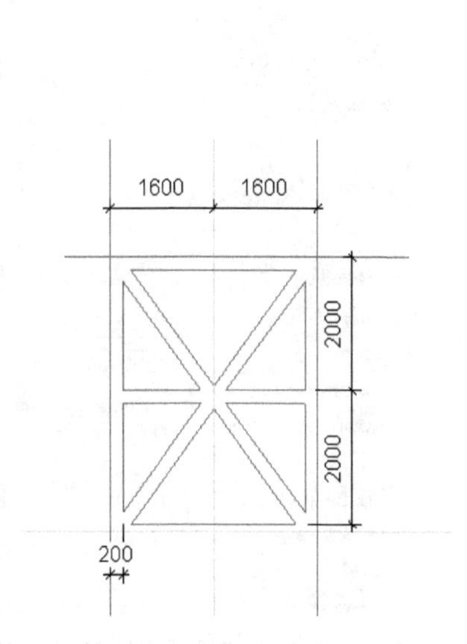

图 10－12　编辑米字格轮廓线

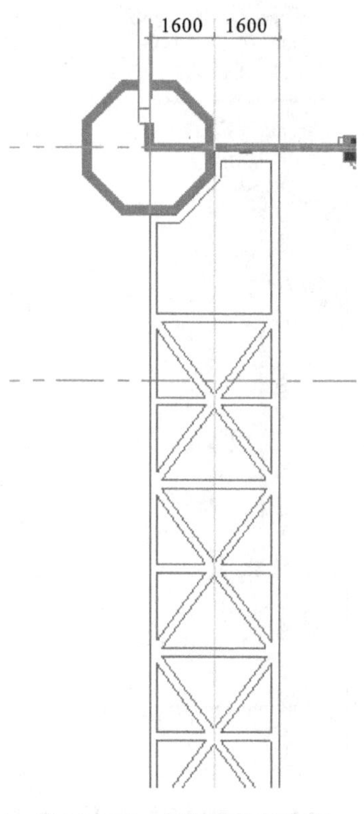

图 10－13　复制多个轮廓线

Step 6

完成上述米字格底板后，在该板上部创建“桥面板 05”，完成效果如图 10－14 所示。再次选中该板，编辑边界，如图 10－15 所示，即在内部绘制矩形轮廓，如图 10－16 所示。点击“对号”后，形成镂空的板。选中该“桥面板 05”，调整其标高偏移值为 0，如图 10－17 所示。

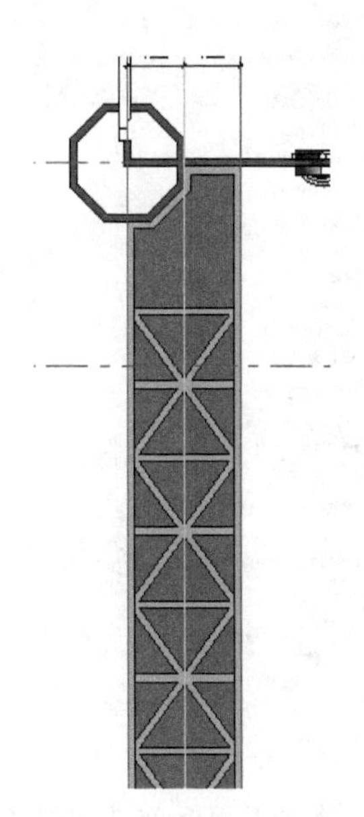

图 10－14　完成桥面板 05

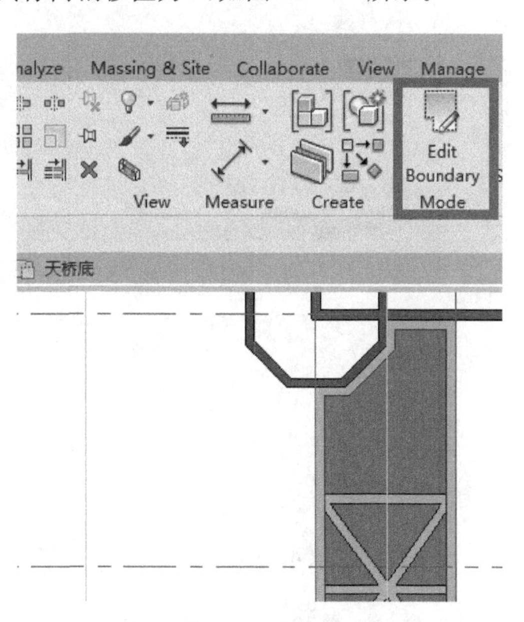

图 10－15　编辑桥面板 05 边界

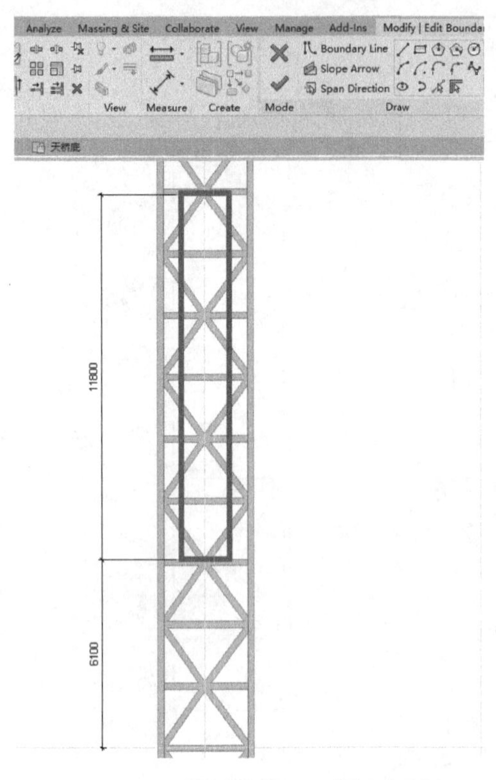

图 10－16　编辑桥面板 05 内部透明板

图 10－17　编辑桥面板 05 表面偏移

Step 7

完成上述镂空底板后，创建“桥面板 06”，在镂空的矩形范围内绘制新板，材质选择绿色玻璃。材质设置过程如图 10－18 至图 10－20 所示。

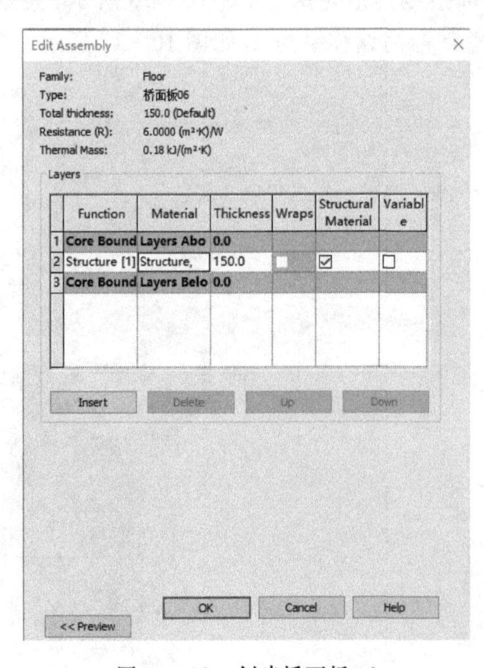

图 10－18　创建桥面板 06

图 10－19　编辑桥面板 06 为玻璃材质

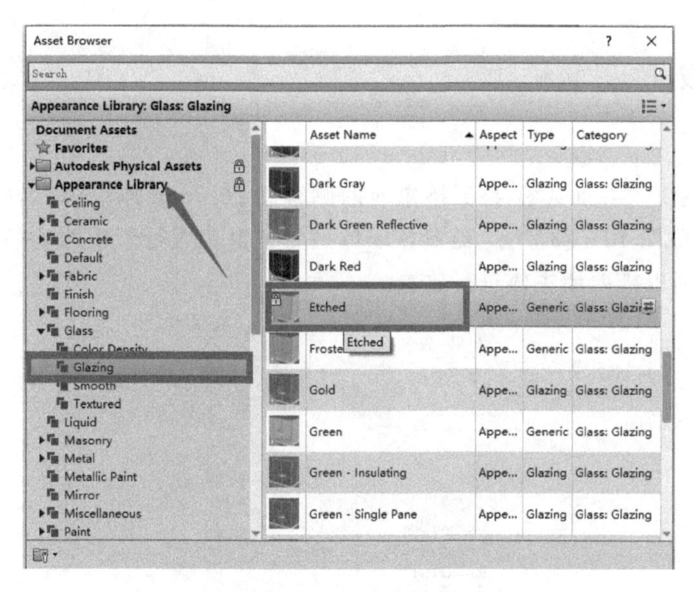

图 10－20　桥面板 06 玻璃材质

Step 8

上部天桥的完成效果如图 10－21、图 10－22 所示。

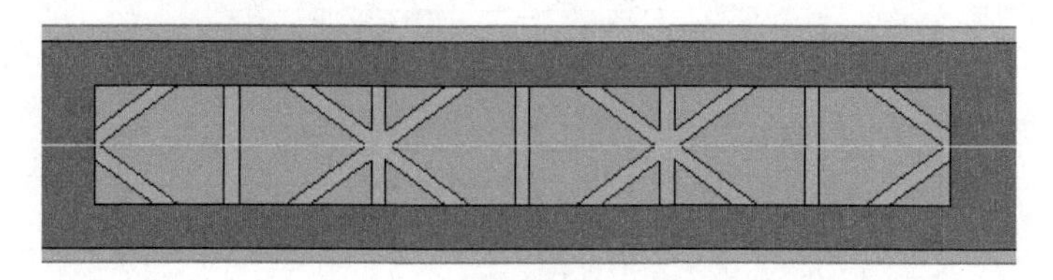

图 10－21　桥面板 06 完成效果

图 10－22　人行天桥底板完成效果

10.2 人行天桥侧面栏板

Step 1

进入“人行天桥底”平面视图，在天桥东西两侧绘制 200 mm 厚墙体，名称为“天桥侧墙”，高度为 3300 mm，如图 10－23 所示，绘制该墙体是为了附着人行天桥两侧栏板。因为该栏板以窗族进行创建，所以需要墙主体进行放置。

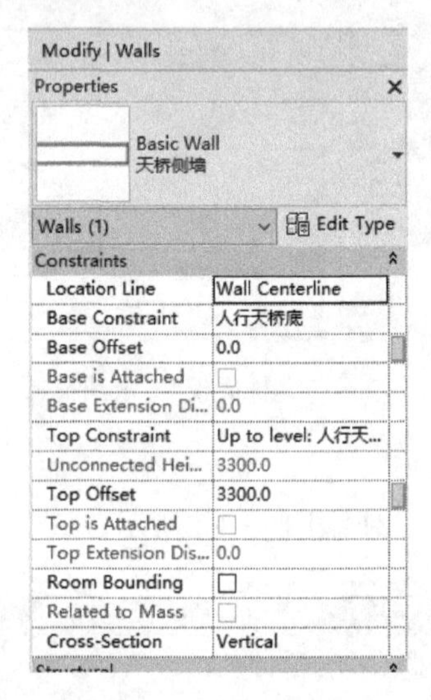

图 10－23　天桥侧墙参数

Step 2

墙体绘制完毕后，载入所需的栏板与造型族，如图 10－24 所示。然后按照图 10－25 所示，在“Architecture”建筑选项卡下的“Window”窗命令按钮，放置中心造型“8－人行道中间浮雕”，在墙上的中心对称轴处放置，如图 10－26 所示。

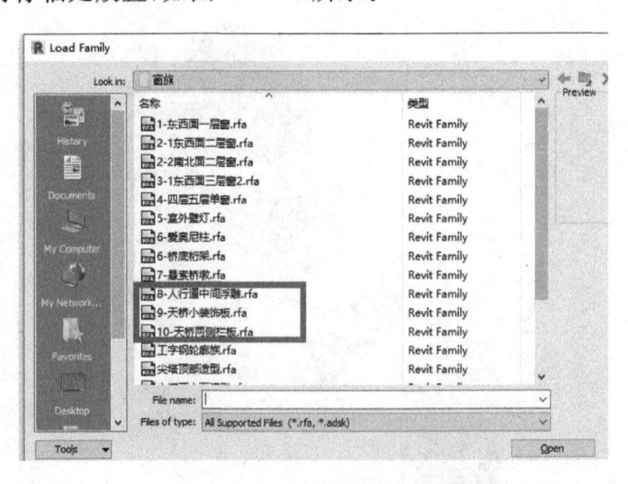

图 10－24　载入族

完成中心浮雕后，再重复“Window”命令，将载入的“9－天桥小装饰板”和“10－天桥两侧栏板”放置在土木合适的位置，可以通过阵列或复制完成，如图 10－27 所示。

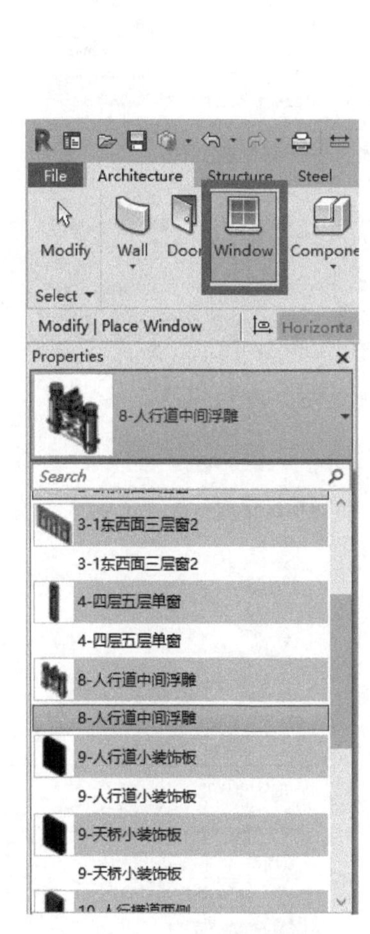

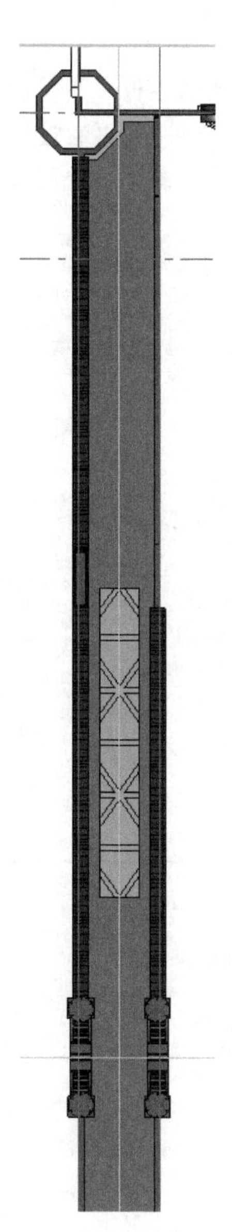

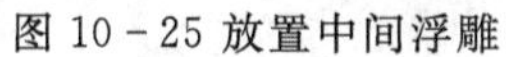

图 10－25 放置中间浮雕　　10－26 平面视图

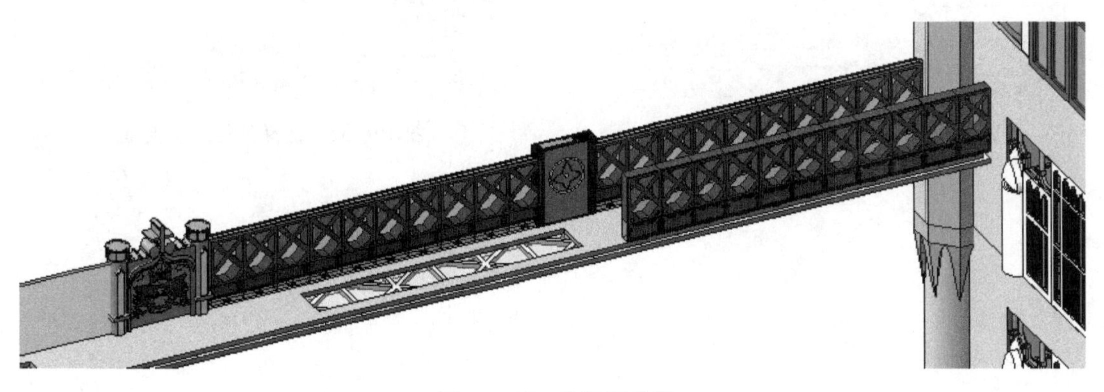

图 10－27　放置后效果

Step 3

放置天桥最外侧的栏板。下载该栏板的 RVT 文件“11 -上层天桥外侧栏板”，该外侧栏板可以单独做好，载入文件后，再通过传递项目标准进行导入后放置。外侧栏板的具体创建过程参考本书的后续章节。载入文件可参见图 10 - 28 至图 10 - 31。

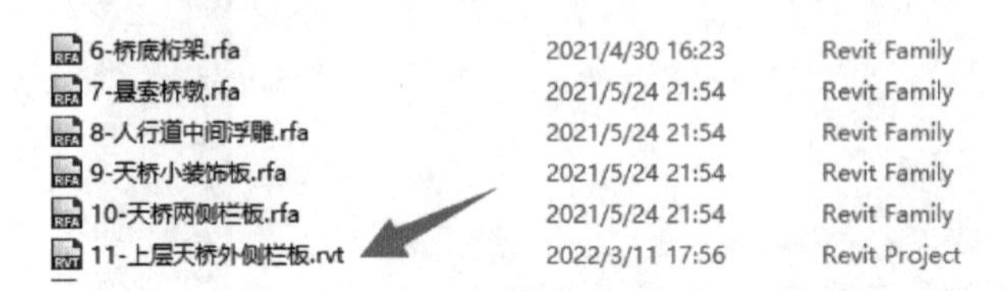

图 10 - 28　载入天桥外侧栏板文件

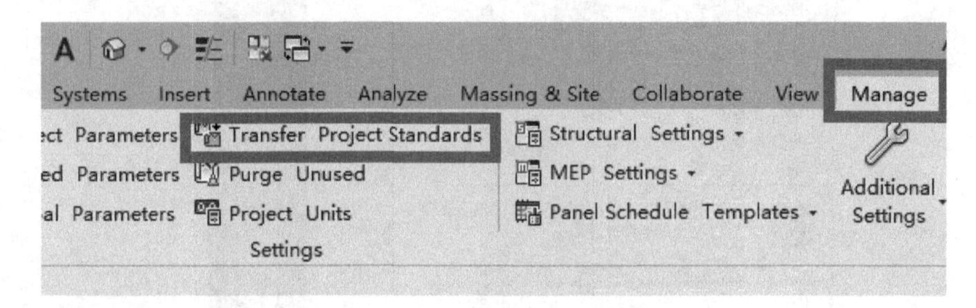

图 10 - 29　传递项目标准

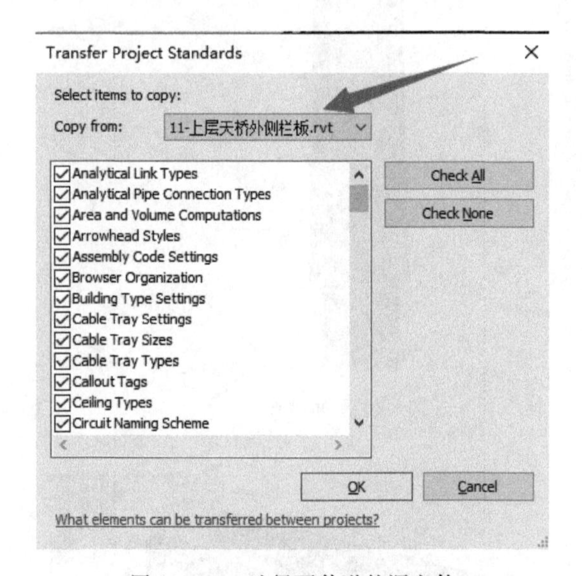

图 10 - 30　选择要传递的源文件

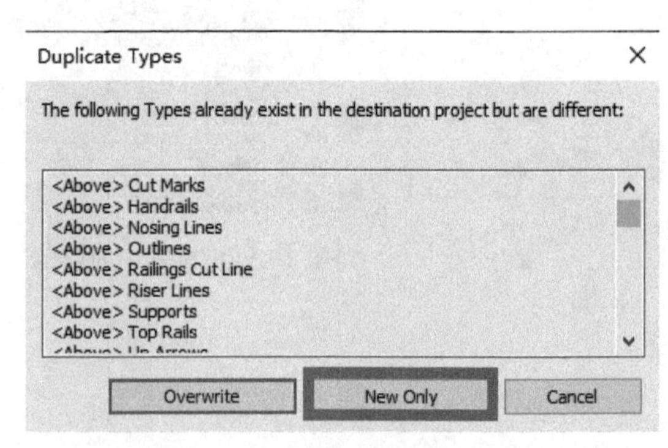

图 10 - 31　选择仅传递新类型

Step 4

为天桥最外侧的栏板做定位，绘制栏板中心线的轴网，距离桥面 800 mm，如图 10－32 所示。

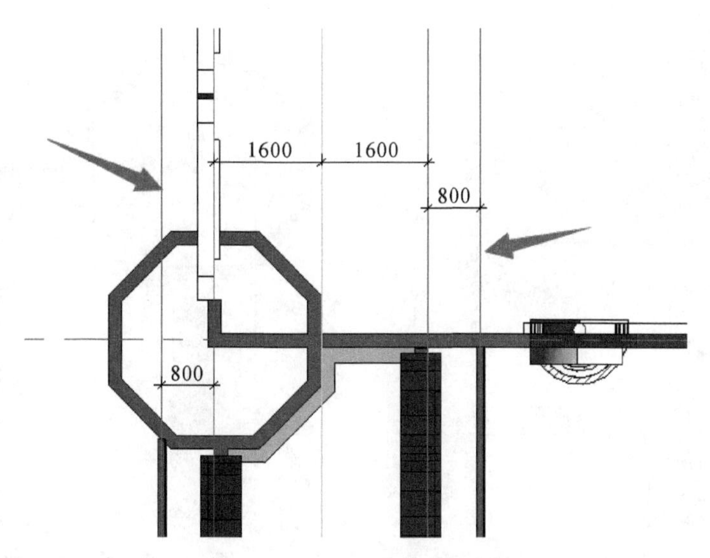

图 10－32　外侧栏板的定位线

Step 5

绘制栏杆路径。在“Architecture” 建筑选项卡下，直接点击“Railing”栏杆选项，或者选择其下拉三角中的“Sketch Path”绘制栏杆的路径，如图 10－33 所示。

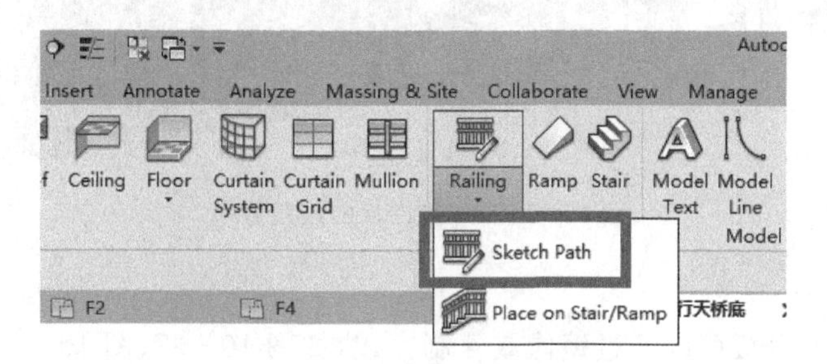

图 10－33　绘制栏杆路径按钮

绘制之前，先在属性栏中选取刚刚载入的“人行栏杆”这种类型，如图 10－34 所示。

在定位线上绘制路径，如图 10－35 所示。

外侧栏板的放置效果如图 10－36 所示。

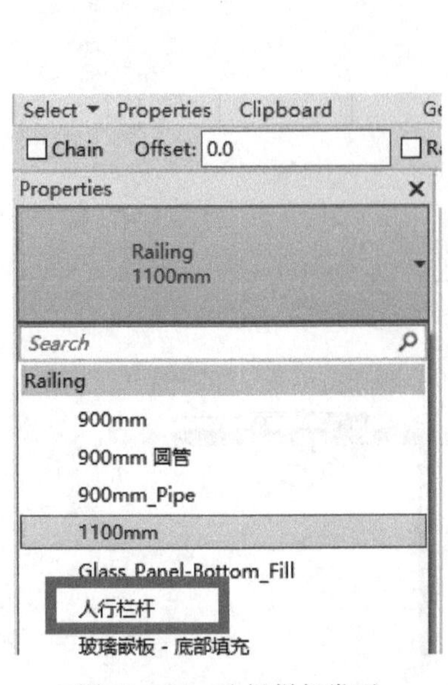

图 10－34 选择栏杆类型

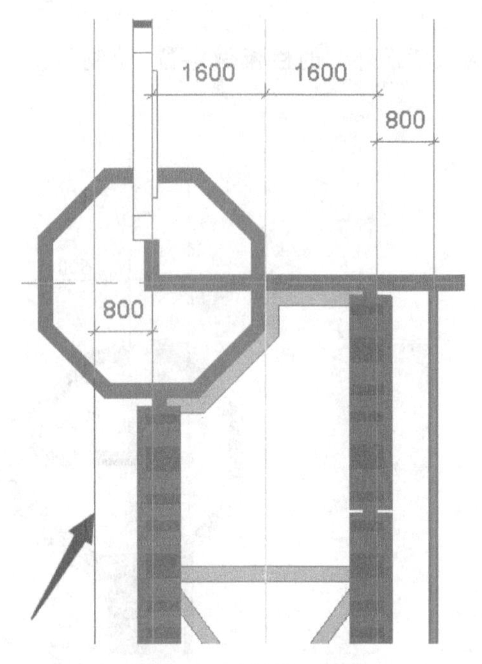

图 10－35 绘制栏杆路径

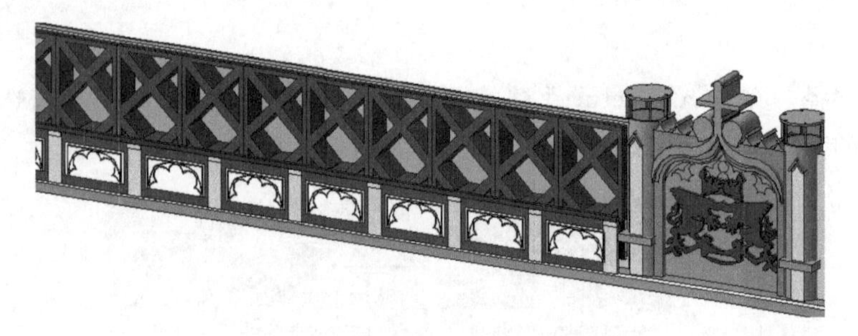

图 10－36 外侧栏板的放置效果

Step 6

对于其他位置的栏板可以通过镜像或复制完成，如图 10－37、图 10－38 所示。

图 10－37 天桥栏杆局部效果

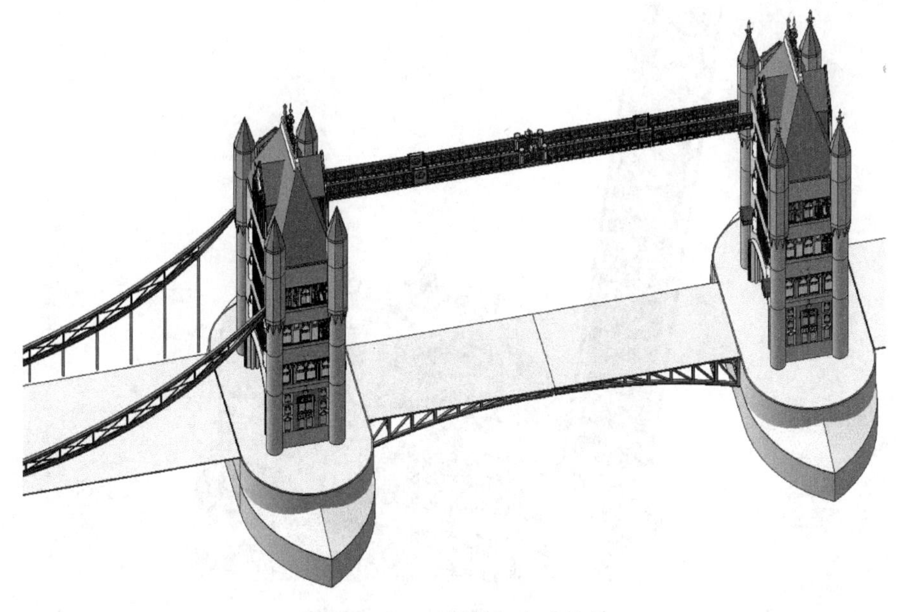

图 10－38　天桥栏杆完成效果

Step 7

绘制外侧栏板底部的小横梁，可以通过板进行创建，尺寸和位置如图 10－39、图 10－40 所示，图 10－41 为完成的仰视图。

人行天桥完成效果如图 10－42 所示。

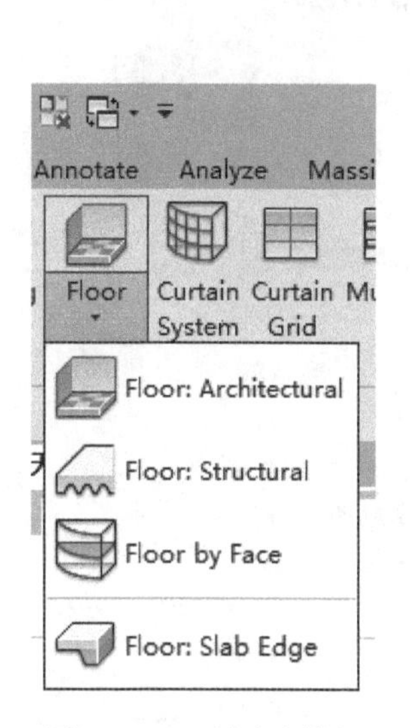

图 10－39　创建小横板

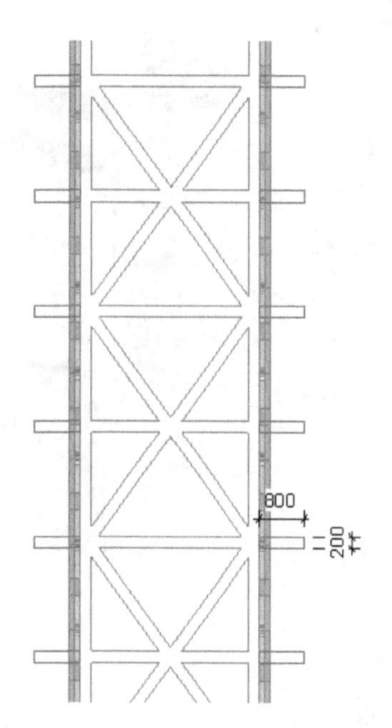

图 10－40　绘制小横梁

图 10-41　完成的底板仰视图

图 10-42　人行天桥完成图

本章小结

本章讲述人行天桥的定位和放样绘制过程，较多使用了板的编辑，也可使用拉伸做内建模型。外侧栏板的创建方法详见本书第 12 章。

第 11 章　族的创建

11.1　柱帽的创建

Step 1

点击“File”文件选项卡下的“New”按钮新建族，选择“Metric Generic Model. rft”公制常规模型样板，如图 11－1、图 11－2 所示。进入前立面，绘制参考平面，在参考平面下绘制距离为 800 mm 和 2600 mm 的两个参考平面，并分别命名为“－800”和“－3400”，如图 11－3 至图 11－5 所示。

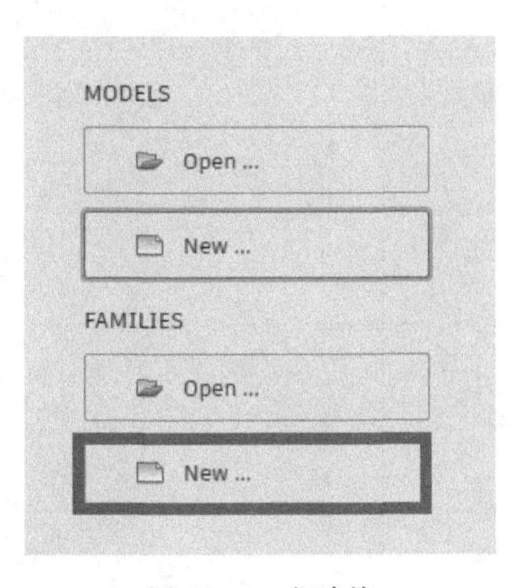

图 11－1　新建族

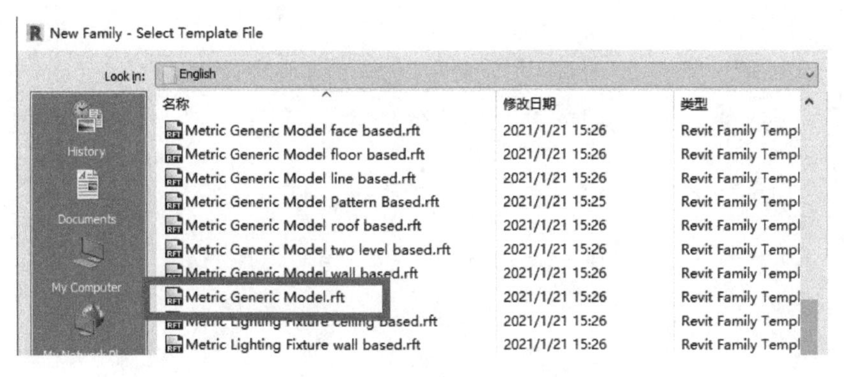

图 11－2　选择公制常规模型

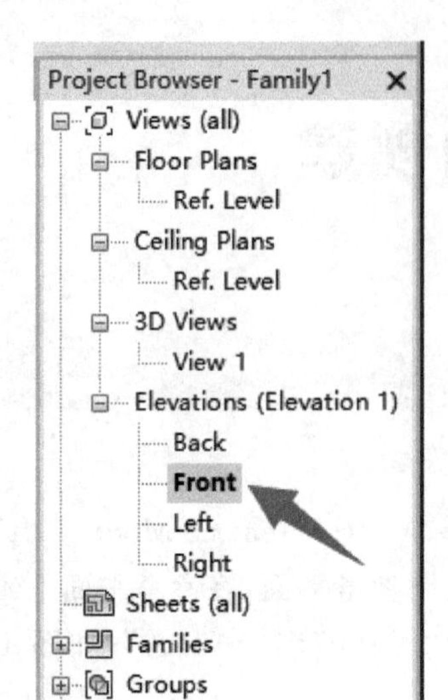

图 11-3　选择前立面

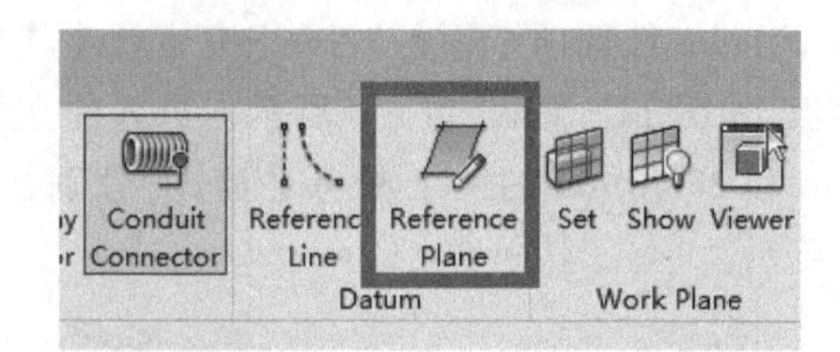

图 11-4　绘制参考平面

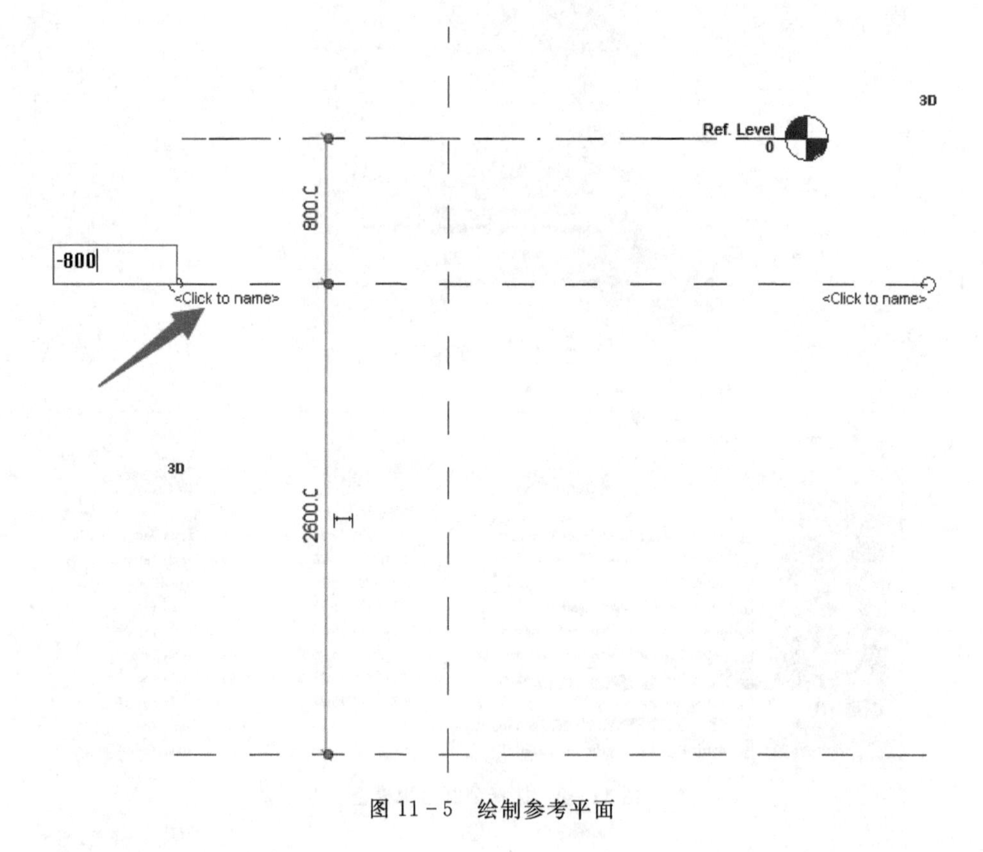

图 11-5　绘制参考平面

Step 2

双击浏览器“Ref. Level”按钮，选择参考平面，选择“Extrusion”拉伸命令按钮，如图11－6、图 11－7 所示。绘制拉伸轮廓，由圆形和八边形组成。圆形轮廓半径为 1300 mm，即为下部圆柱的外径。八边形的垂直高度为 1600 mm，如图 11－8 至图 11－11 所示，点击完成按钮。

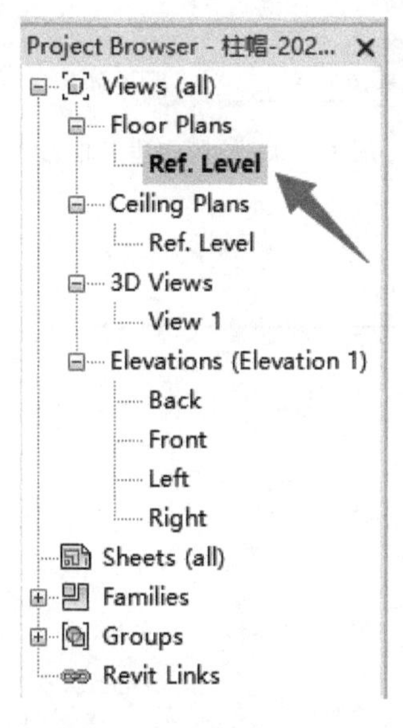

图 11－6　选择参考平面

图 11－7　选择拉伸工具按钮

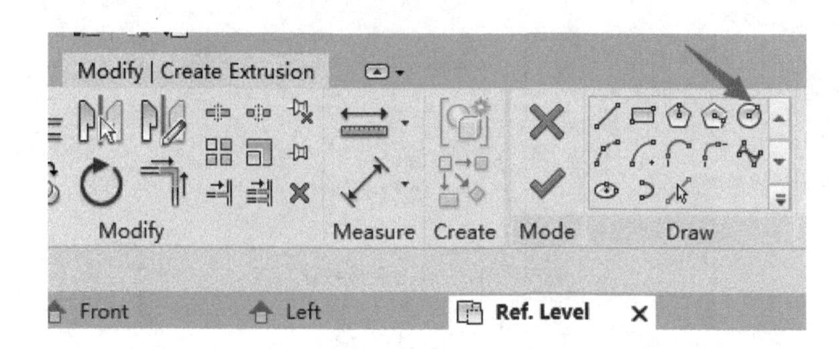

图 11－8　绘制圆形轮廓

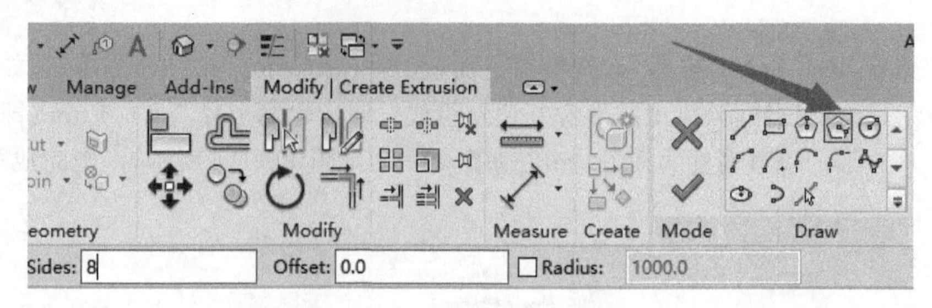

图 11-9　绘制多边形轮廓

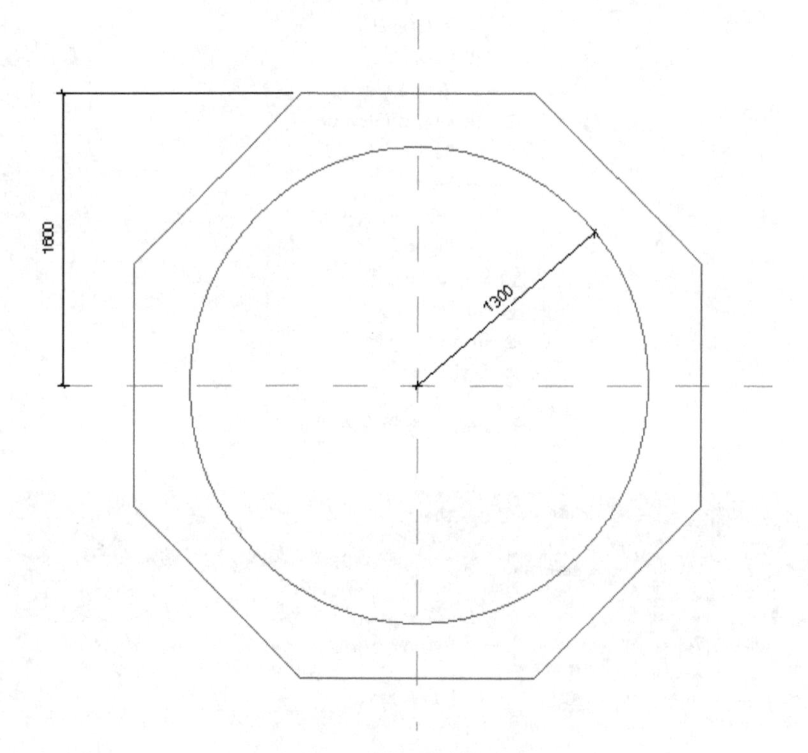

图 11-10　绘制轮廓

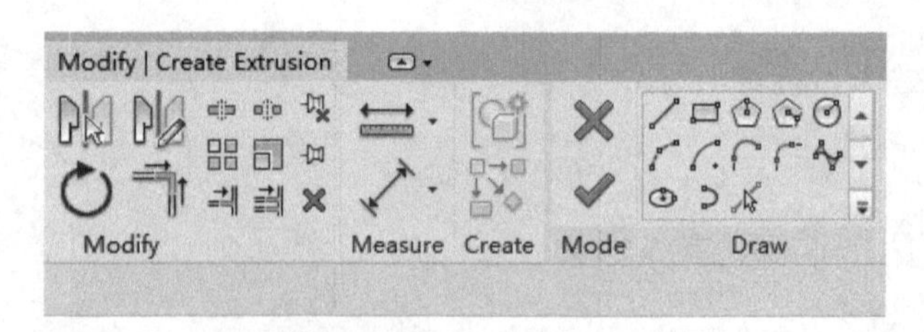

图 11-11　点击完成按钮

Step 3

生成拉伸形状后，调整拉伸的高度，完成上部拉伸。如图 11-12、图 11-13 所示。

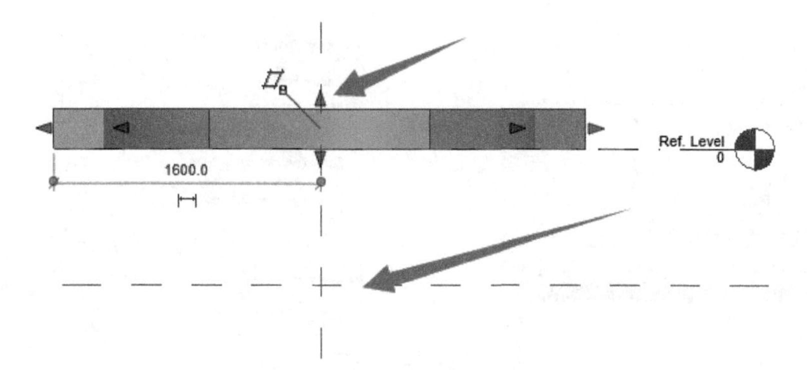

图 11 - 12 调整拉伸高度

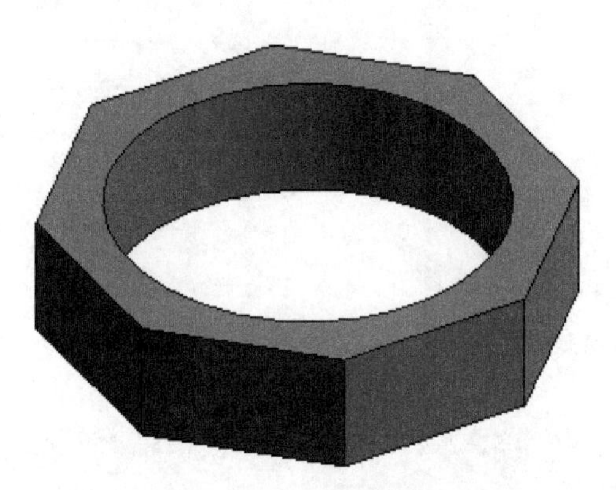

图 11 - 13 完成上部拉伸

Step 4

创建选中该几何体，进行材质参数设置，如图 11 - 14 至图 11 - 19 所示。

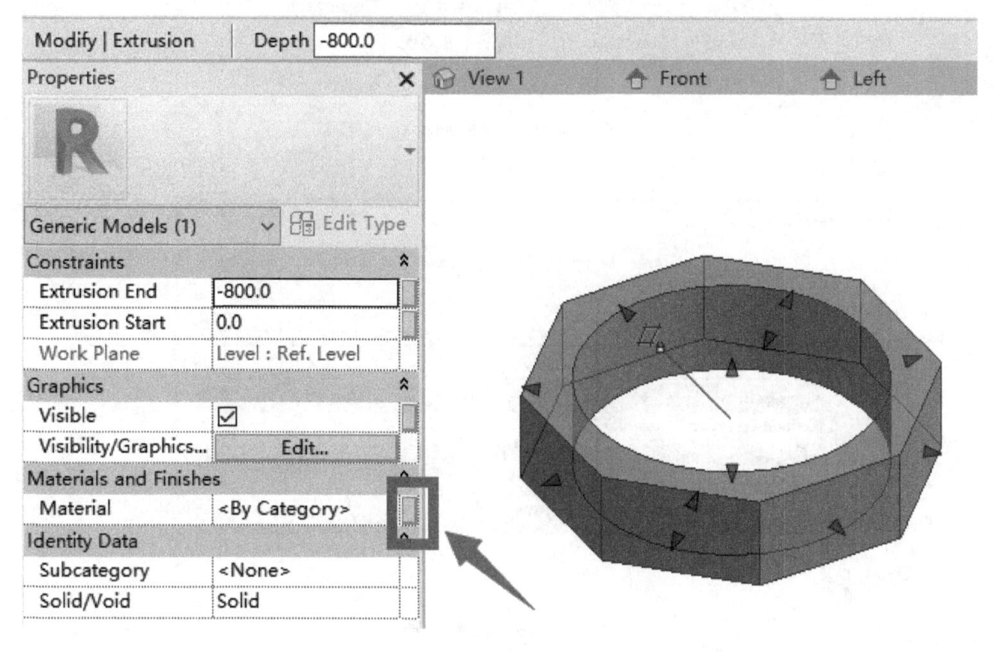

图 11 - 14 设置材质参数

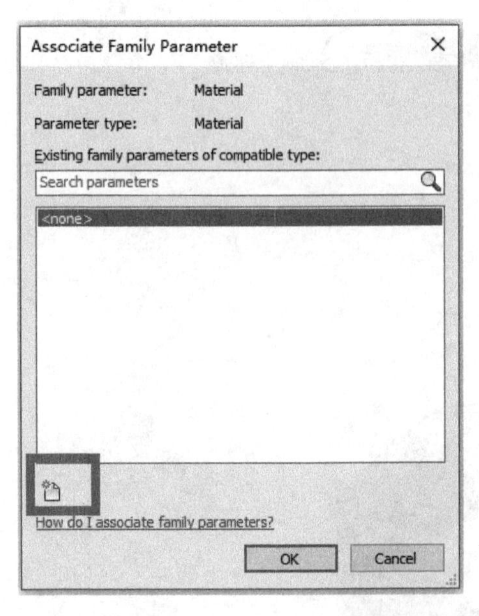

图 11－15　创建新材质参数

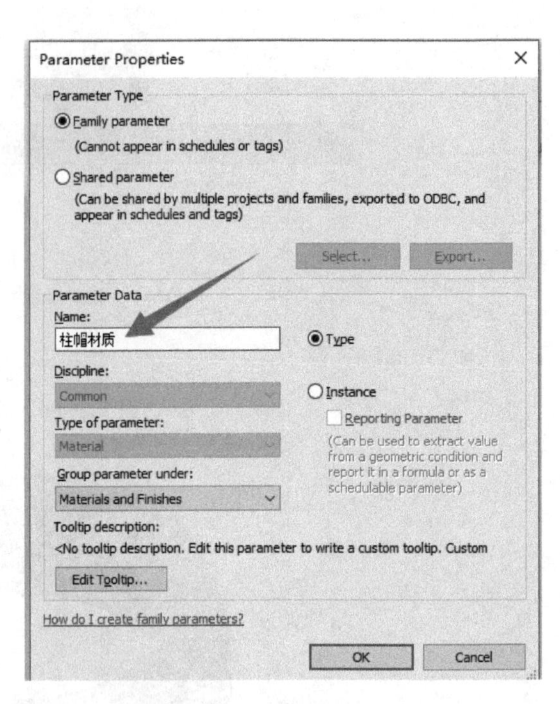

图 11－16　创建柱帽材质参数

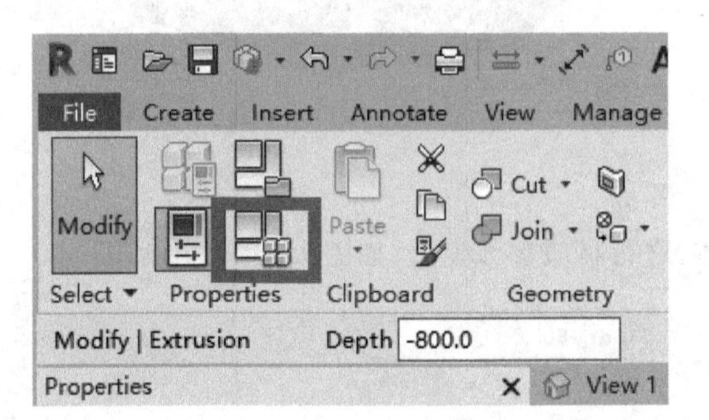

图 11－17　族类型按钮

Family Types

Type name:

Search parameters

Parameter	Value	Formula	Lock
Constraints			
Default Elevation	0.0	=	
Materials and Finishes			
柱帽材质	<By Category>	=	
Identity Data			

图 11－18　设置材质

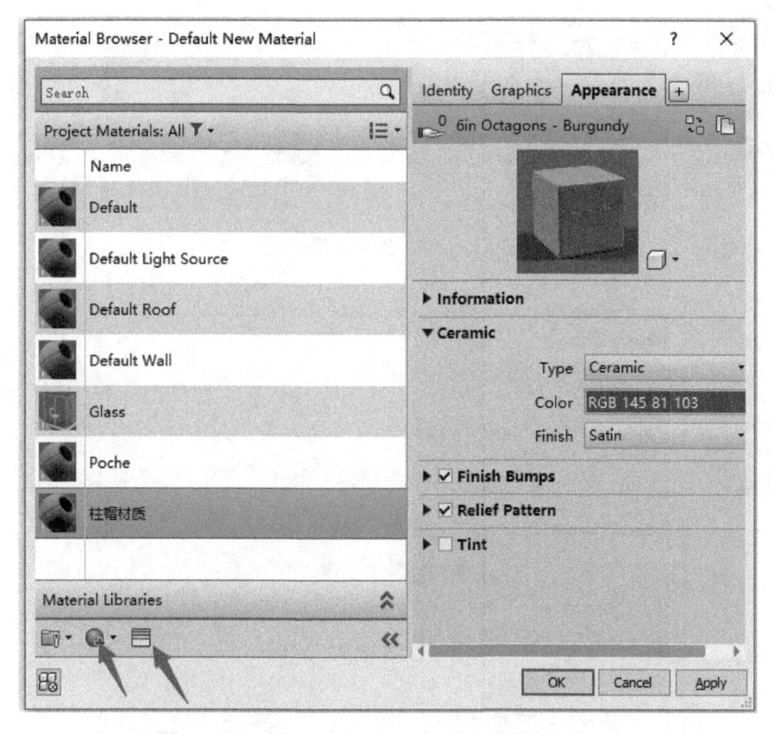

图 11-19 完成材质设置

Step 5

下部融合的创建，选择“Blend”融合命令按钮，点击“Set”设置工作平面，选择“Reference Plane：-800”这个工作平面，如图 11-20 至图 11-22 所示。

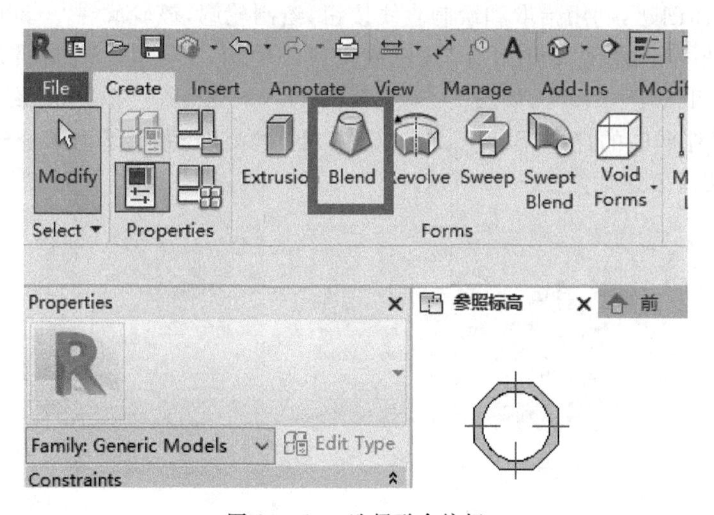

图 11-20 选择融合按钮

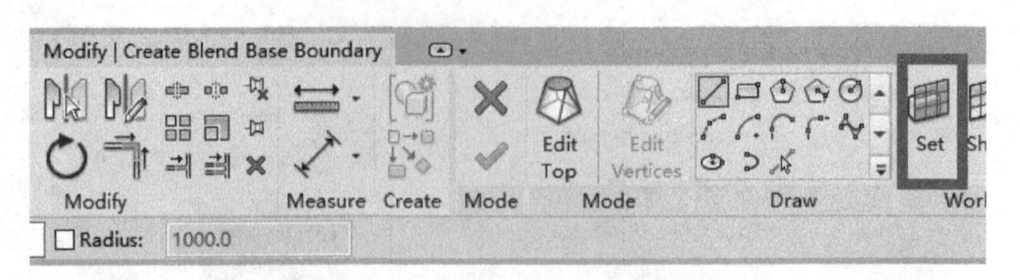

图 11－21　设置工作平面

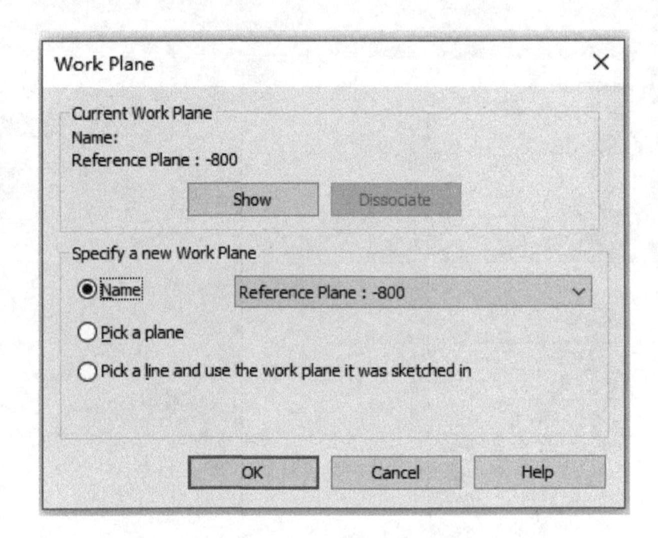

图 11－22　选择工作平面

Step 6

下部融合实体创建，利用拾取和绘制直线按钮，绘制轮廓，该轮廓在“－800”这个工作平面上，如图 11－23 所示。点击“Edit Top”按钮编辑顶部轮廓，再点击“Set”按钮设置工作平面，选择“Reference Plane：－3400”，如图 11－24 至图 11－26 所示。完成轮廓线绘制，如图 11－27 所示。修改属性框中的拉伸“Secord End”（第二点）的高度，并赋予该部分材质参数（图 11－28）。完成部分实体效果如图 11－29所示。

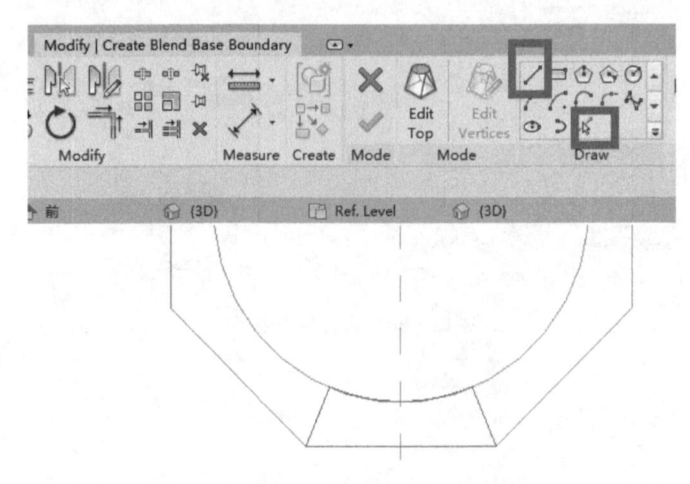

图 11－23　绘制轮廓（－800 平面）

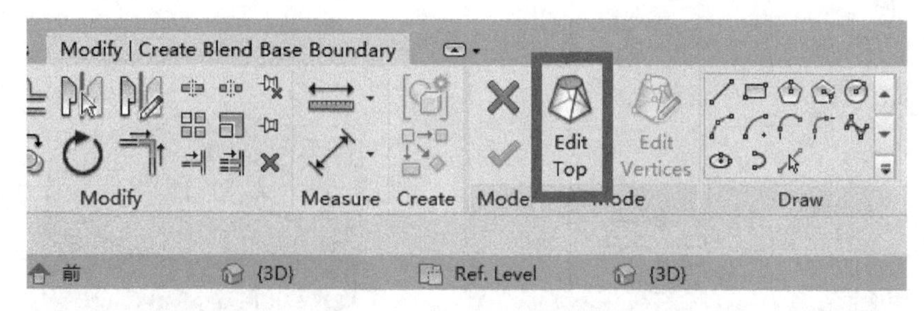

图 11-24 编辑顶部轮廓

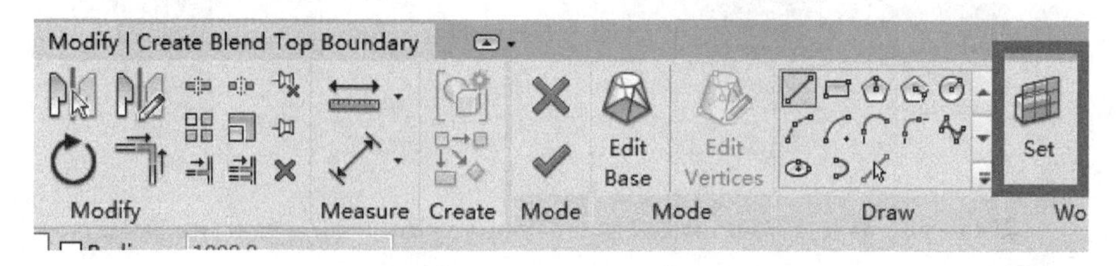

图 11-25 设置工作平面

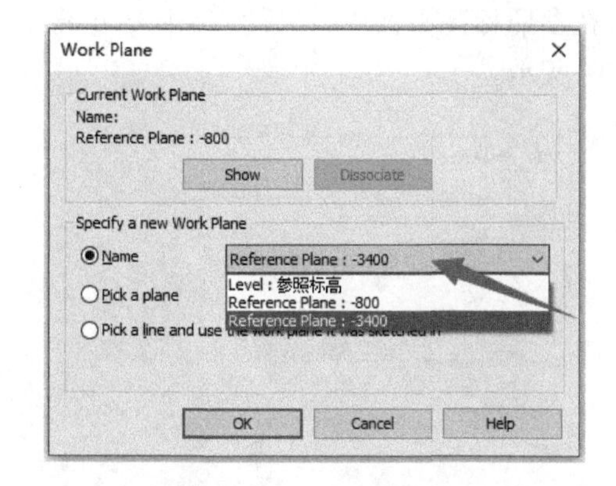

图 11-26 选择工作平面

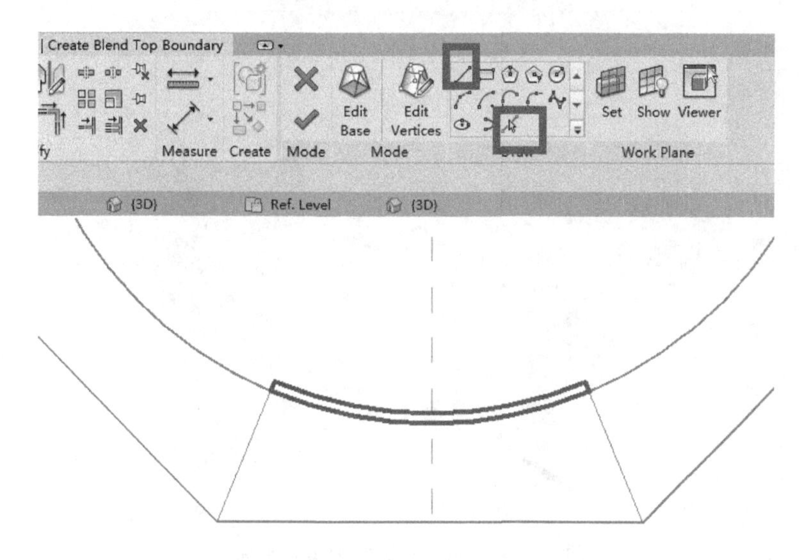

图 11-27 完成轮廓线绘制

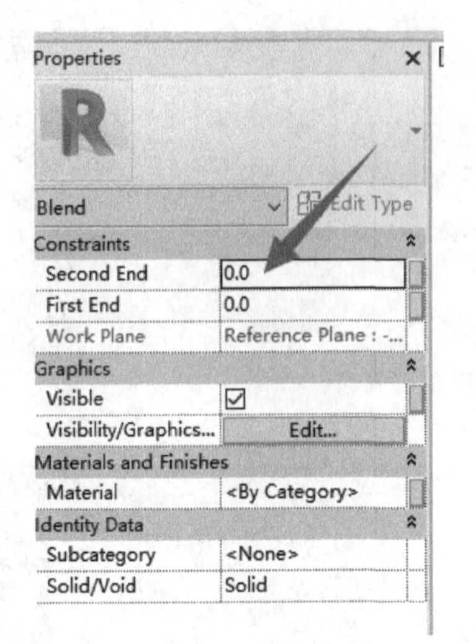

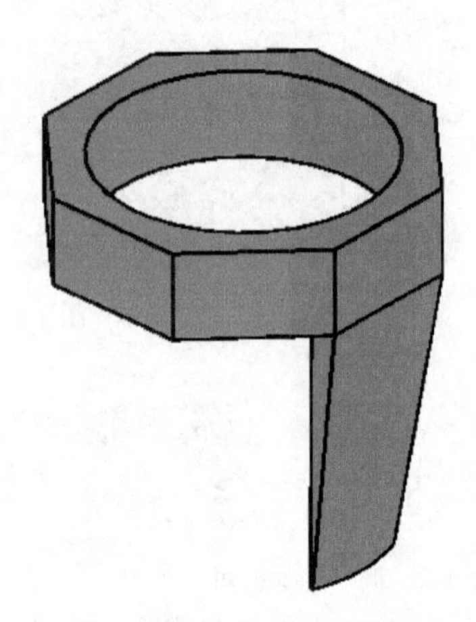

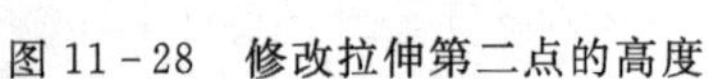

图 11－28　修改拉伸第二点的高度　　　　图 11－29　完成部分实体

Step 7

下部融合的空心创建，在参照标高平面内，设置“Work Plane”(工作平面)，并拾取工作平面，如图 11－30 至图 11－31 所示。

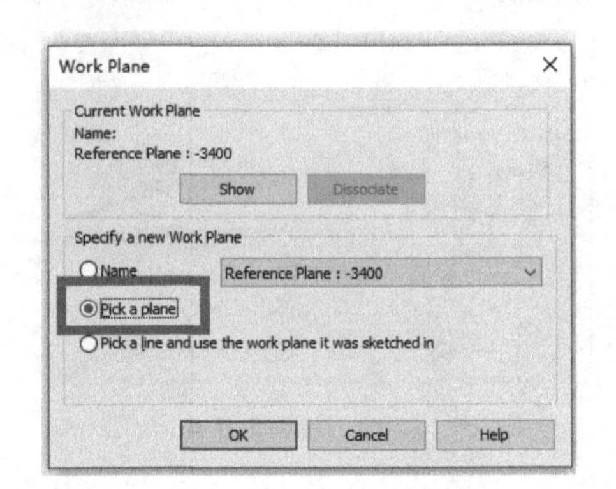

图 11－30　拾取工作平面

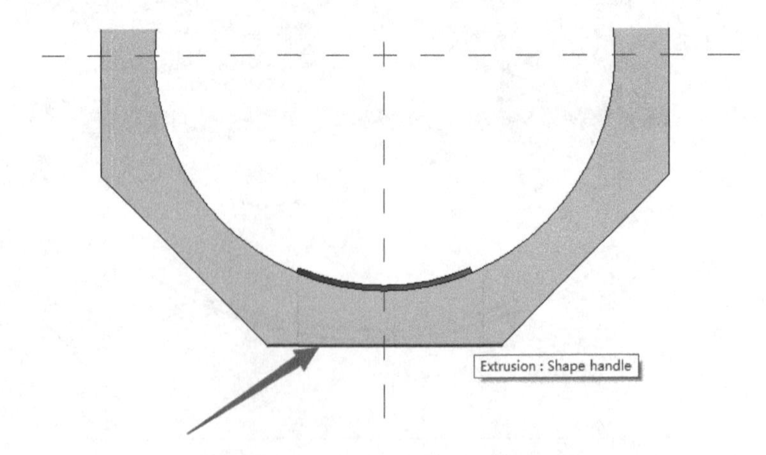

图 11－31　拾取外边线为工作平面

Step 8

切换至“Elevation:前”(前立面),进行拉伸绘制,如图 11－32 至图 11－35 所示。

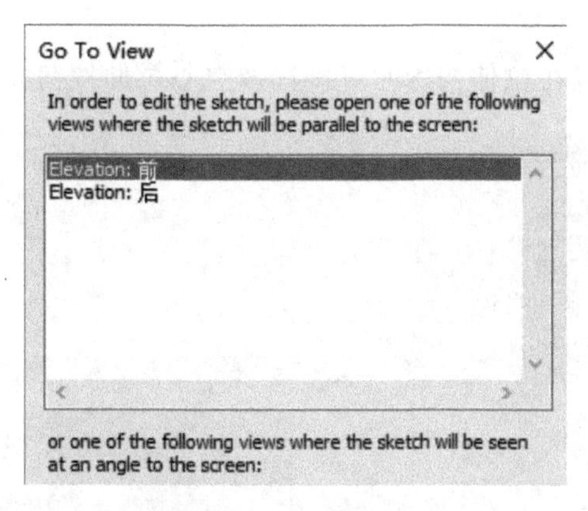

图 11－32　选择前立面

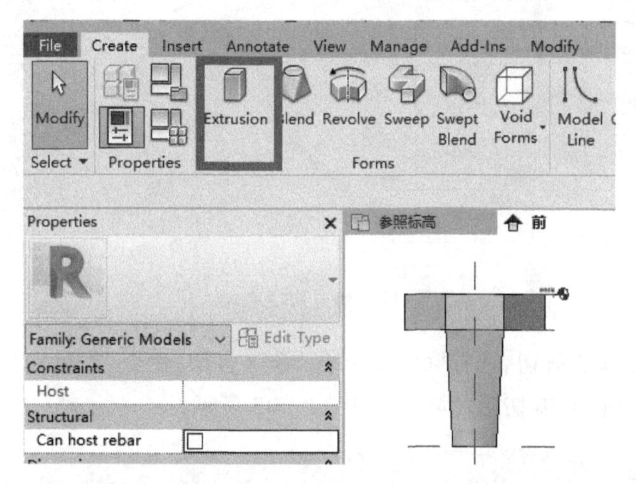

图 11－33　绘制拉伸轮廓

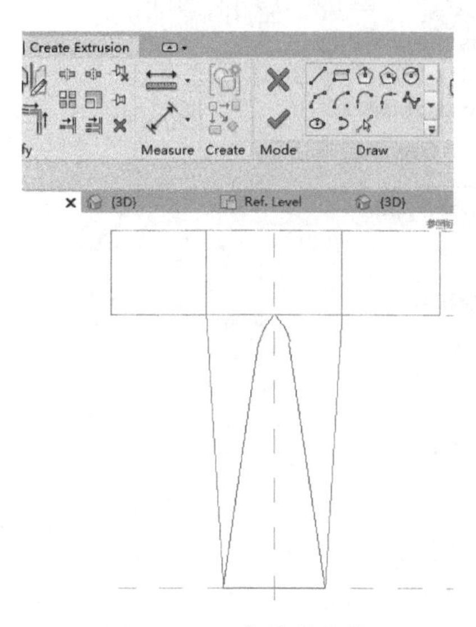

图 11－34　拉伸轮廓线

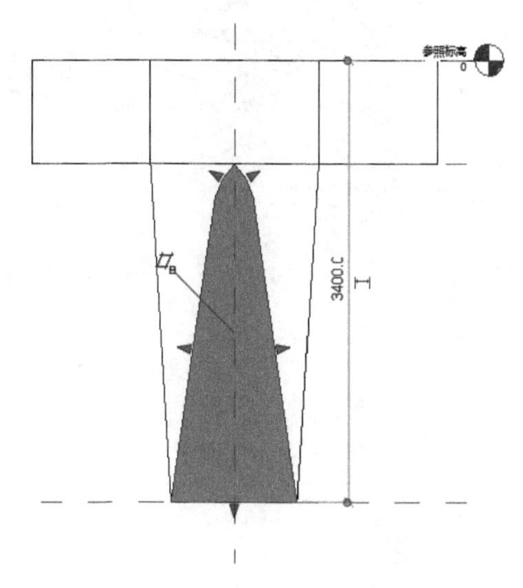

图 11－35　拉伸完成

Step 9

切换至左立面，进行拉伸长度调整绘制，选中该实体，将实心状态切换为空心（Void），如图 11－36所示。

本案例中该实体也可以在拉伸初始时直接选择空心拉伸按钮实现。

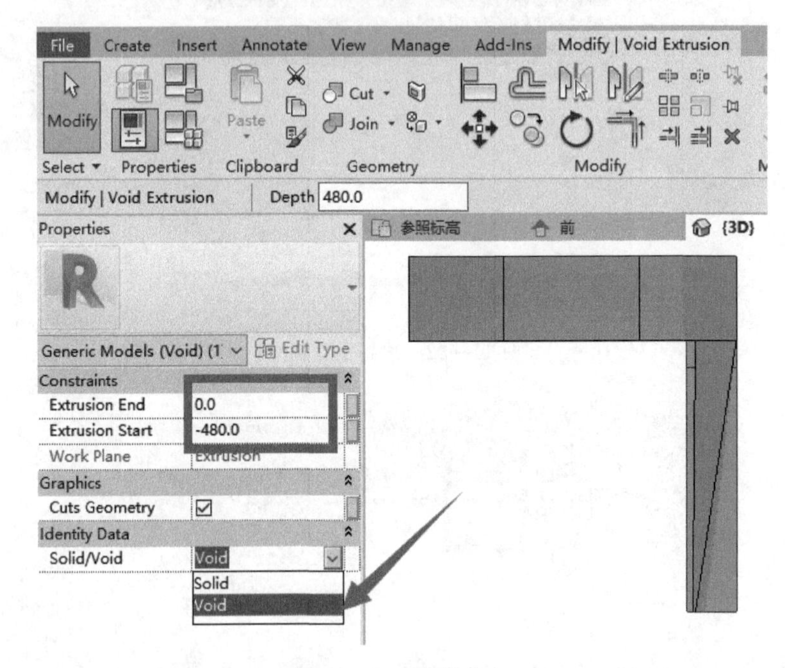

图 11－36　切换空心

进行空心与原实体的剪切，选择“Cut Geometry”（剪切）命令，先后选择实体和空心即可实现剪切，如图 11－37 所示，剪切后的实体如图 11－38 所示。

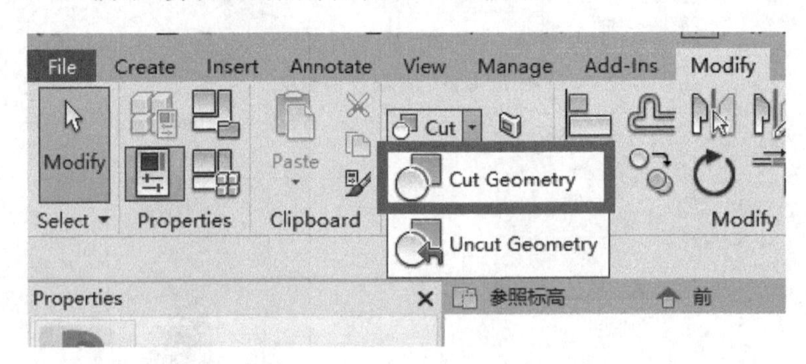

图 11－37　剪切命令按钮

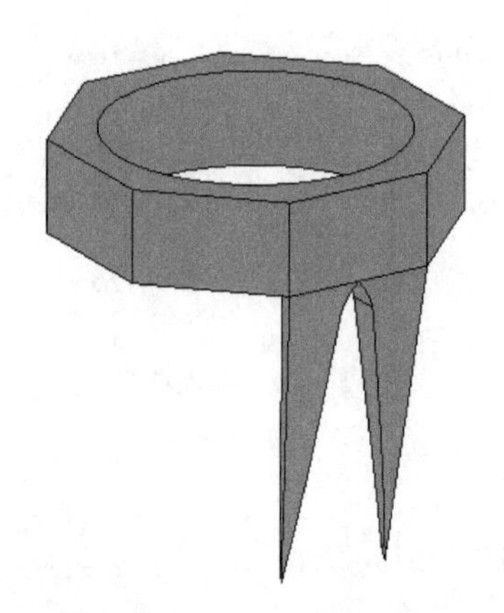

图 11-38　剪切完成后的实体

Step 10

进行阵列。阵列可以在三维视图中进行，但是需要绘制两条辅助线找到阵列中心。选中实心与空心，进行径向阵列，如图 11-39 至图 11-41 所示。

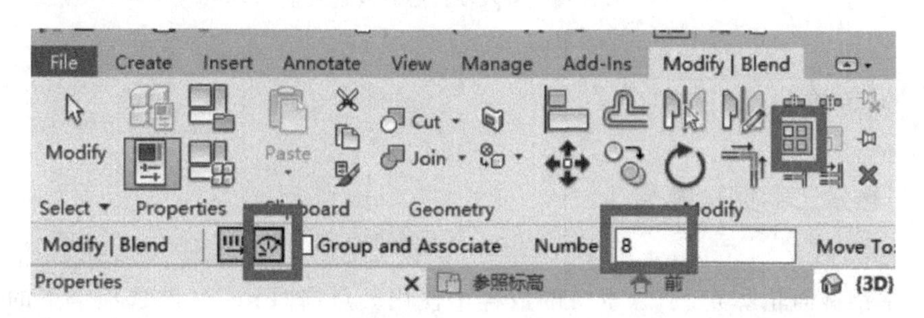

图 11-39　径向阵列

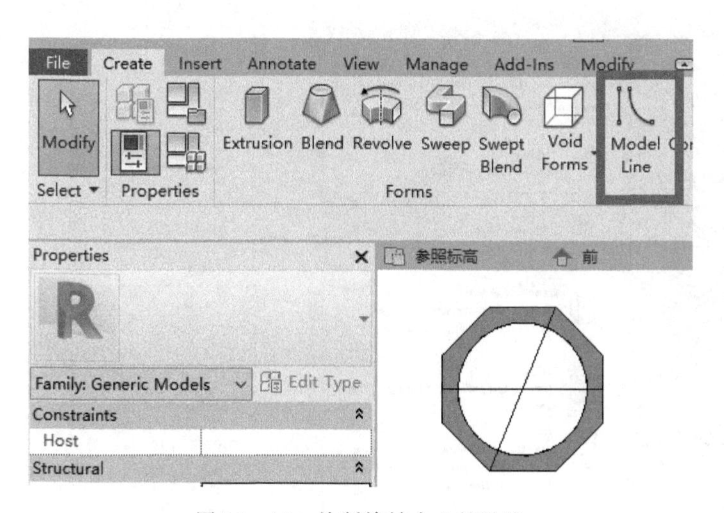

图 11-40　绘制旋转中心辅助线

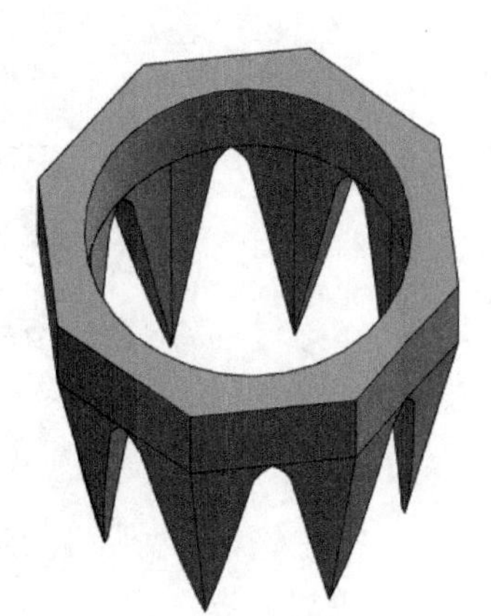

图 11-41　柱帽完成效果

Step 11

载入项目(图 11-42)，并在“F4”平面放置，放置完成后的效果如图 11-43 所示。

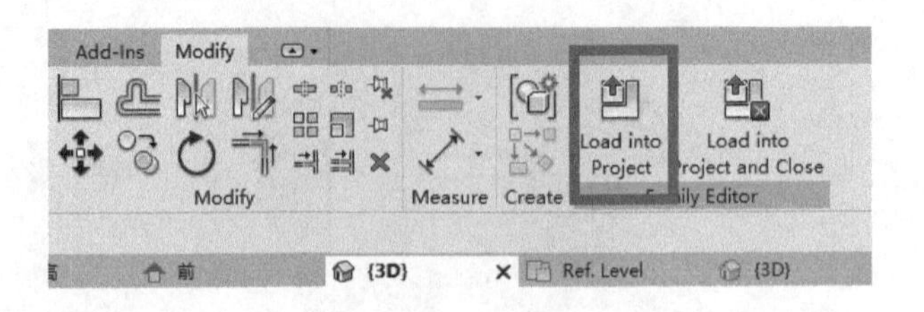

图 11－42　载入项目

图 11－43　载入项目后的放置效果

11.2　轮廓族的创建

11.2.1 悬索工字钢轮廓族

Step 1

创建工字钢截面轮廓族，于悬索桥的放样中使用。点击“File”文件选项卡下的“New”按钮新建族。选中“Metric Profile. rft”公制轮廓样板，如图 11－44、图 11－45 所示。

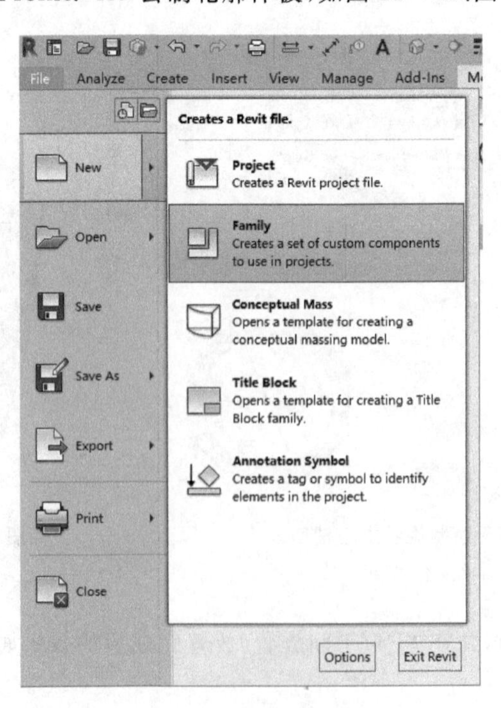

图 11－44　新建族

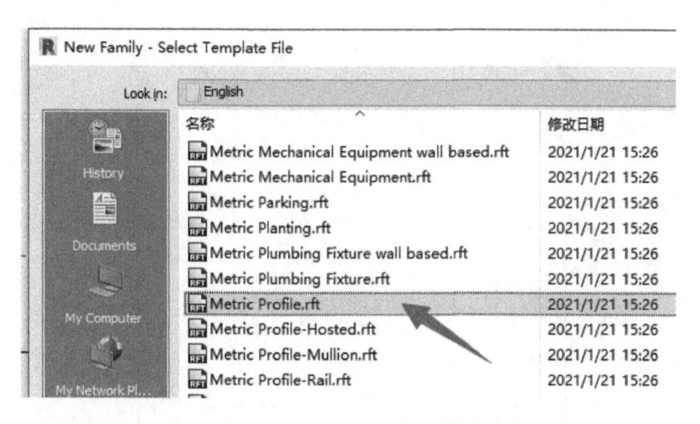

图 11 - 45　选择公制轮廓样板

Step 2

点击“Create”创建选项卡，再点击“Reference Plane Datum”按钮，绘制参考平面，如图 11 - 46所示，完成图 11 - 49 所示的参考线。

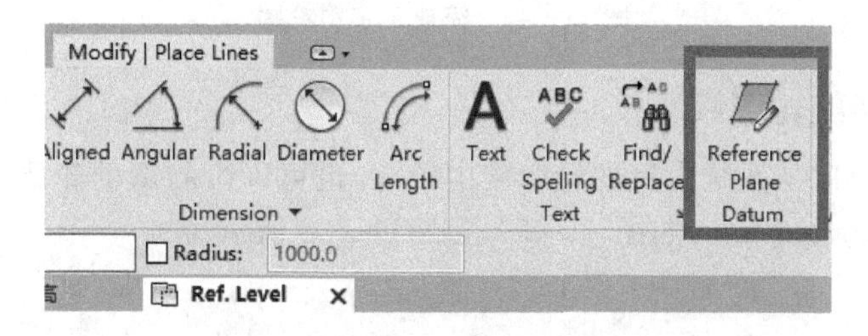

图 11 - 46　绘制参考平面

Step 3

利用“Line”模型线工具按钮和直线命令按钮进行轮廓绘制，如图 11 - 47、图 11 - 48 所示。完成后的工字钢轮廓如图 11 - 49 所示。

最后保存文件，并按照图 11 - 48 中的“Load into Project”载入项目。

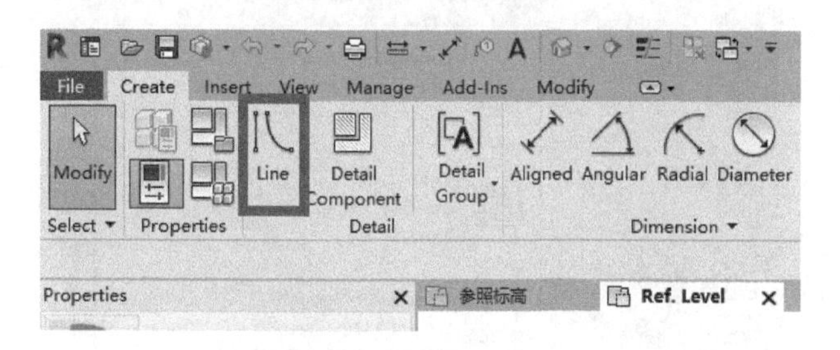

图 11 - 47　模型线按钮

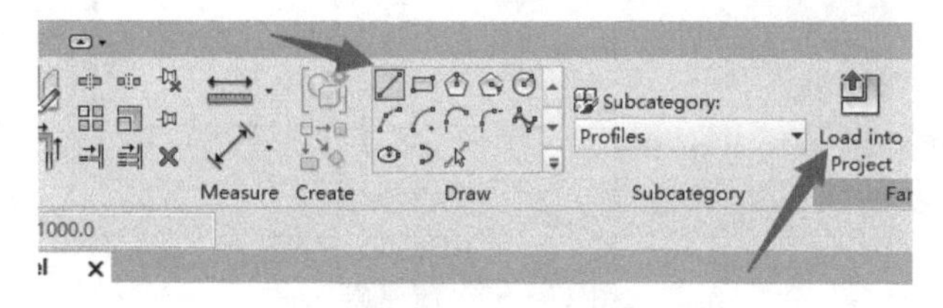

图 11 - 48　绘制和载入项目按钮

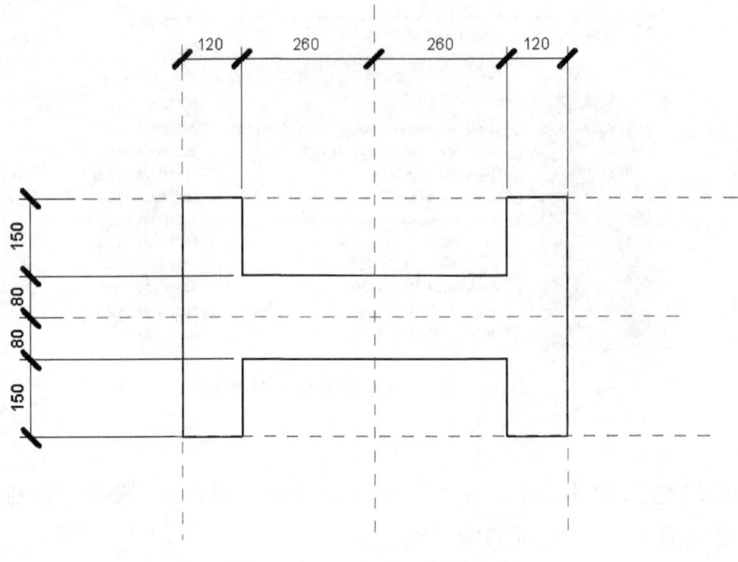

图 11-49 完成工字钢轮廓

11.2.2 墙饰条的轮廓族

墙饰条轮廓族可以从系统内置的轮廓族中载入，也可以绘制新的轮廓。绘制的轮廓族高度为 500 mm，宽度为 109 mm，如图 11-50 至图 11-58 所示。

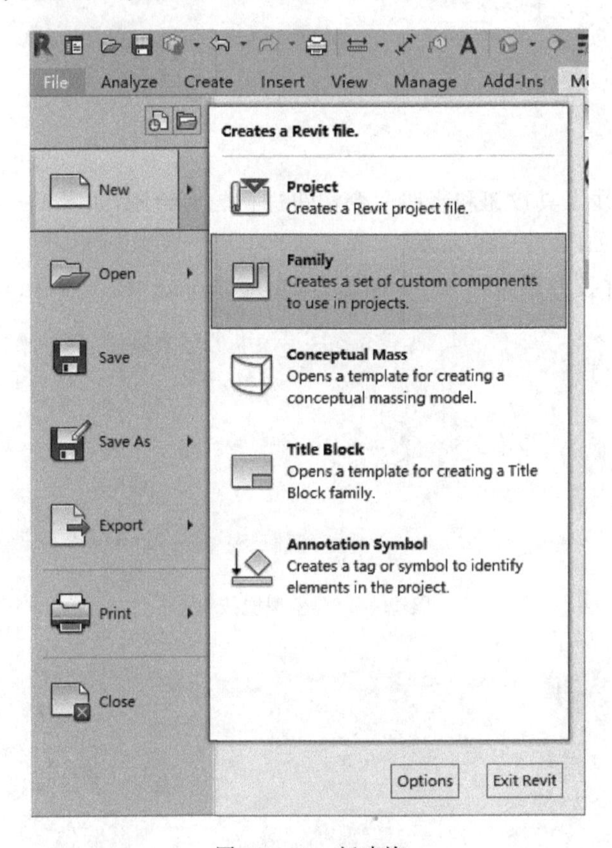

图 11-50 新建族

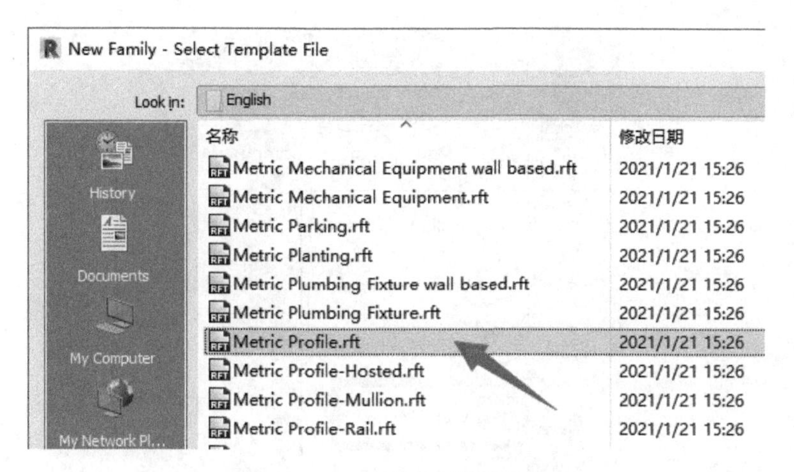

图 11－51 选择公制轮廓样板

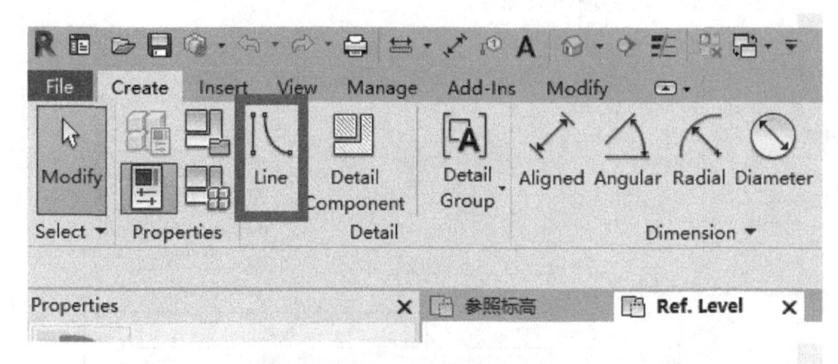

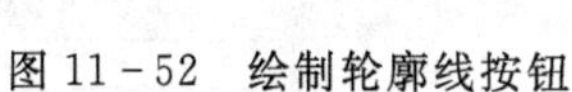
图 11－52 绘制轮廓线按钮

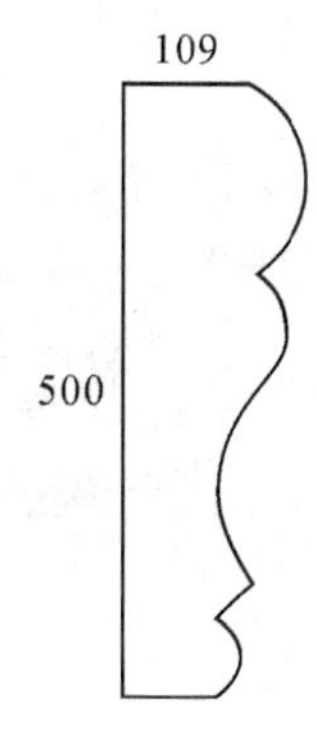

图 11－53 绘制的轮廓

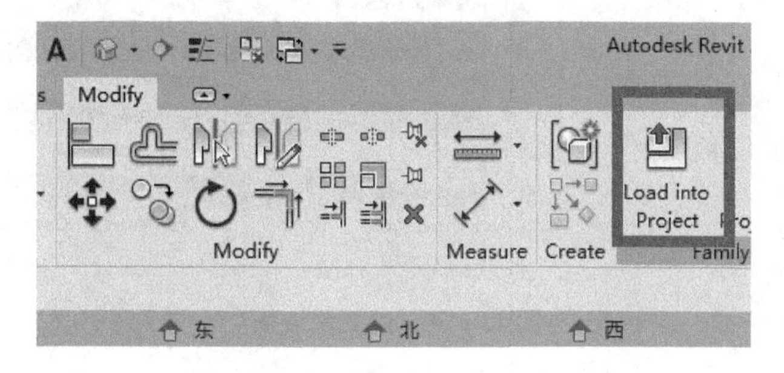

图 11－54 载入项目

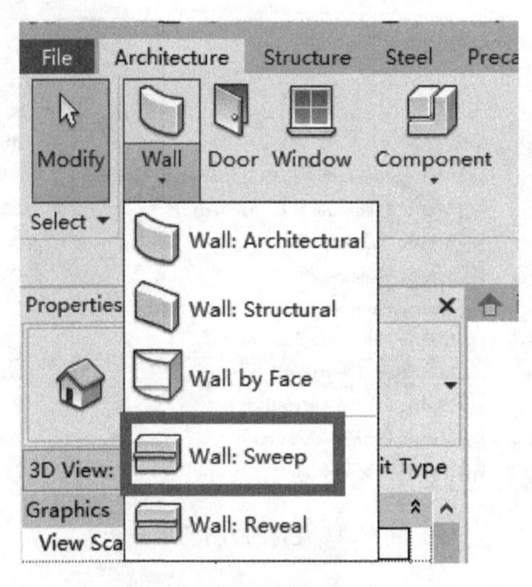

图 11－55　墙饰条命令

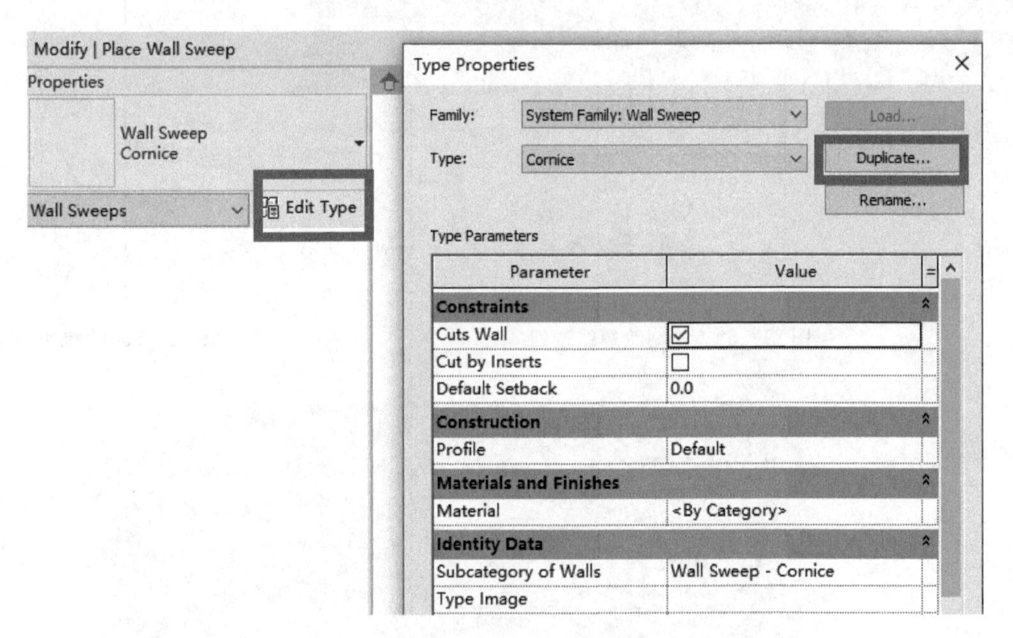

图 11－56　编辑墙饰条

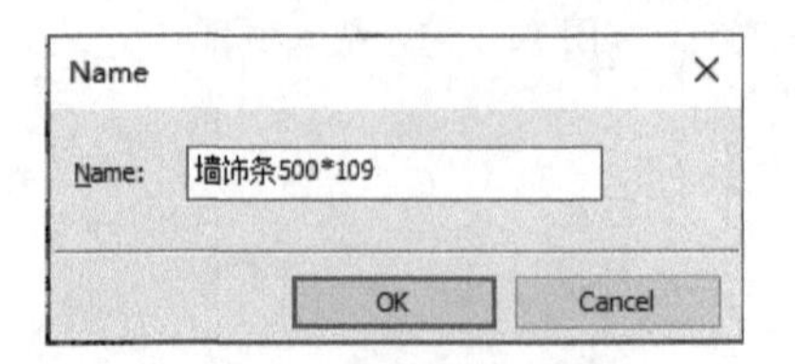

图 11－57　创建新的墙饰条

图 11-58　墙饰条放置后的效果图

11.3　窗族的创建

以北立面三层中间的窗为例进行创建。

Step 1

点击“File”文件选项卡下的“New”按钮新建族。选中“Metric Window. rft”公制窗族样板，如图 11-59、图 11-60 所示。修改族类型中的尺寸，并修改洞口轮廓线，点击“Reference Plan”，绘制参考平面，等等，如图 11-61 至图 11-65 所示。

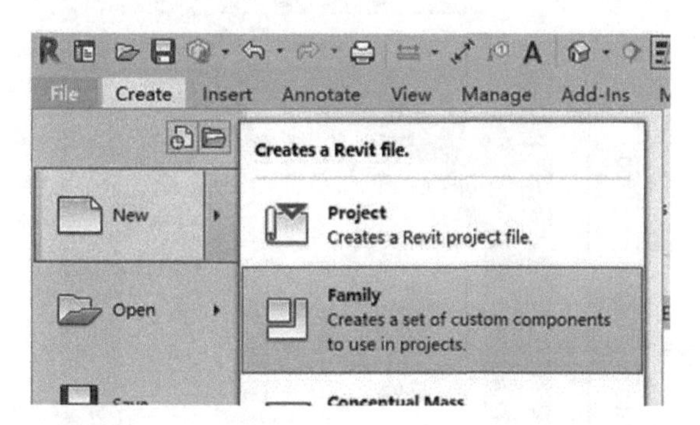

图 11-59　新建族

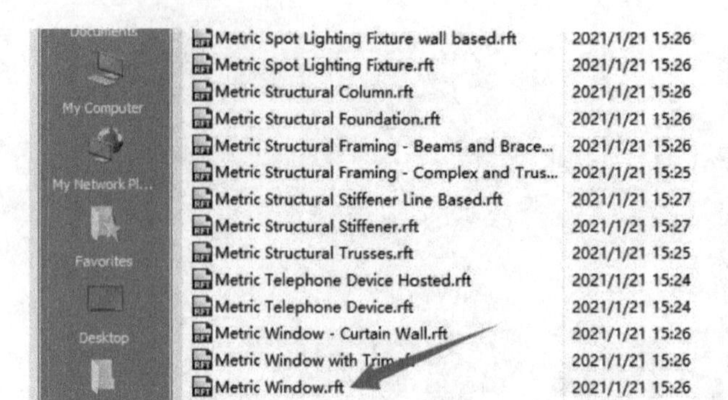

图 11-60　选择族样板

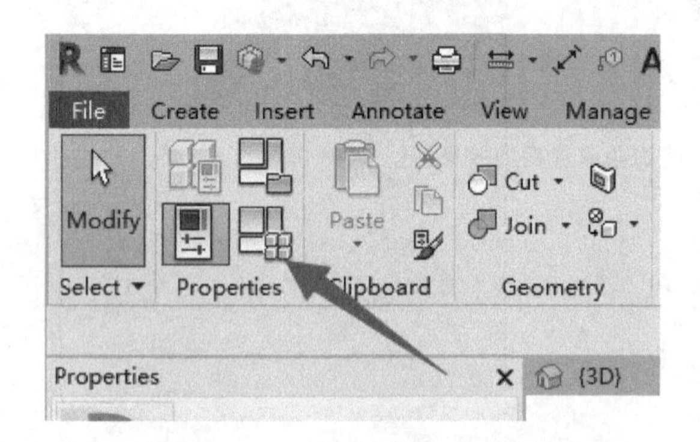

图 11-61　选择族类型按钮

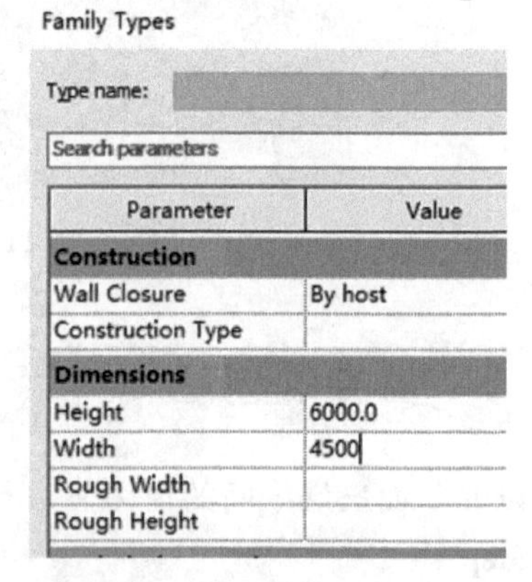

图 11-62　修改洞口尺寸

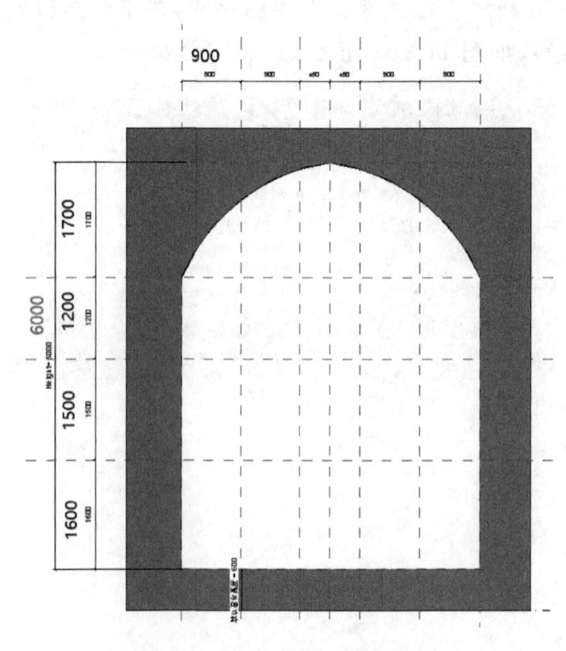

图 11-63　绘制参照平面

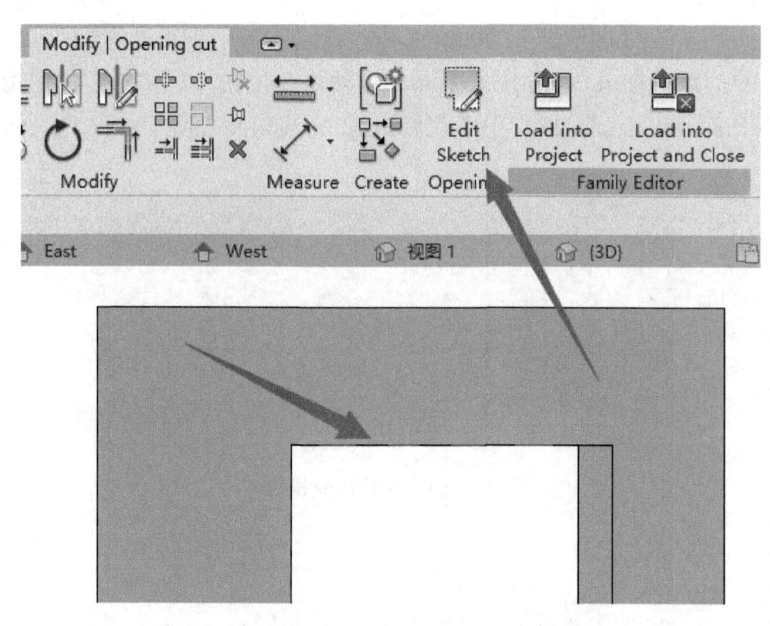

图 11－64　编辑窗洞口线

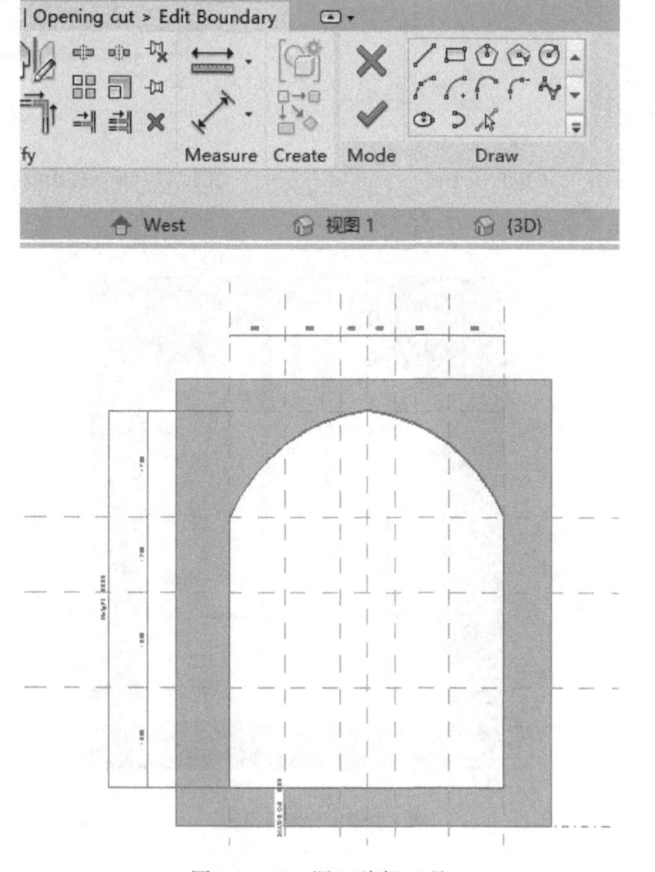

图 11－65　洞口编辑工具

Step 2

点击“Create”创建选项卡，点击“Extrusion”拉伸命令按钮，点击“Set”按钮设置工作平面，选择“Reference Plane：中心（前/后）”中心前后平面，完成窗框绘制，如图 11－66 至图 11－69 所示。

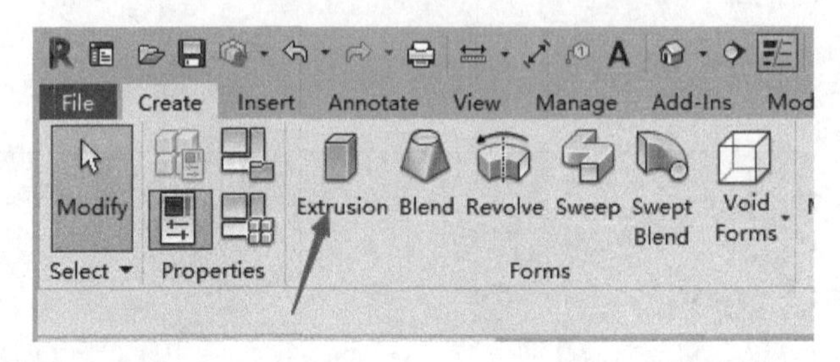

图 11－66　拉伸命令按钮

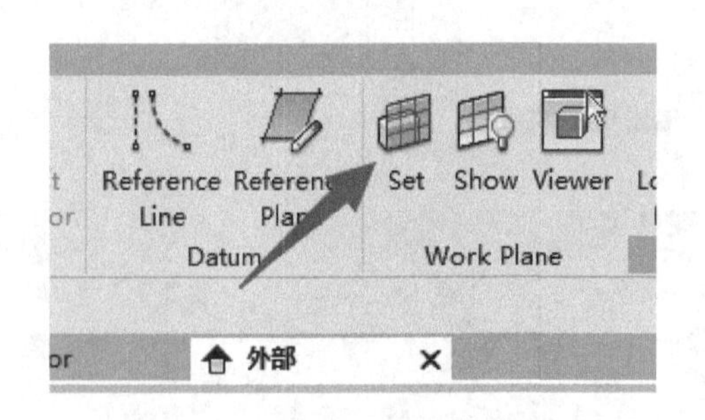

图 11－67　设置工作平面

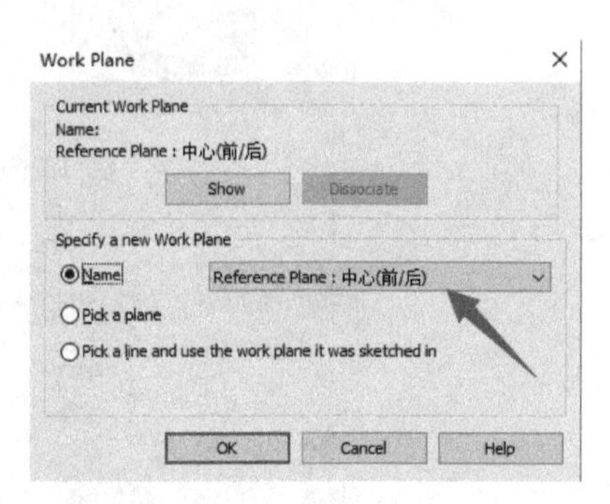

图 11－68　选择中心前后平面

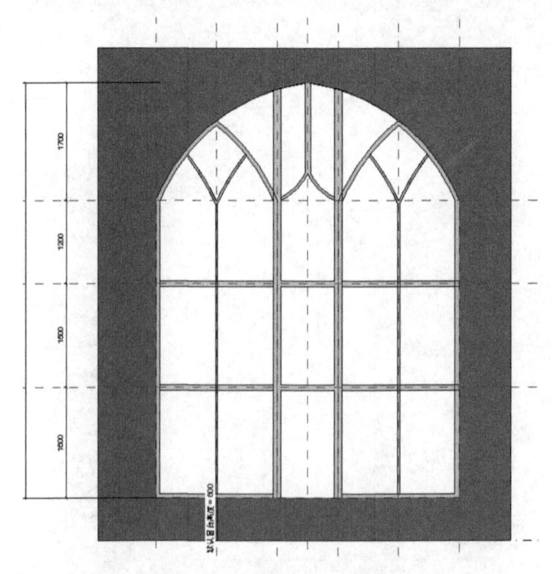

图 11－69　绘制窗框

Step 3

材质参数设置如图 11－70 所示。

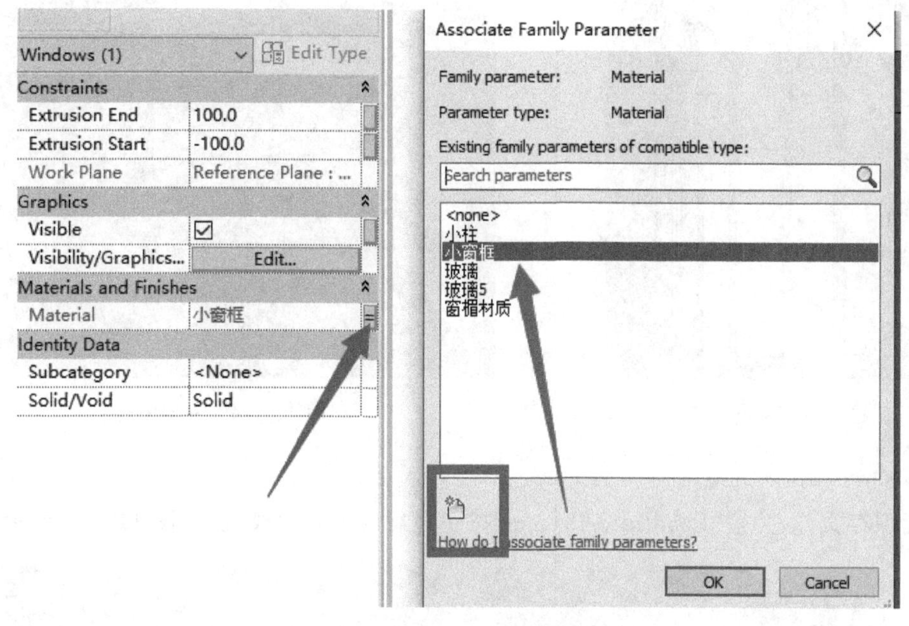

图 11－70　设置材质参数

Step 4

重复上述的步骤创建玻璃。注意玻璃平面可以用拾取线功能。玻璃拉伸厚度为 6 mm，绘制玻璃拉伸轮廓如图 11－71所示。外部边框可以用放样完成，如图 11－72 所示。

图 11－71　绘制玻璃拉伸轮廓

图 11－72　外边框放样

完成后的窗族如图 11－73 所示。图 11－74 为三层阳台，可以通过基于墙的公制常规模型族样板进行拉伸创建。

图 11-73 窗族完成

图 11-74 三层阳台

Step 5

最后保存文件,并按“Load into Project”按钮在载入项目中放置,如图 11-75 所示。

图 11-75 三层阳台和窗

11.4 其他族的创建

本项目中还有其他的装饰族,均可由公制常规模型族样板创建,利用拉伸、放样等基本命令完成。

各种族的三维视图如图 11-76 至图 11-83 所示。

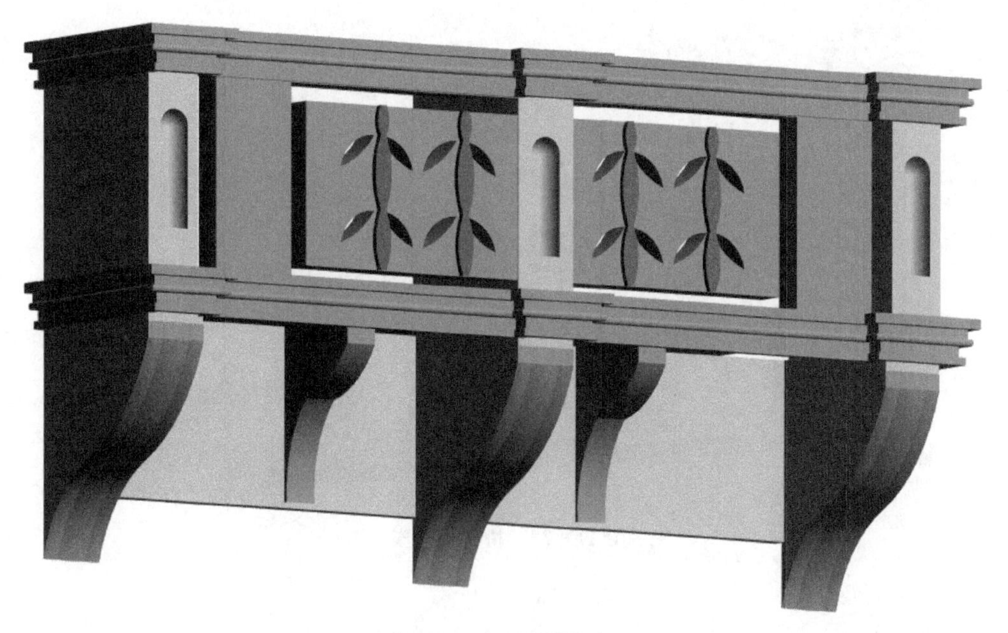

图 11－76　四层阳台

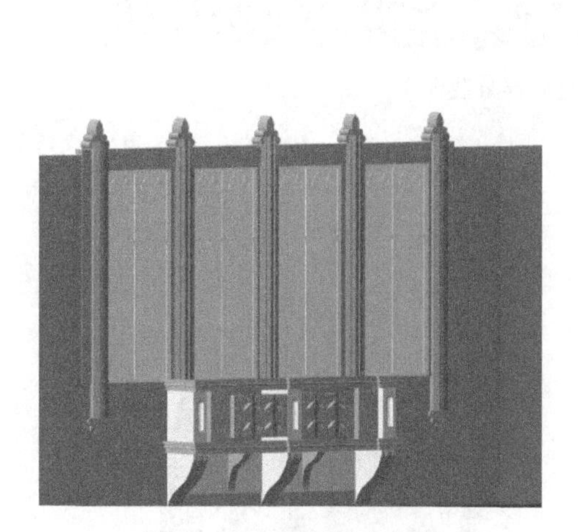

图 11－77　四层阳台和窗

图 11－78　五层造型窗

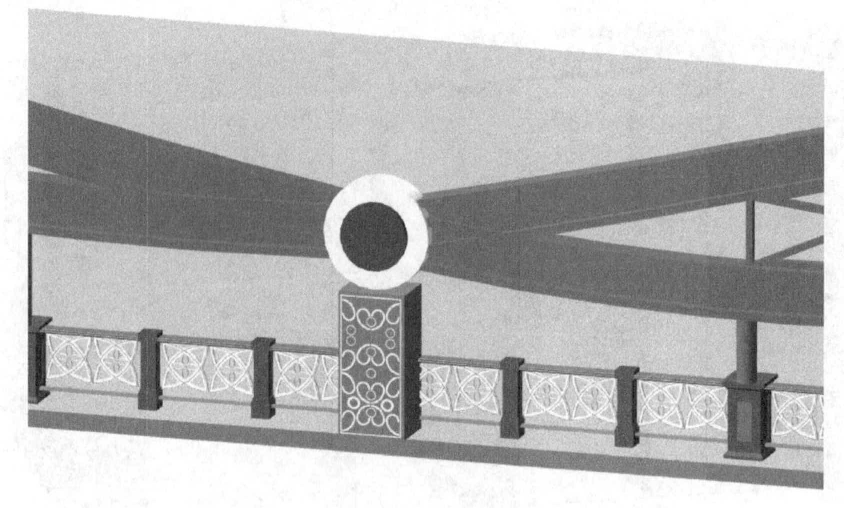

图 11－79　桥墩处支座

图 11－80　上层天桥处浮雕装饰

图 11－81　屋顶装饰

图 11－82　实景照片

图 11－83　模型完成效果图

本章小结

本章详细讲解了柱帽族的创建方法，基于公制常规模型样板，采用了拉伸、放样、融合等功能实现此类族的创建。讲解了悬索工字钢的轮廓族的创建，并列出本项目中的其他构件族的创建效果。族创建的关键在于选择恰当的工作面和形体创建的方法。

第 12 章　栏杆与扶手

12.1　栏杆的创建要点

栏杆扶手由以下部分组成：

(1)水平方向扶栏：顶部扶栏(负责总高)，扶栏结构(画轮廓即可)。

(2)竖向栏杆与嵌板：常规栏杆、嵌板。

(3)竖向支柱：起点、转角、终点支柱(画轮廓即可)。

本章要完成的栏杆为人行天桥的外部栏杆，效果图如图 12-1 所示。

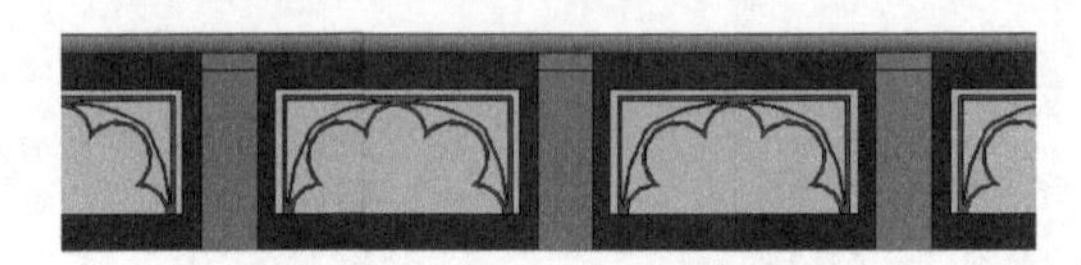

图 12-1　栏杆效果图

12.2　嵌板的创建

Step 1

点击“File”文件选项卡下的“New”按钮新建族。选中“Metric Baluster-Panel. rft”即“公制栏杆-嵌板”样板，如图 12-2、图 12-3 所示。

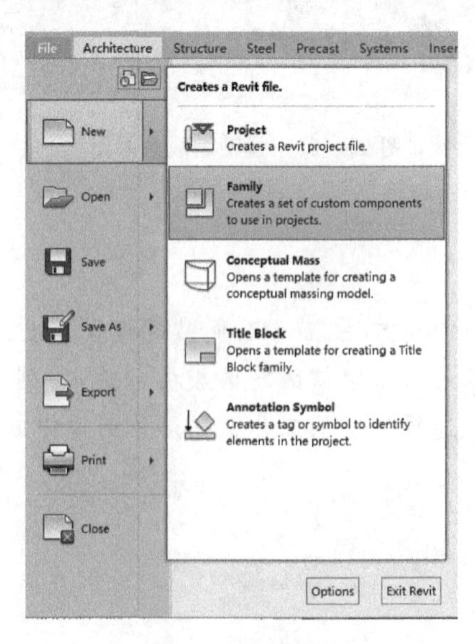

图 12-2　新建族

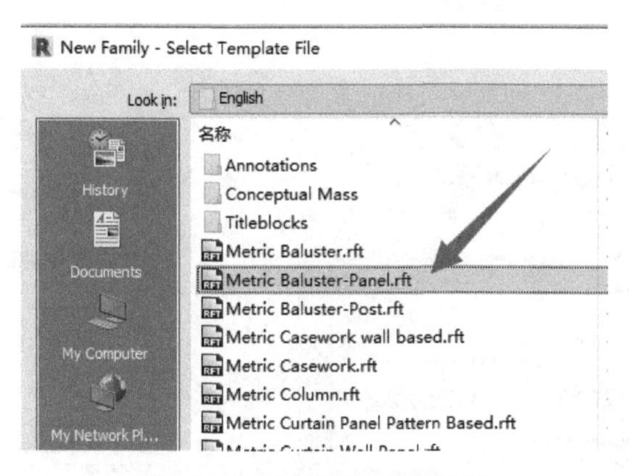

图 12－3　选择栏杆-嵌板样板

Step 2

选择浏览器中的“Right”进入“右立面”，修改参考平面宽度。如图 12－4、图 12－5 所示。点击“Set”按钮，设置工作平面，并打开视图，如图 12－6 至图 12－8 所示。

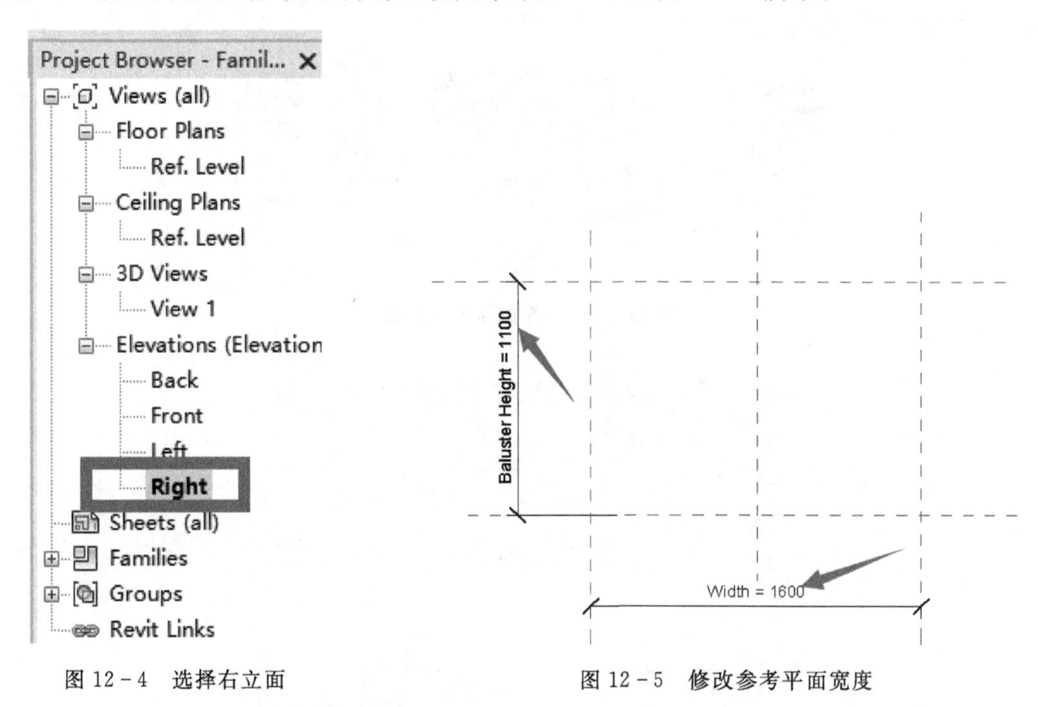

图 12－4　选择右立面　　　　图 12－5　修改参考平面宽度

图 12－6　设置工作平面

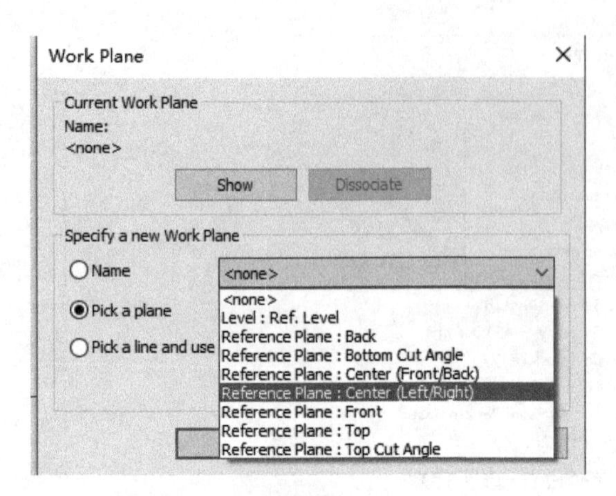

图 12－7　选择中心左右为参照平面

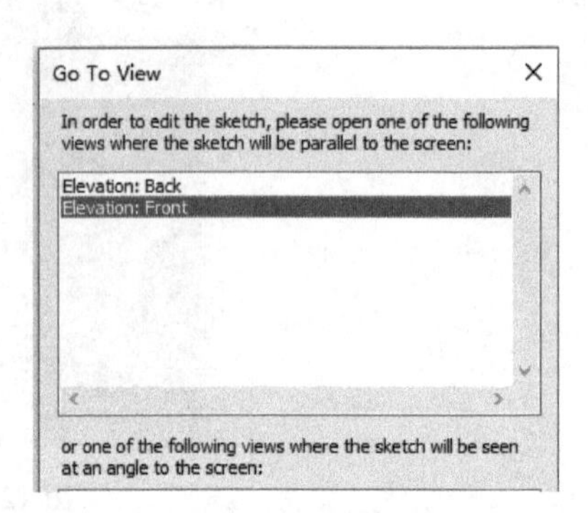

图 12－8　从前立面打开视图

Step 3

点击“Create”创建选项卡，选择“Extrusion”拉伸命令，绘制 1600 mm×1100 mm 的矩形嵌板，如图 12－9 至图 12－11 所示。

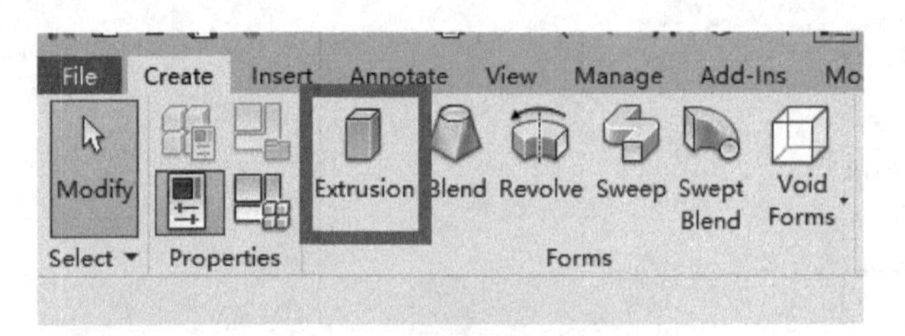

图 12－9　选择拉伸工具按钮

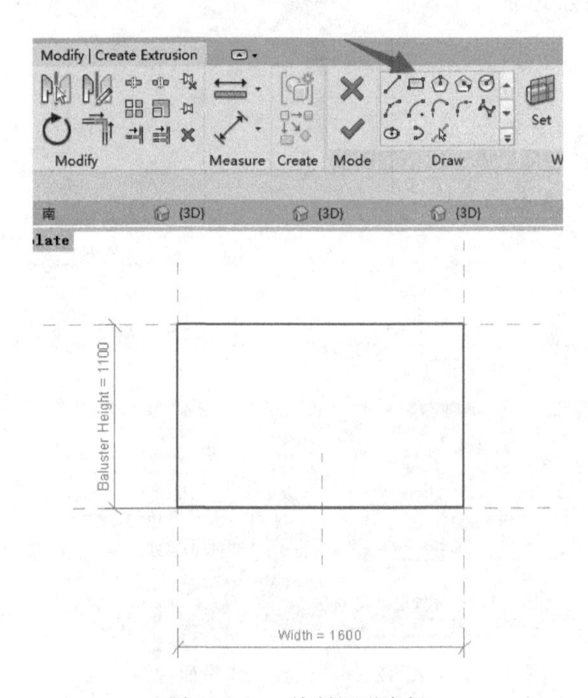

图 12－10　绘制矩形嵌板

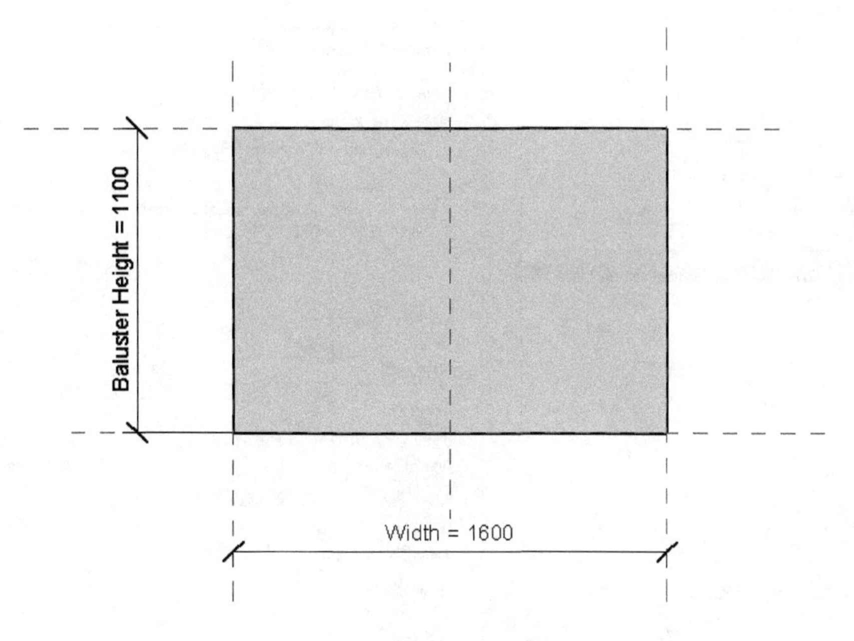

图 12-11　生成拉伸嵌板

Step 4

修改嵌板厚度为 40mm，并设置材质参数，如图 12-12 所示。在族类型中设置嵌板的材质，如图 12-13 至图 12-16 所示。

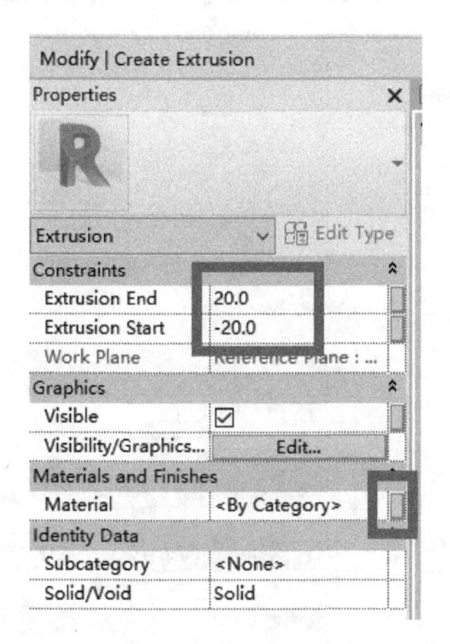

图 12-12　设置材质参数

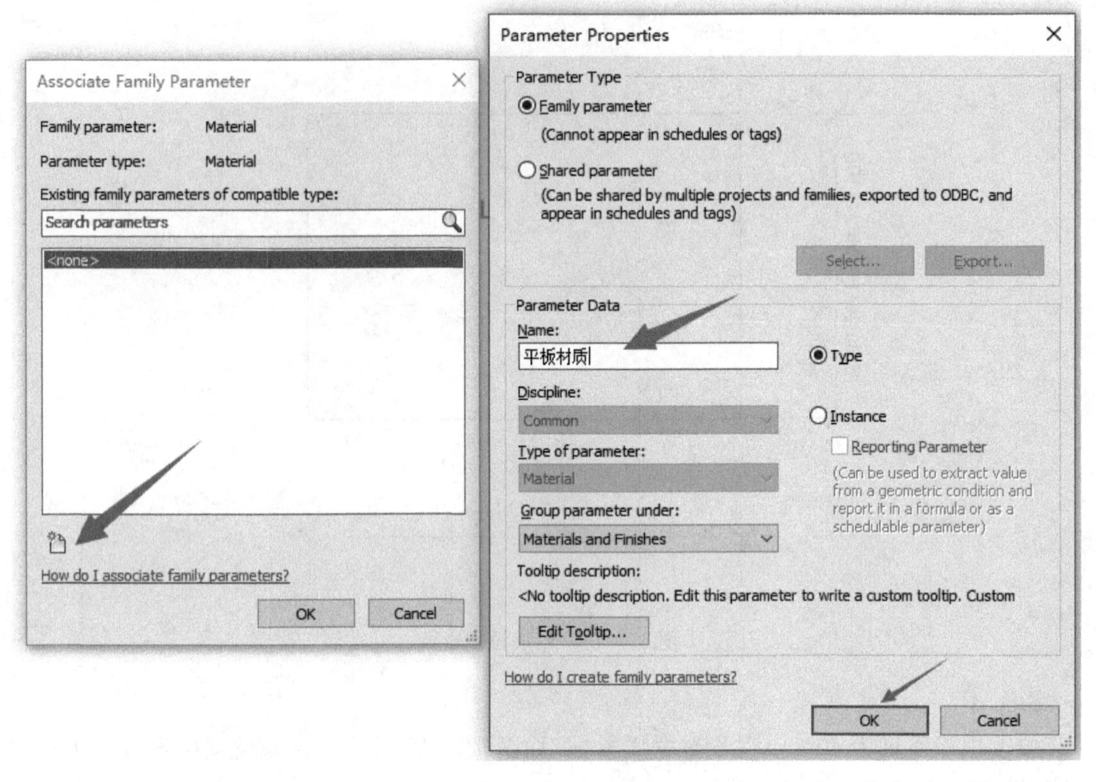

图 12－13　设置新材质参数

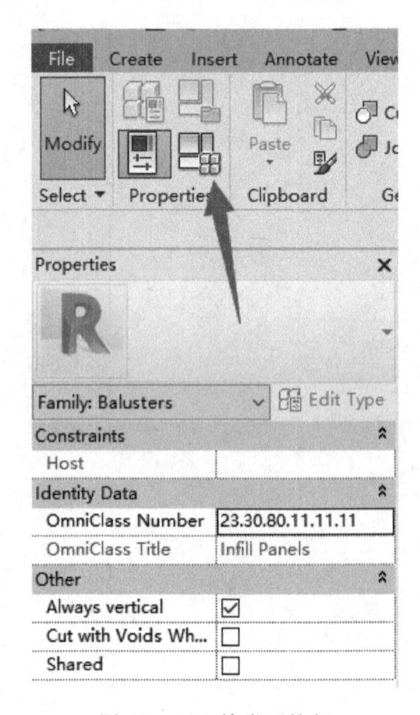

图 12－14　族类型按钮

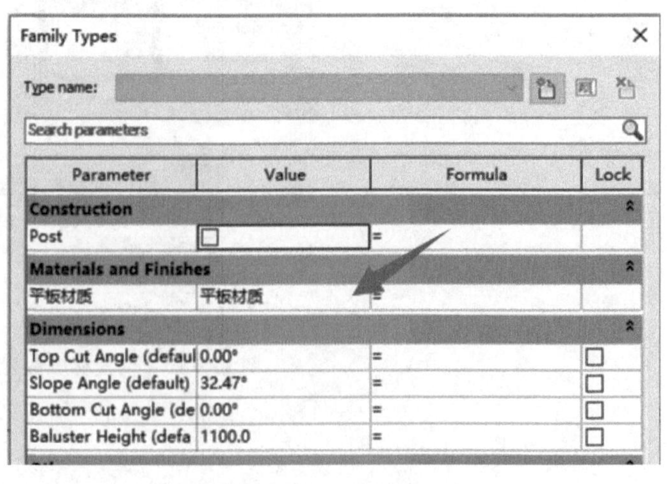

图 12－15　修改平板材质

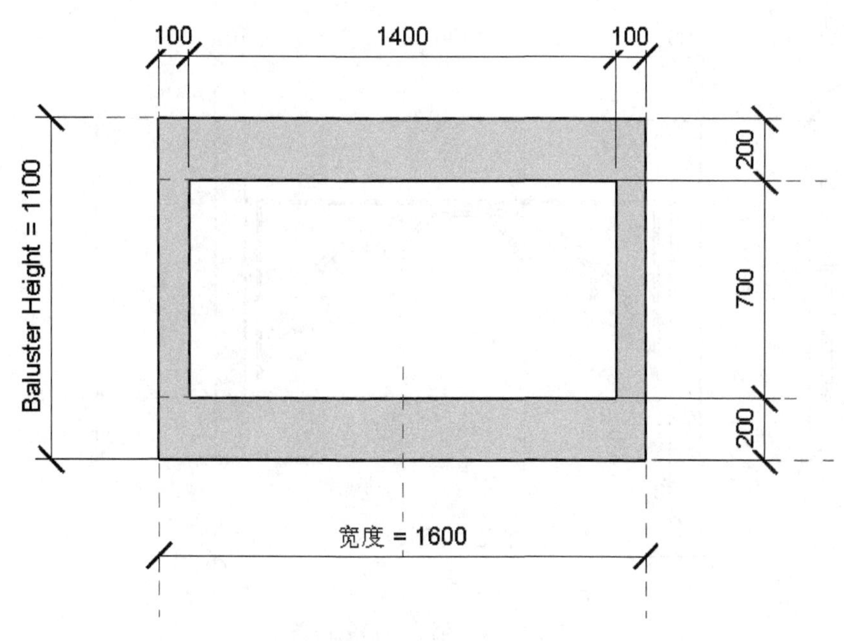

图 12 - 16　创建内部白板

Step 5

重复步骤 2、3、4，拉伸中心白板，修改嵌板厚度为 60 mm，并设置材质参数，在族类型中设置嵌板的材质，如图 12 - 17、图 12 - 18 所示。

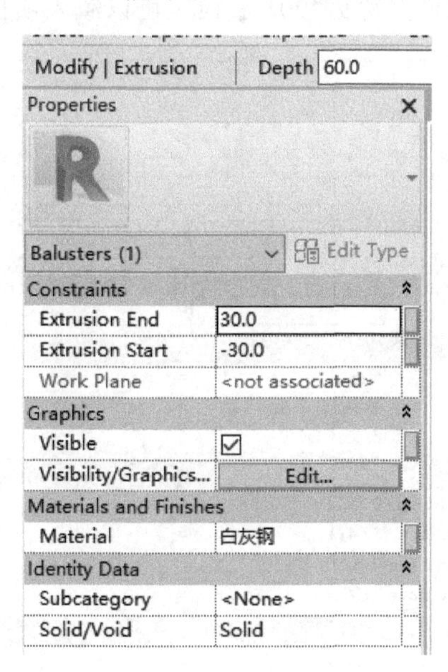

图 12 - 17　设置材质参数

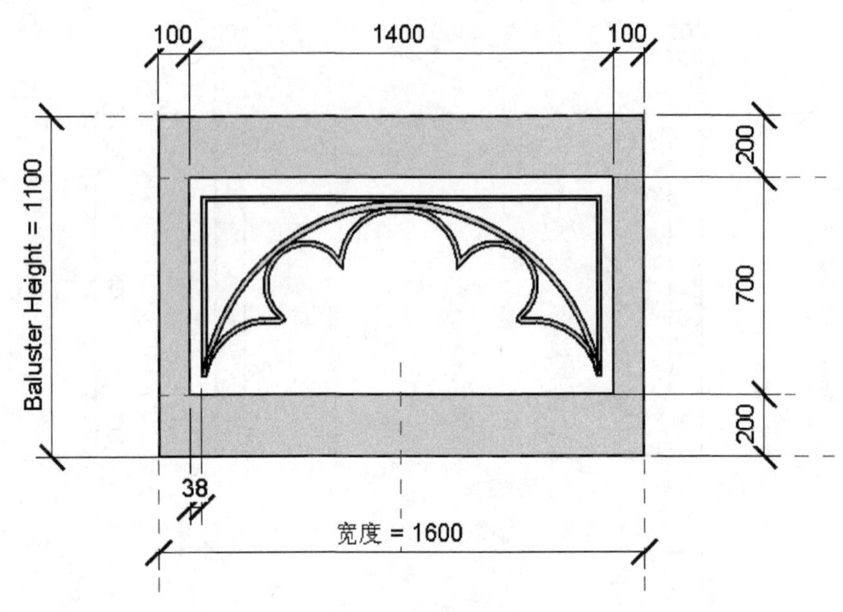

图 12-18　创建内部装饰条

Step 6

重复步骤 2、3、4，创建拉伸中心白板，修改嵌板厚度为 60 mm，并设置材质参数，在族类型中设置嵌板的材质，如图 12-19 所示。

嵌板完成后保存修改族文件名称为“001 嵌板”，可以载入项目备用。

Family Types

Type name:

Search parameters

Parameter	Value	Formula	Lock
Construction			
Post	☐	=	
Materials and Finishes			
平板材质	蓝绿钢	=	
棕铝条	棕铝条	=	
白板材质	白灰钢	=	
Dimensions			
Top Cut Angle (defaul	0.00°	=	☐
Slope Angle (default)	32.47°	=	☐
Bottom Cut Angle (de	0.00°	=	☐
Baluster Height (defa	1100.0	=	☐
Other			
宽度	1600.0	=	☑
Identity Data			

Manage Lookup Tables

How do I manage family types?

OK　Cancel　Apply

图 12-19　族类型数据

12.3 顶部扶栏

顶部扶栏是基于公制轮廓族样板创建的，新建族并选择样板“Metric Profile”或“Metric Profile - Rail. rft”如图 12 - 20、图 12 - 21 所示，具体步骤参考本书 11. 2 节“轮廓族创建”的过程，顶部扶栏轮廓的数据如图 12 - 22 所示。

保存该顶部扶栏名称为“001 顶部扶栏轮廓”族，并将该组载入项目。

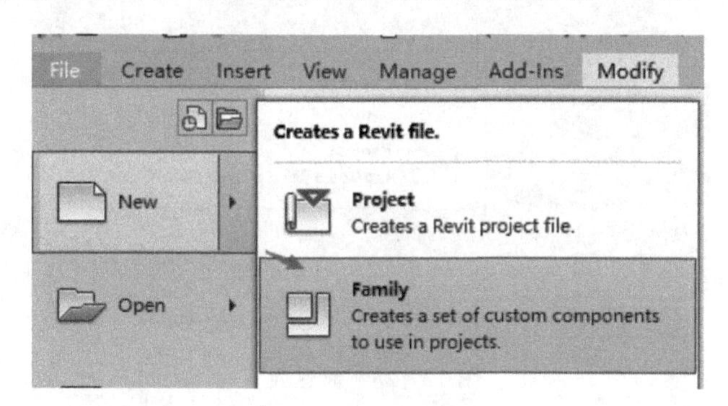

图 12 - 20　创建新族

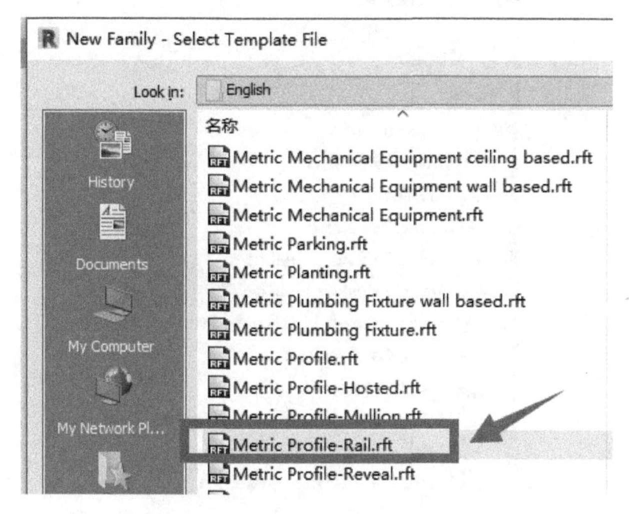

图 12 - 21　族样板

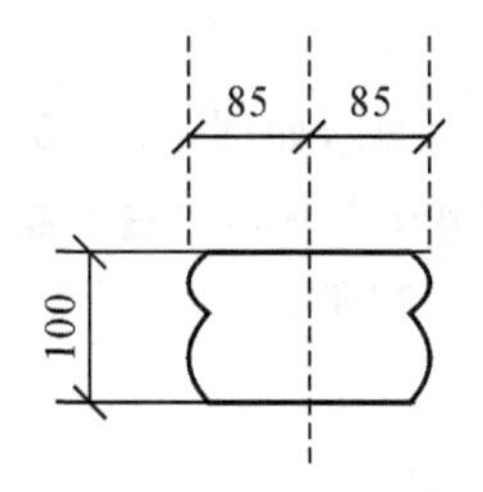

图 12 - 22　扶栏轮廓数据

12.4 支柱

Step 1

点击“File”文件选项卡下的“New”按钮新建族。选中“Metric Baluster - Post. rft”即“公制栏杆-支柱”样板，如图 12 - 23、图 12 - 24 所示。

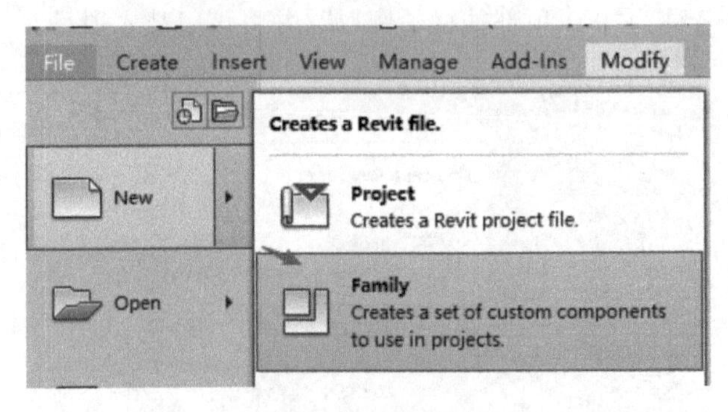

图 12 - 23 新建族

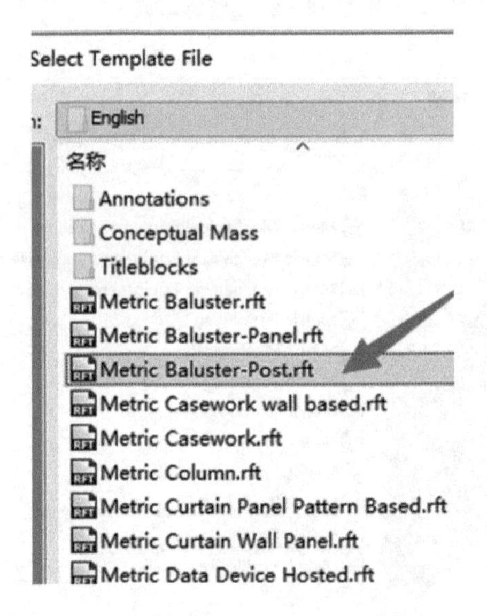

图 12 - 24 选择“公制栏杆-支柱”样板

Step 2

选择浏览器中的“Right”进入“右立面”，如图 12 - 25 所示。点击“Set”，设置工作平面，选择“Reference Plane：Center (Left/Right)”中心左右为参考平面并打开视图，如图 12 - 26、图 12 - 27 所示。修改支柱高度，如图 12 - 28所示。

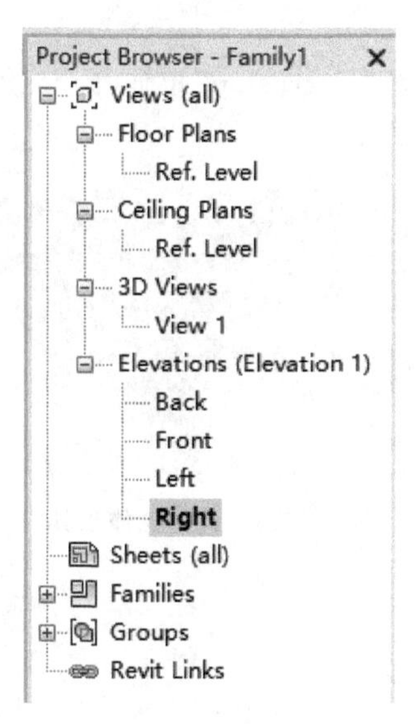

图 12-25 选择右立面

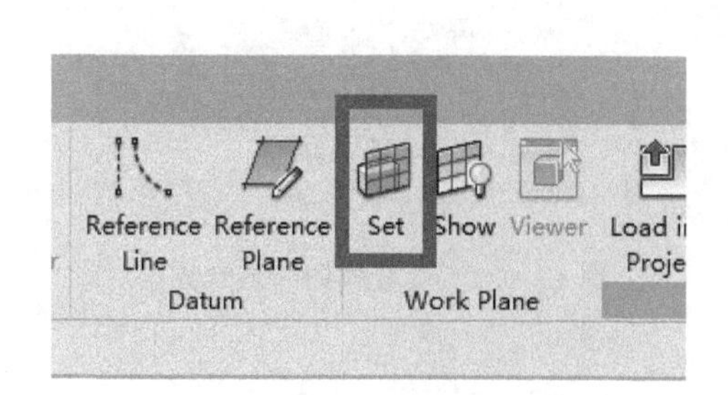

图 12-26 设置工作平面

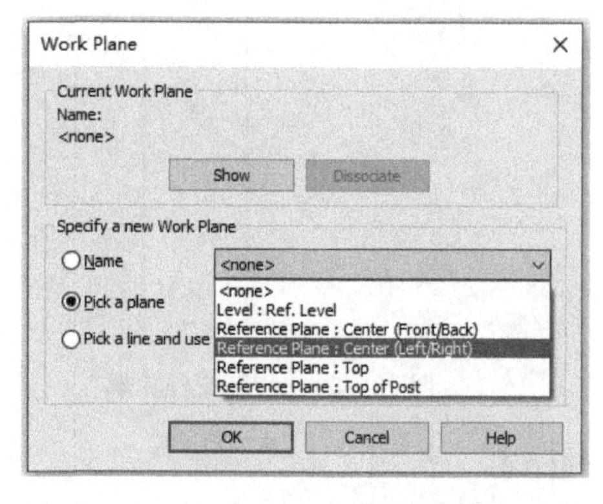

图 12-27 选择中心左右为参考平面

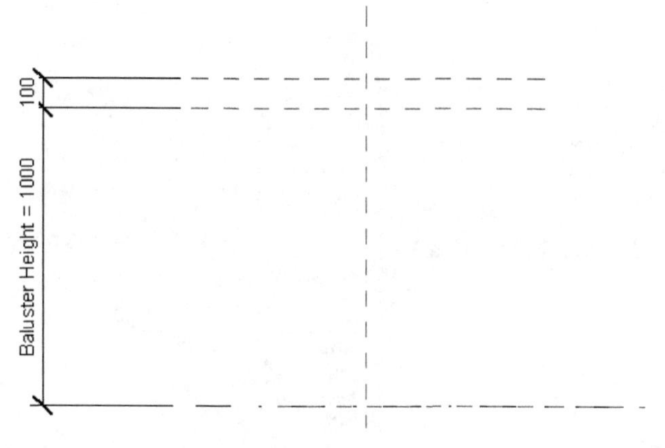

图 12-28 修改支柱高度

Step 3

点击“Create”创建选项卡，选择“Extrusion”拉伸命令，绘制 320 mm×1000 mm 的支柱，如图 12－29 至图 12－31 所示。

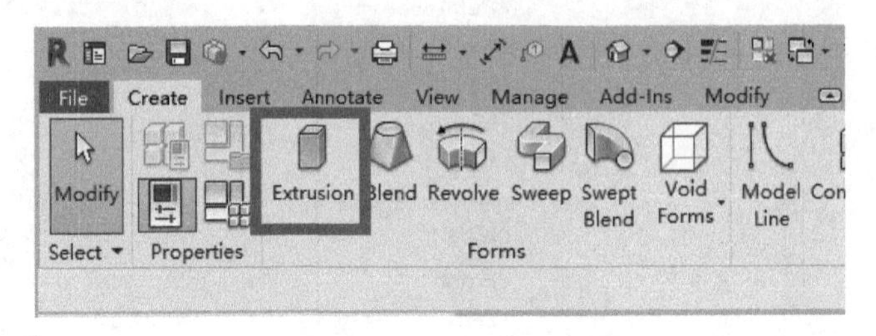

图 12－29　选择拉伸工具

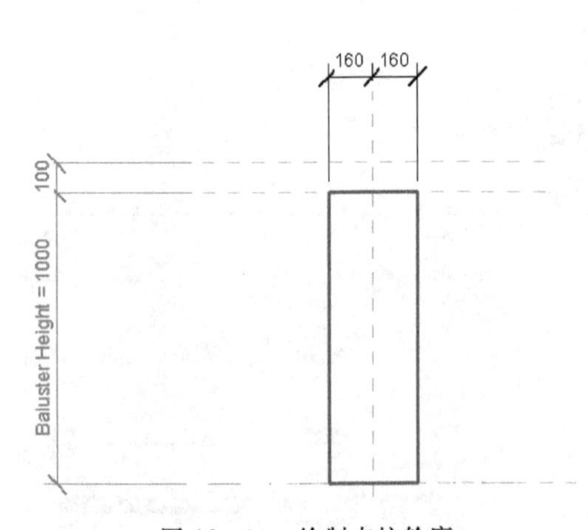

图 12－30　绘制支柱轮廓

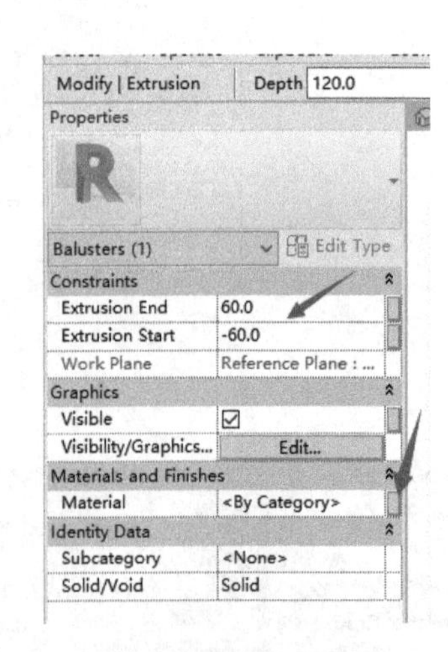

图 12－31　设置拉伸起点和终点

Step 4

修改支柱厚度为 120 mm，并设置材质参数，在族类型中设置嵌板的材质参数，具体操作如图 12－32 所示。

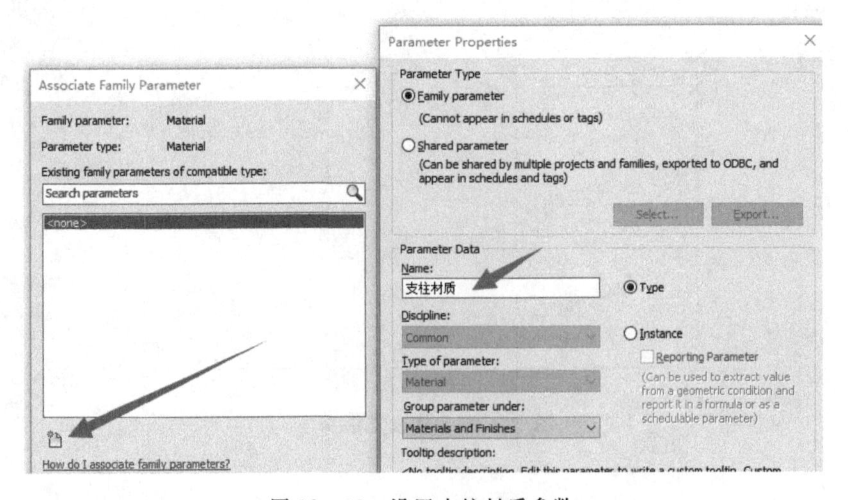

图 12－32　设置支柱材质参数

Step 5

重复步骤 2、3、4，拉伸顶部，修改顶部厚度为 140 mm，并设置材质参数，在族类型中设置嵌板的材质，如图 12－33 所示；另存该支柱族，如图 12－34 所示。

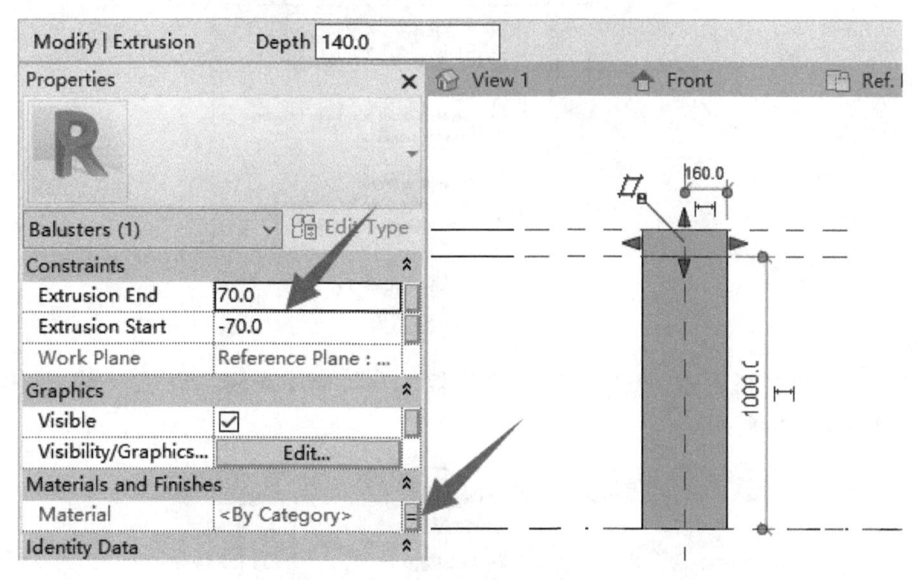

图 12－33　创建顶部拉伸

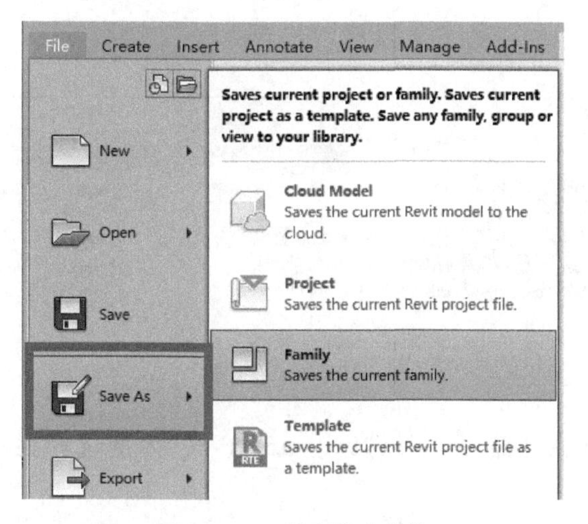

图 12－34　另存该支柱族

12.5　栏杆组合

Step 1

点击“File”文件选项卡下的“New”按钮新建一个项目，如图 12－35 所示。

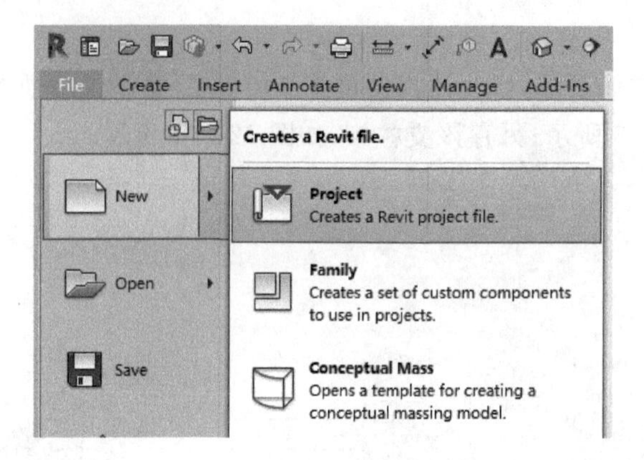

图 12－35　新建一个项目

Step 2

载入“001 顶部扶栏轮廓．rfa”、“001 矩形嵌板．rfa”、“001 支柱．rfa”三个族，具体操作如图 12－36、图 12－37 所示。

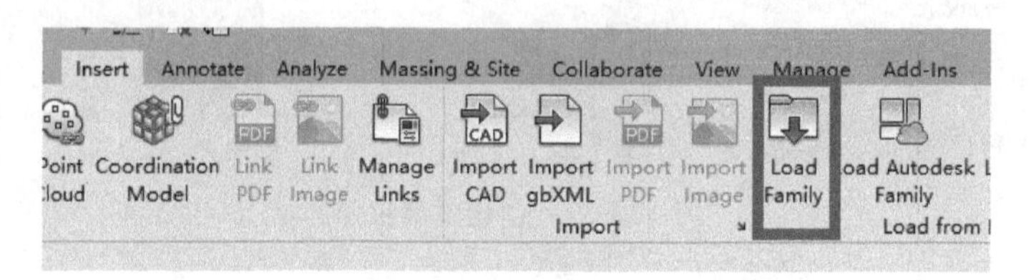

图 12－36　载入族

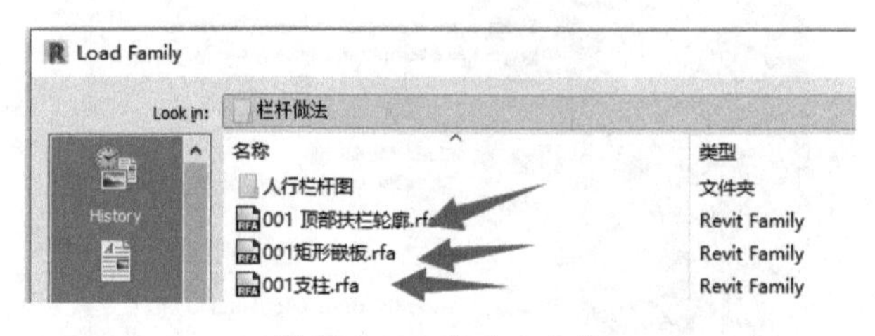

图 12－37　载入三个族

Step 3

点击“Railing”绘制栏杆路径，并以“900 mm_Pipe”为例选择栏杆类型，如图 12－38、图 12－39所示。

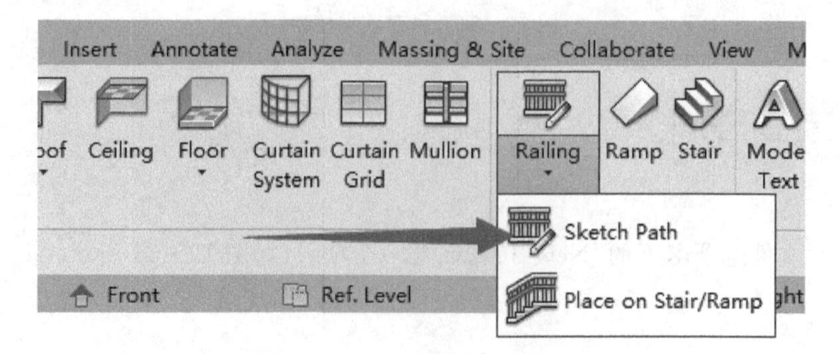

图 12－38　栏杆绘制命令

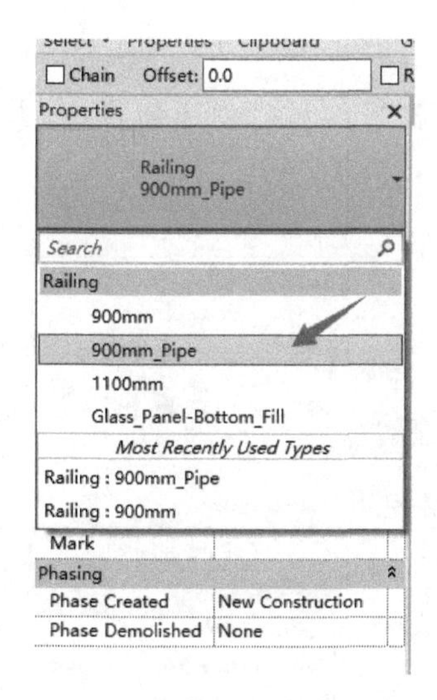

图 12 - 39　选择栏杆类型

Step 4

绘制路径并完成创建，如图 12 - 40、图 12 - 41 所示。

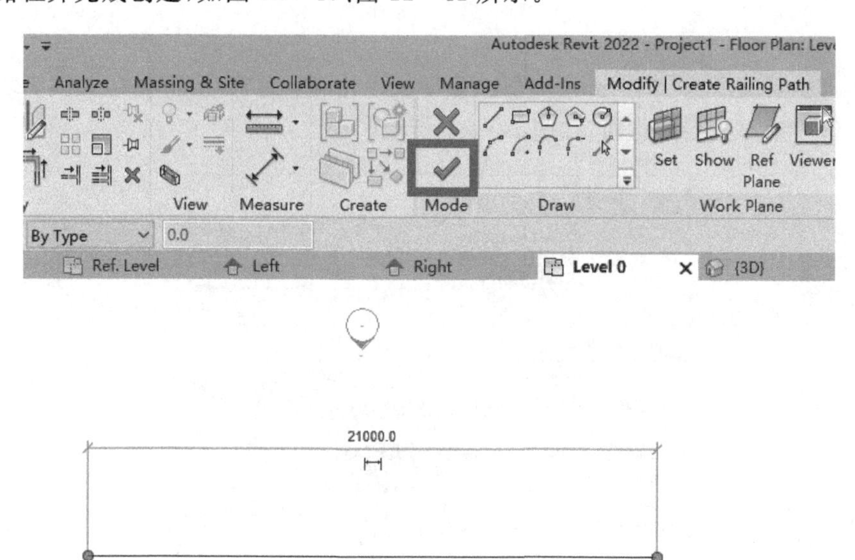

图 12 - 40　绘制一段栏杆路径

图 12 - 41　绘制栏杆视图

Step 5

选中上述栏杆实体，编辑该栏杆类型。创建新栏杆，并以“001 型栏杆组合”命名，如图 12－42所示。

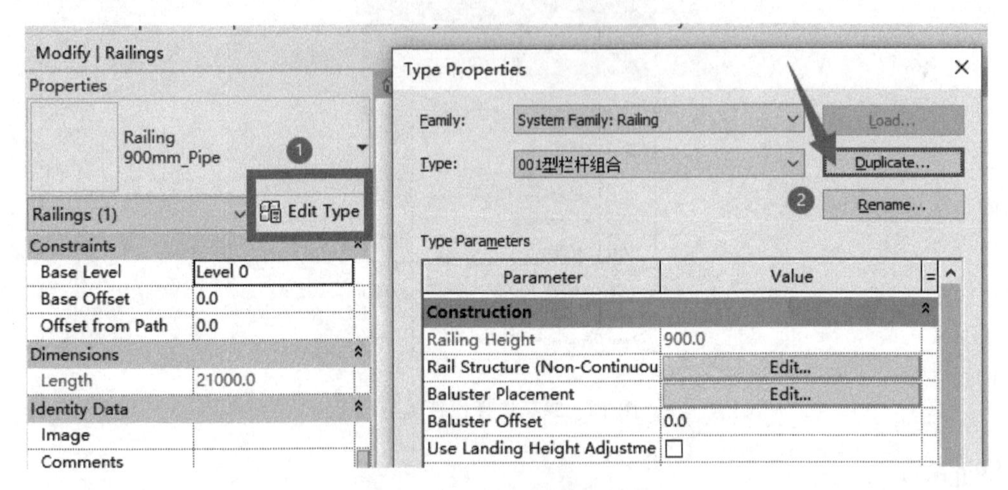

图 12－42　编辑该栏杆类型

Step 6

修改顶部扶手高度为 1300 mm，并修改顶部扶手轮廓名称和轮廓样式，如图 12－43、图 12－44 所示。修改顶部扶手的材质，如图 12－45 所示。

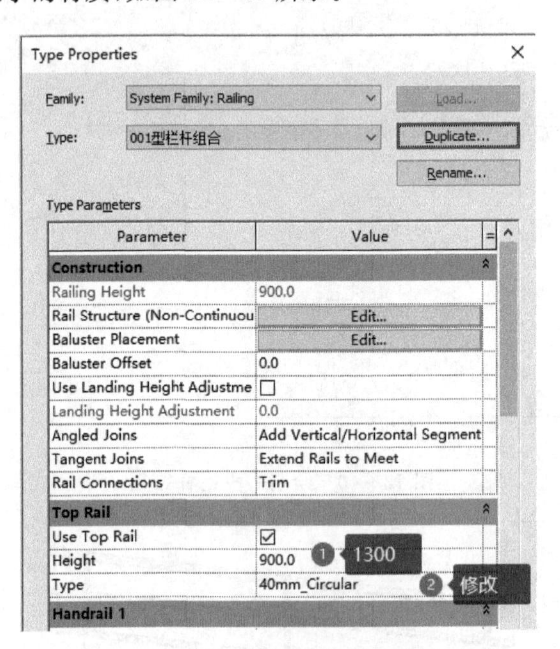

图 12－43　修改顶部扶手数据

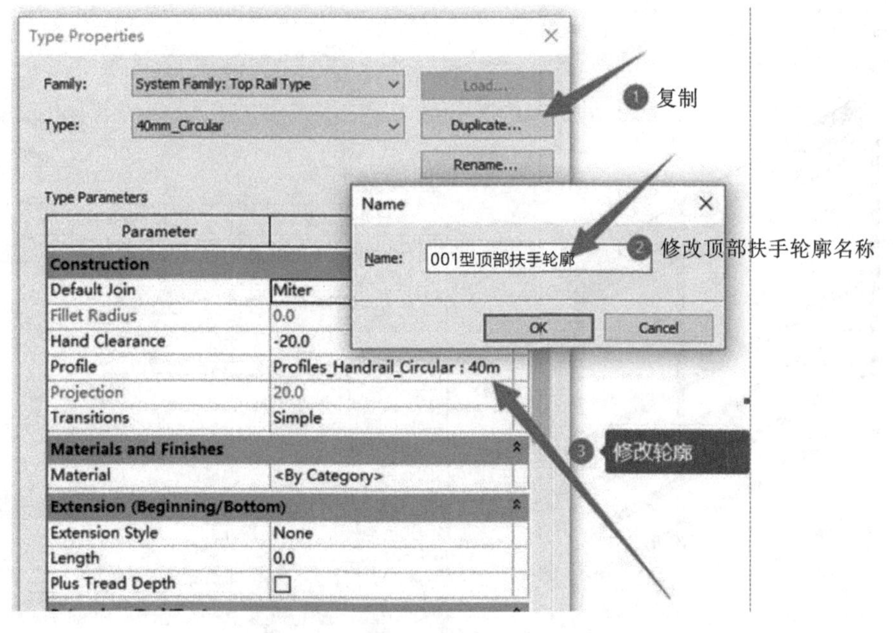

图 12－44　修改顶部扶手的轮廓名称

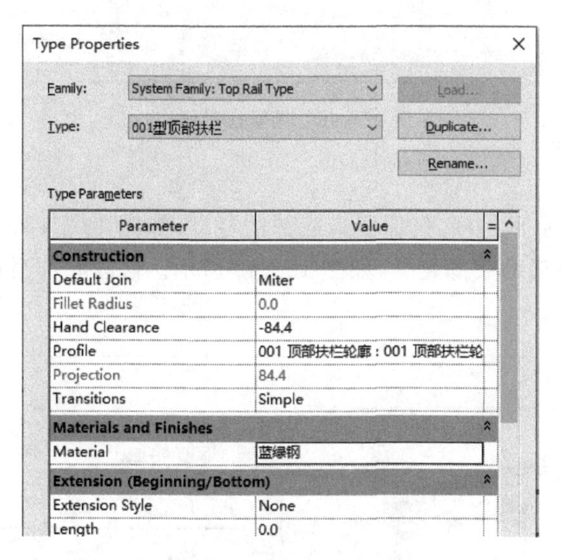

图 12－45　修改顶部扶栏的材质

Step 7

编辑扶栏结构，并打开预览，如图 12－46 所示。

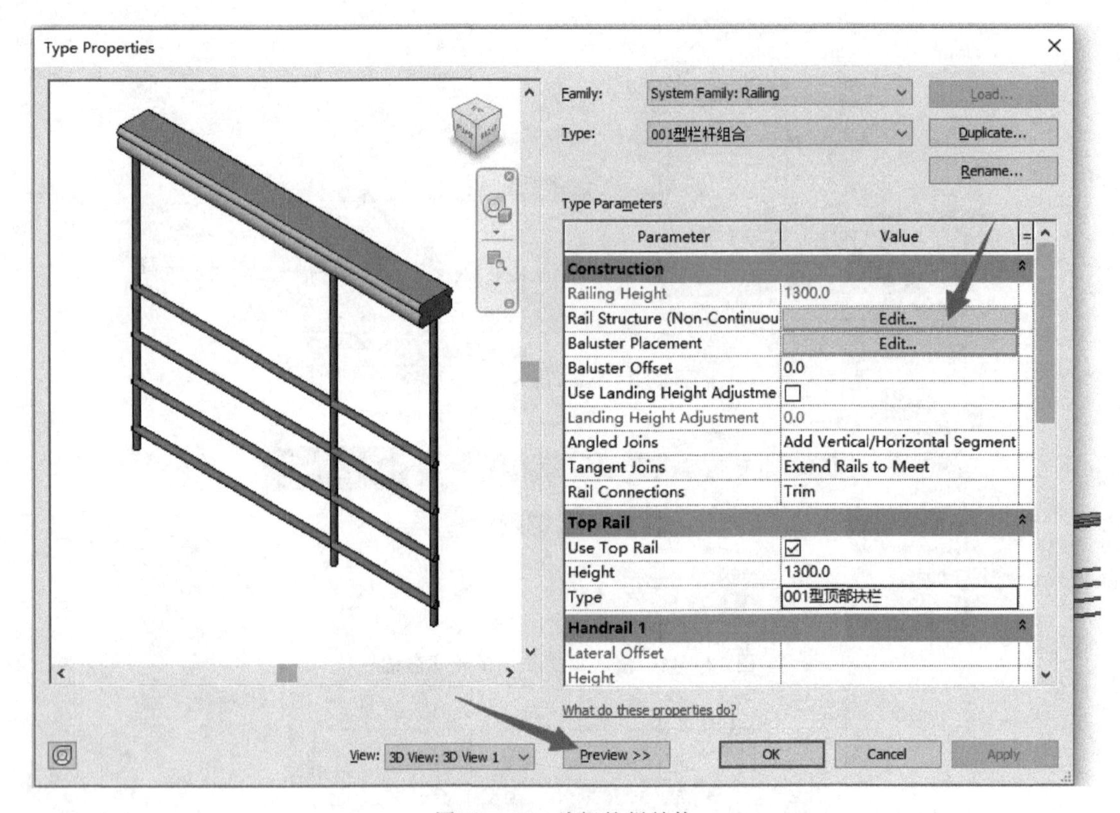

图 12-46　编辑扶栏结构

Step 8

删除不需要的三个水平栏杆，仅保留最底部的栏杆，如图 12-47 所示。修改底部栏杆的轮廓(图 12-48)。修改后的底部轮廓，如图 12-49 所示。修改底部栏杆的材质，如图 12-50 所示。

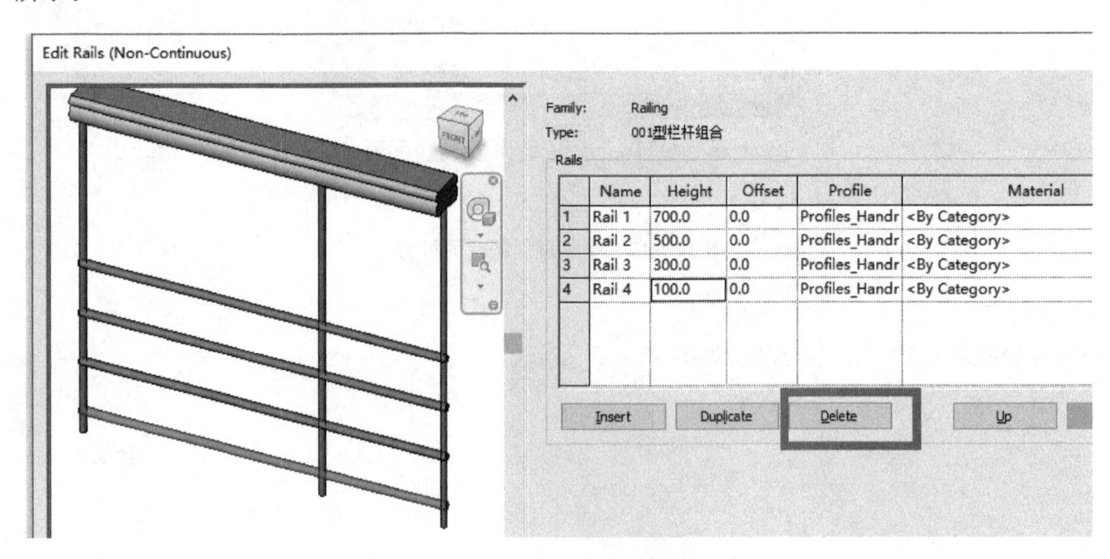

图 12-47　删除多余的栏杆

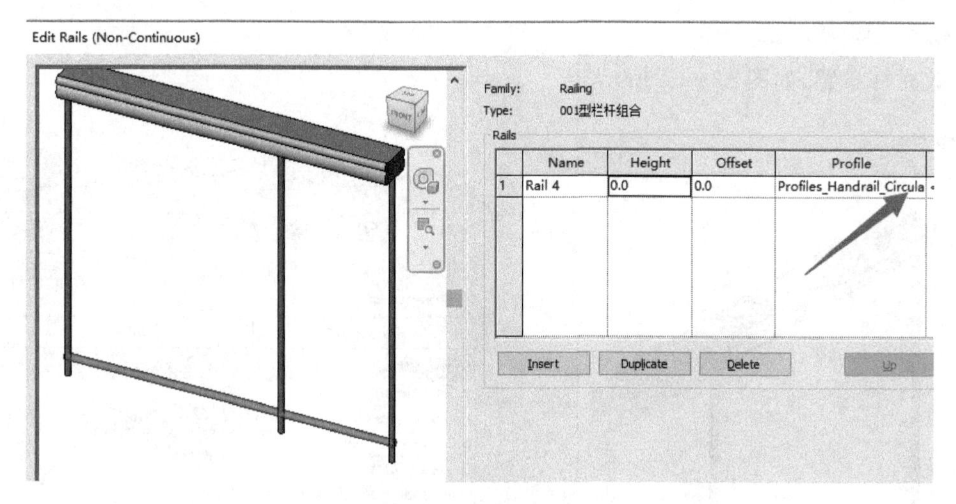

图 12－48 修改轮廓

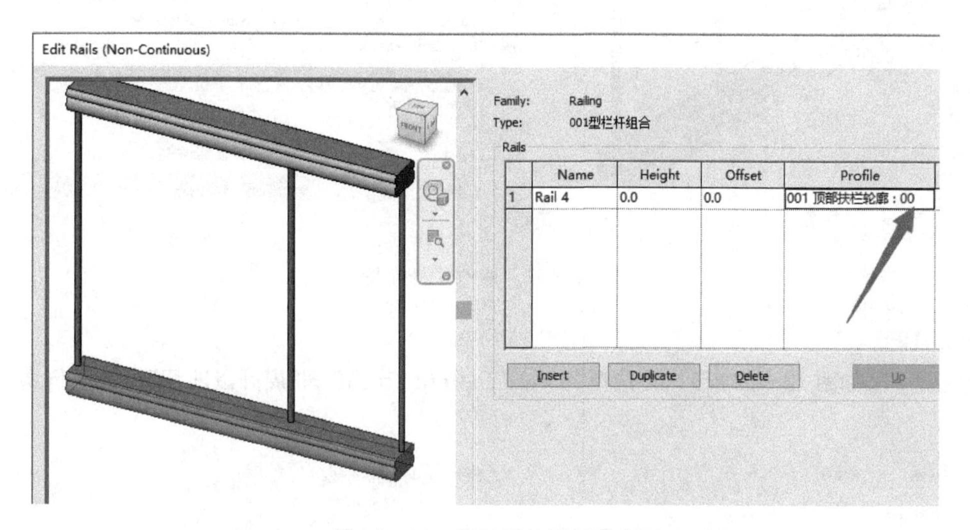

图 12－49 修改后的底部轮廓

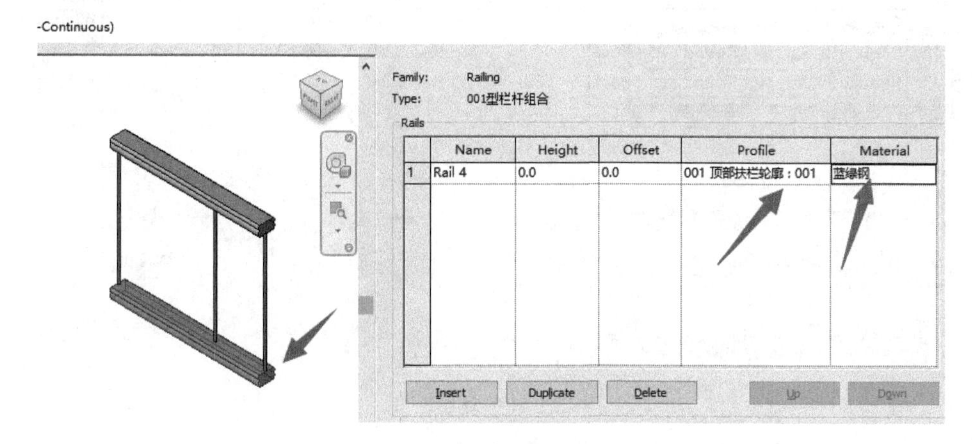

图 12－50 修改底部栏杆的材质

Step 9

修改栏杆布置，如图 12－51 所示。

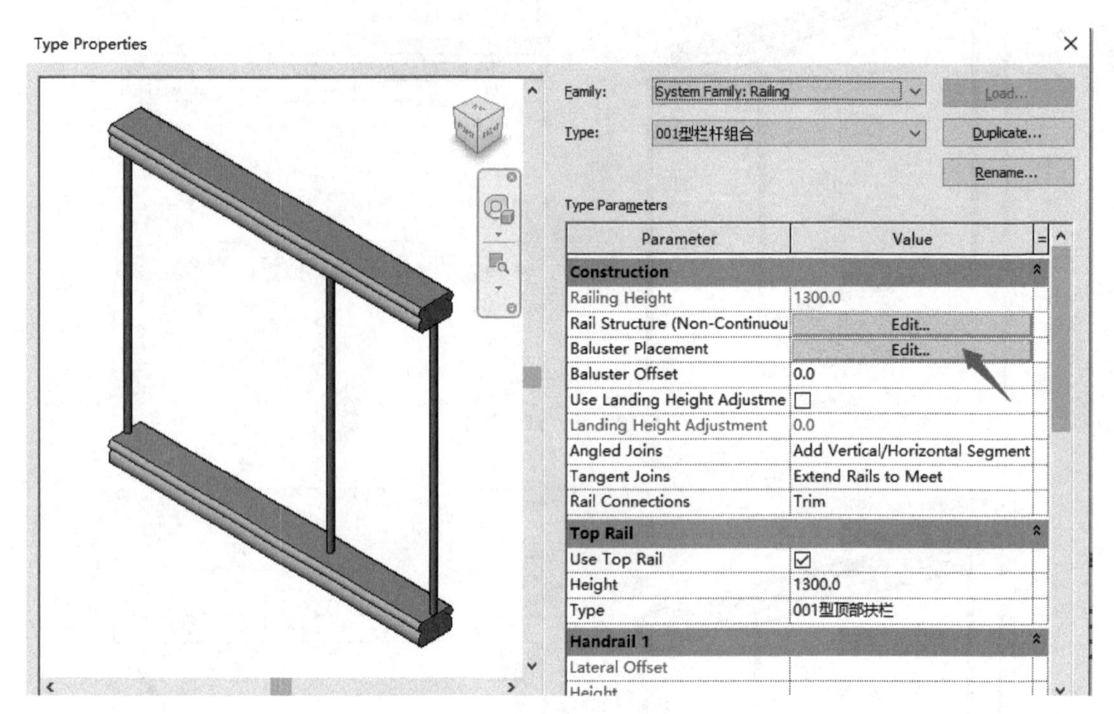

图 12－51　修改栏杆布置

Step 10

复制栏杆，如图 12－52 所示，并选择“Spread Pattern To Fit”即“展开以匹配”模式进行调整。

Family:　Railing　　Type:　001型栏杆组合

Main pattern

	Name	Baluster Family	Base	Base offset	Top	Top offset	Dist. from previous	Offset
1	Pattern st	N/A	N/A	N/A	N/A	N/A	N/A	N/A
2	Regular b	Baluster_Round : 25	Host	0.0	Top Rail E	0.0	1000.0	0.0
3	Regular b	Baluster_Round :	Host	0.0	Top Rail E	0.0	1000.0	0.0
4	Pattern en	N/A	N/A	N/A	N/A	N/A	0.0	N/A

Delete　Duplicate　Up　Down

Break Pattern at: Each Segment End　Angle: 0.00°　Pattern Length: 2000.0

Justify: Spread Pattern To Fit (Beginning / End / Center / Spread Pattern To Fit)　Excess Length Fill: None　Spacing: 0.0

Use Baluste　Balusters Per Tread: 1　Baluster Family: Baluster_Round : 25mm

图 12－52　复制栏杆

Step 11

选择顶部扶手第 2 行的支柱为“001 矩形嵌板：001 矩”，替换第 3 行为“001 支柱：001 支柱”，二者之间的距离为 960 mm，如图 12－53、图 12－54 所示。修改起点支柱(Start Post)、转角支柱(Corner Post)，以及终点支柱(End Post)的类型为“001 支柱”，完成效果如图 12－55 所示。

Family: Railing　　Type: 001型栏杆组合

Main pattern

	Name	Baluster Family	Base	Base offset	Top	Top offset	Dist. from previous	Offset
1	Pattern st	N/A	N/A	N/A	N/A	N/A	N/A	N/A
2	Regular b	001矩形嵌板：001矩	Host	0.0	Top Rail E	0.0	960.0	0.0
3	Regular b	001支柱：001支柱	Host	0.0	Top Rail E	-100.0	960.0	0.0
4	Pattern en	N/A	N/A	N/A	N/A	N/A	0.0	N/A

图 12－53　修改栏杆距离

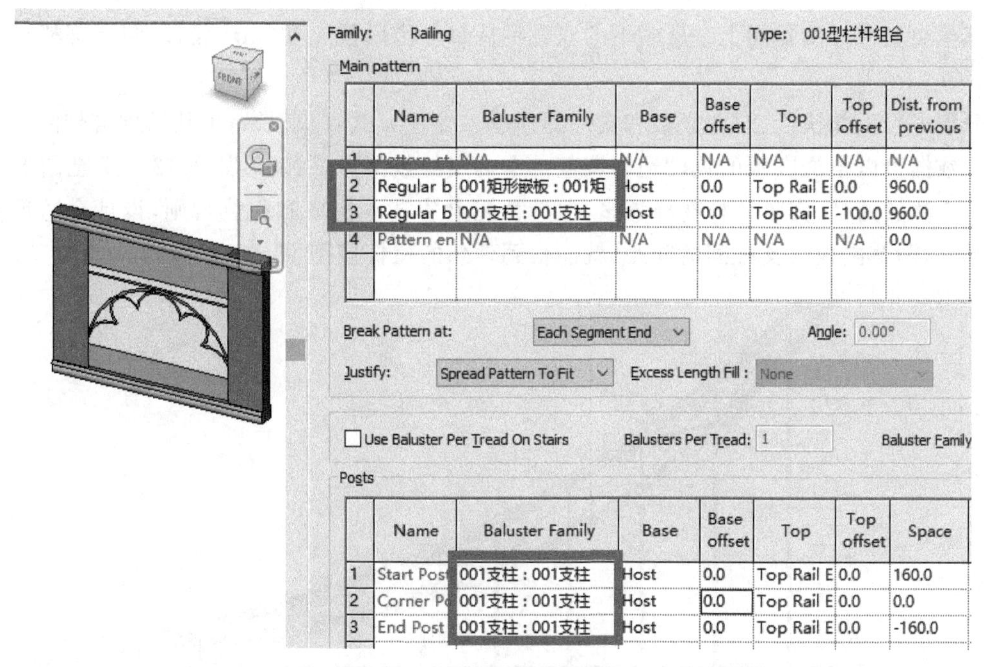
Family: Railing　　Type: 001型栏杆组合

Main pattern

	Name	Baluster Family	Base	Base offset	Top	Top offset	Dist. from previous
1	Pattern st	N/A	N/A	N/A	N/A	N/A	N/A
2	Regular b	001矩形嵌板：001矩	Host	0.0	Top Rail E	0.0	960.0
3	Regular b	001支柱：001支柱	Host	0.0	Top Rail E	-100.0	960.0
4	Pattern en	N/A	N/A	N/A	N/A	N/A	0.0

Break Pattern at: Each Segment End　　Angle: 0.00°

Justify: Spread Pattern To Fit　　Excess Length Fill: None

Use Baluster Per Tread On Stairs　　Balusters Per Tread: 1　　Baluster Family

Posts

	Name	Baluster Family	Base	Base offset	Top	Top offset	Space
1	Start Post	001支柱：001支柱	Host	0.0	Top Rail E	0.0	160.0
2	Corner P	001支柱：001支柱	Host	0.0	Top Rail E	0.0	0.0
3	End Post	001支柱：001支柱	Host	0.0	Top Rail E	0.0	-160.0

图 12－54　修改支柱轮廓

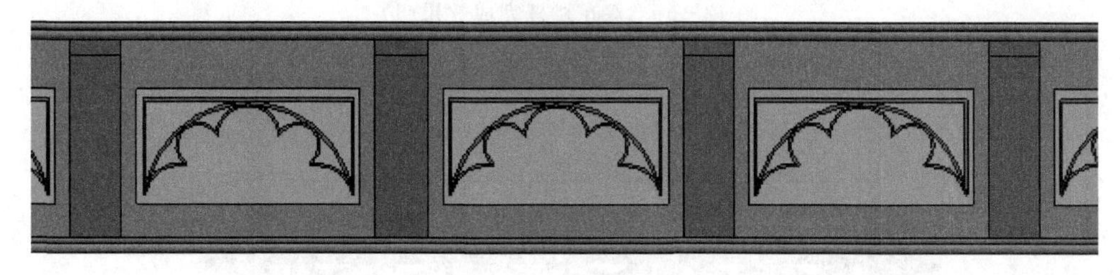

图 12－55　完成效果

该 001 型栏杆组合完成后，可以打开该文件，采用项目标准传递方式运用到塔桥项目中的上部人行天桥上，也可以在塔桥项目中按照上述步骤创建这个栏杆类型。上部栏板完成效果如图 12－56 所示。

图 12－56　上部栏板完成效果

12.6　其他类型栏杆

其他类型栏杆步骤同上。悬索下的双花栏杆每个区段按 5500 mm 设计，与上部栏杆间距相等。

分别进行顶部扶栏、双花嵌板和支柱的创建。支柱为欧式扶栏墩，可从软件自带的族库中载入。数据可以根据嵌板的宽度适当调整。本书中的数据可供参考，如图 12－57 至图 12－61 所示。应注意的是，实际栏杆花样繁多，但是掌握上述基本构成和组合规则，设计合适尺寸的各个部件，调整嵌板与支柱间的间距，就能得到理想的栏杆模型。

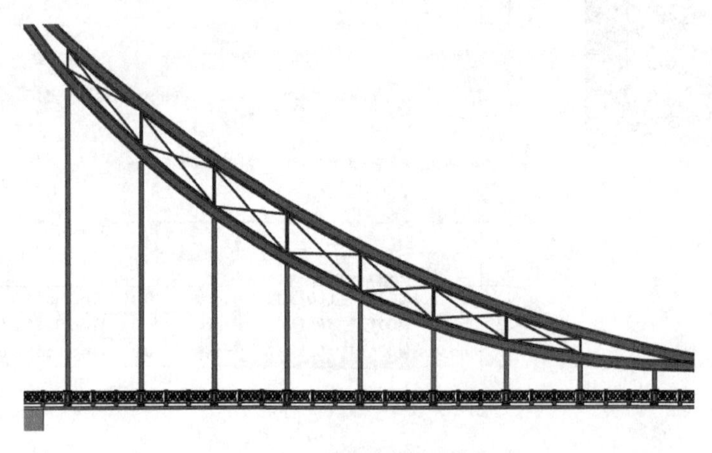

图 12－57　双花栏杆完成效果(1)

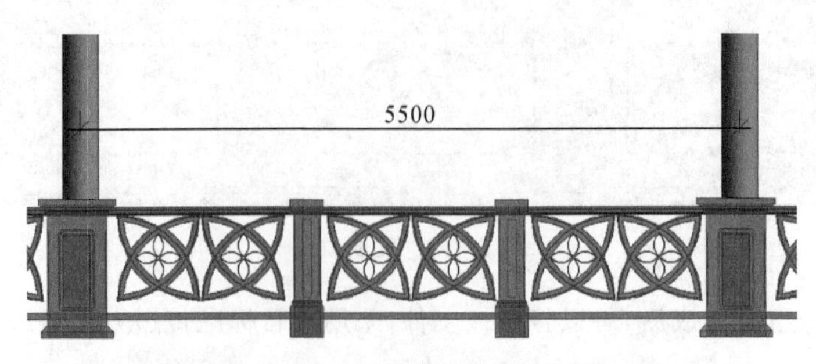

图 12－58　双花栏杆完成效果(2)

Edit Baluster Placement

Family: Railing Type: 004-双花型栏杆

Main pattern

	Name	Baluster Family	Base	Base offset	Top	Top offset	Dist. from previous
1	Pattern	N/A	N/A	N/A	N/A	N/A	N/A
2	常规栏	002型双花嵌板：002型双花嵌板	Host	300.0	Top Rail	0.0	700.0
3	常规栏	002型双花嵌板：002型双花嵌板	Host	300.0	Top Rail	0.0	730.0
4	常规栏	欧式扶栏墩 FDD 20x2088888：欧式扶栏墩	Host	0.0	Top Rail	0.0	550.0
5	常规栏	002型双花嵌板：002型双花嵌板	Host	300.0	Top Rail	0.0	530.0
6	常规栏	002型双花嵌板：002型双花嵌板	Host	300.0	Top Rail	0.0	730.0
7	常规栏	欧式扶栏墩 FDD 20x2088888：欧式扶栏墩	Host	0.0	Top Rail	0.0	500.0
8	常规栏	002型双花嵌板：002型双花嵌板	Host	300.0	Top Rail	0.0	530.0
9	常规栏	002型双花嵌板：002型双花嵌板	Host	300.0	Top Rail	0.0	730.0
10	常规栏	欧式扶栏墩 FDC 60111222：欧式扶栏墩 F	Host	0.0	Top Rail	0.0	650.0

图 12－59 栏杆布置数据

Use Baluster Per Tread On Stairs Balusters Per Tread: 1

Posts

	Name	Baluster Family	Base	Base offset	Top	Top offset	Space
1	起点支柱	欧式扶栏墩 FDC 60111222：欧式扶栏墩 FDC 60	Host	0.0	Top Rai	0.0	12.5
2	转角支柱	欧式扶栏墩 FDC 60111222：欧式扶栏墩 FDC 6011	Host	0.0	Top Rai	0.0	0.0
3	终点支柱	欧式扶栏墩 FDC 60111222：欧式扶栏墩 FDC 6011	Host	0.0	Top Rai	0.0	-12.5

图 12－60 栏杆支柱数据

图 12－61 栏杆效果图

本章小结

本章主要讲述了栏杆的组成部分。首先分别叙述了支柱和嵌板的绘制过程，然后叙述将支柱和嵌板组合在一起形成栏杆的整体过程。